磁 选 理 论

（第三版）

孙仲元　王晓明　郑霞裕　编著
刘润清　高志勇　陈　攀

中南大学出版社
www.csupress.com.cn
·长沙·

前　言

磁选的主要对象是磁性矿物。磁选效率除与矿物的磁性有关外，还与磁选机中的磁系和磁介质的磁场特性有重要关系，因此，要设计高效率的磁选机还必须进行磁系的磁路计算。

全书共9章。第1、2、3章阐述矿物的磁性，从物质微观结构说明磁性的起因、产生强磁性的机理和某些具体矿物的磁性。第4、5、6章论述磁系及磁介质的磁场特性。为了便于理解磁场特性，首先简要地介绍了一些必要的数理基础知识。第7章、第8章、第9章，介绍磁系磁路的计算方法。第8章是磁系磁场的数值模拟，以及用数值模拟的方法确定磁场特性。第9章介绍了高梯度磁选的基本理论。

为了使书的正文紧凑，某些公式的推导列于书末的附录中。

本书5.2，6.3、6.4和7.3选用了李正南、肖金华和何平波三位研究生论文的部分内容；在磁路计算部分主要参考了王常任教授提供的资料，某些公式的推导彭亦愚老师给予了帮助，在此表示感谢。

本书是第三版，增加了第8章的磁系磁场的数值模拟。

本书可作为工科高等院校选矿专业研究生和高年级本科生的教学参考书。

限于编者的水平，书中难免有不妥和错误之处，衷心欢迎读者批评指正。

编著者

2019 年 10 月

目 录

第1章

磁性起因

　　磁性的起因与原子结构和原子间电子的相互作用有关。本章先介绍原子结构，然后叙述原子的磁性和其他物质的磁性。

1.1　原子结构

1.1.1　波尔的原子结构模型

　　波尔的原子结构理论是假定电子围绕原子核在一定的轨道上运动，且各原子轨道距核的远近和轨道形状均不相同，同一种形状的轨道面在空间的取向也不相同。电子除在一定的轨道上绕核运动外，其自身还以一定角速度自旋。

　　最简单的氢原子轨道模型如图1－1所示。

　　由图可见，原子轨道(半径)r，按下式计算：

$$r = n^2 \frac{a_1}{Z} \qquad (1-1)$$

式中　Z——原子序数；

　　　a_1——最小轨道半径；

　　　n——自然数，$n = 1, 2, 3, \cdots$

　　由于氢原子$Z = 1$，可能的氢原子轨道半径只能是a_1的整数平方倍，即

$$r = a_1 , 4a_1 , 9a_1 , 16a_1 , \cdots$$

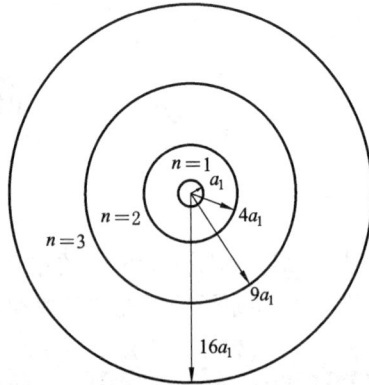

图 1 – 1　氢原子的圆形轨道模型

　　由于 n 不能连续变化, 故轨道大小也不能连续变化, 这称为轨道半径的量子化。

　　原子内部能量的高低与轨道的大小有关, 它们之间的关系。可以按以下推导确定:

　　电子绕核运动时, 它与核之间的库仑力和电子所受的向心力相等, 即

$$\frac{Ze^2}{r^2} = m_e \frac{v^2}{r}$$

　　故

$$v^2 = \frac{Ze^2}{m_e r}$$

式中　　e——电子电荷;

　　　　m_e——电子质量;

　　　　v——电子运动速度。

　　电子所具有的能量有势能和动能, 分别为:

$$E_{势} = \frac{Ze}{r}(-e) = -\frac{Ze^2}{r}$$

$$E_{动} = \frac{m_e v^2}{2}$$

电子所具有的总能量为

$$E = E_{势} + E_{动} = -\frac{Ze^2}{r} + \frac{m_e v^2}{2} = -\frac{Ze^2}{r} + \frac{Ze^2}{2r} = -\frac{Ze^2}{2r} \qquad (1-2)$$

将式(1-1)的 r 代入式(1-2)，则电子总能量为

$$E = -\frac{Z^2 e^2}{2n^2 a_1} \qquad (1-3)$$

由式(1-3)可知，由于 n 也不能连续变化，所以各轨道对应的能量也是量子化的，对应的能量值称为能级。式中 n 越大能量越高，n 也称为主量子数。

在具有多个电子的原子中，电子分布在不同的轨道上，形成若干个壳层，具有相同 n 值的电子构成一个主壳层。与主量子数 $n(n=1,2,3,4,5,6,\cdots)$ 相对应的主壳层也可用 K、L、M、N、O、P 来表示。在同一主壳层中，各原子轨道形状不同。例如 $n=3$ 的主壳层中有三种轨道，一种是圆的，另外两种是椭圆的，如图 1-2 所示。

在这些轨道上运动的电子又构成多个次壳层，分别用 s、p、d、f 等字母表示。处于不同次壳层中的电子也称为 s、p、d、f 态电子。它们与以后要提及的角量子数 $l=0,1,2,3,\cdots$ 相对应。

原子轨道平面的方向是任意的。但在磁场中，它在磁场方向只能取一定的几个方向，称为轨道方向量子化。原子轨道平面方向变化如图 1-3 所示。

上面是以波尔理论为基础来描述电子的运动，认为电子是在一定的轨道上运动，这在一定程度上也反映了客观事实，但将事实简单化了，故要较准确地描述电子运动应用量子力学理论。

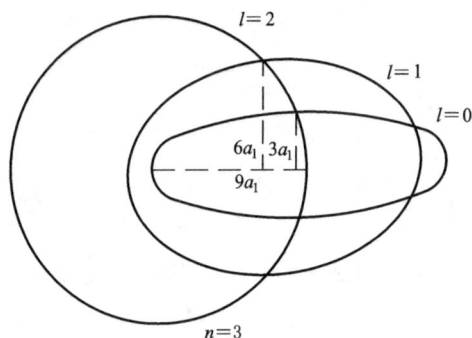

图 1 - 2　多电子原子轨道形状

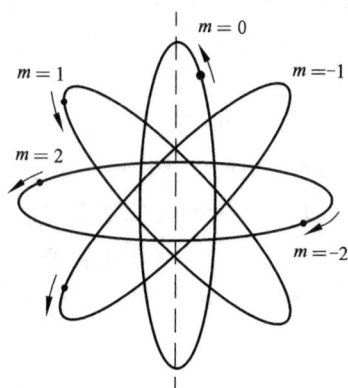

图 1 - 3　原子轨道平面方向变化

1.1.2　量子力学的原子结构模型

　　原子、电子及其他基本粒子属于微观物体，它们的运动规律与宏观物体是不同的。运动着的微观物体具有粒子和波动两重性，电子在原子中的运动不能画出运动轨迹，而用电子在空间各处出现的概率来描述。处在某一运动状态的电子在空间的概率分布是一定的，不同的运动状态有不同的概率分布，这个概率分布可以用一个波函数来表示。在空间某一点上波函数模的平方就代表那里电子出现的概率密度，即单位体积内发现电子的概率。

以氢原子为例，用量子力学的理论来描述电子的运动状态。

图 1-4 是氢原子不同状态的电子在离原子核不同距离处出现的概率变化，即概率与径向距离 r 的关系（纵坐标表示概率）。

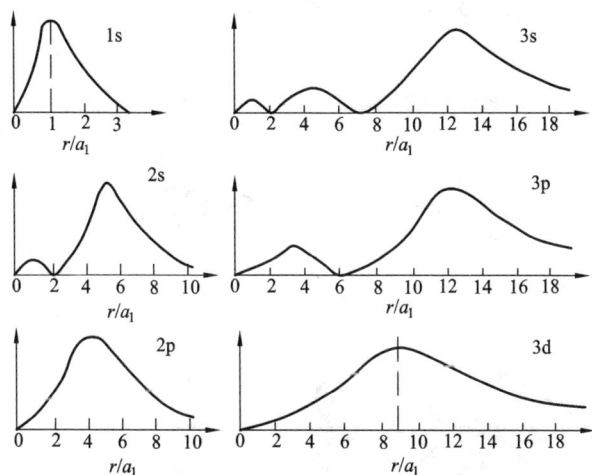

图 1-4　电子概率的径向分布

由图 1-4 可见，电子在各运动状态的径向概率分布是不同的，在每一运动状态有一个电子概率最大的地方。另外，原子中的电子在不同方向被发现的概率也是不同的，即电子概率有一个角度分布，其与电子具有的角动量和角动量方向有关。角动量的方向是量子化的，虽然它在外磁场中可以取不同的方向，但只限于几个方向。角动量不同的方向与磁量子数 m_l 相对应。

图 1-5 表示一个 s 态、三个 p 态和五个 d 态电子概率的角分

布图，它是根据电子在各个不同方向上的概率密度画出的图。从原点到曲面上的点的距离表示在该方向上发现电子的概率密度。

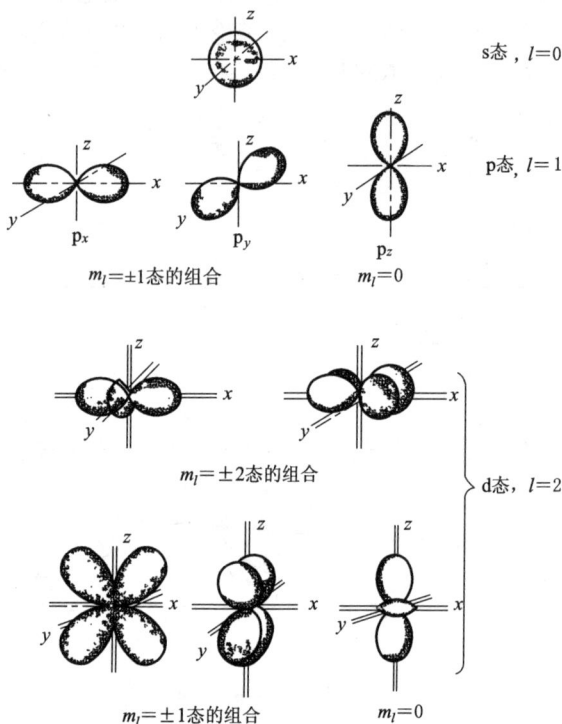

图 1-5　s、p 和 d 态电子角分布

从图 1-5 可见，s 态电子的概率角分布是球对称的，在各方向上发现电子的概率密度是相等的。p 态电子的概率角分布像哑铃，$m_l = 0$ 的电子的概率在 z 方向上有极大值，在 x、y 方向上为零，$m_l = \pm 1$ 的电子的概率在 x 或 y 方向上有极大值，而在 z 方向上为零。d 态电子的概率角分布：$m_l = 0$ 的电子在 z 方向有一个极大值，其余 $m_l = \pm 1$、$m_l = \pm 2$ 的电子概率分布均有四个极大值。

电子在原子核周围运动除有一定的角动量外，它本身还有自旋角动量；实验测得所有电子的自旋角动量都等于一个确定的值。电子自旋在外磁场方向上只有两个可能的取向，自旋角动量沿磁场的分量也只能有两个值，一个顺磁场方向，一个逆磁场方向。

1.2　原子磁性

原子磁性用原子磁矩表示。原子磁矩来源于电子磁矩和原子核磁矩。原子核磁矩很小，仅为电子磁矩的千分之一，一般可以忽略。电子磁矩又分为轨道磁矩和自旋磁矩两部分，原子总磁矩主要是这两部分磁矩之和。不同的原子，由于原子结构不同，其磁矩也不同，也有磁矩为零的。

1.2.1　电子的轨道磁矩

电子的轨道磁矩是电子绕原子核运动产生的。电子在原子核的库仑场中运动，正如行星绕太阳转动一样，受到与距离的平方成反比的力的作用。这样的运动，按照力学的一般原理应该是椭圆轨道的运动。另外，从图 1-5 的电子概率分布可看出，电子的分布接近椭圆形，电子的最大概率轨道也是椭圆形。假定原子核不动，且处在椭圆的一个焦点上，则以周期 T 沿着椭圆轨道运动的电子(图 1-6)相当于闭合电路中的电流，其电流计算式为

$$I = -\frac{e}{T} \qquad (1-4)$$

式中　e——电子电荷。

在 T 时间内假定电荷 $-e$ 在轨道上任何一点通过一次，因此 $-\frac{e}{T}$ 是单位时间内在一点上流过的电量，这就是电流。

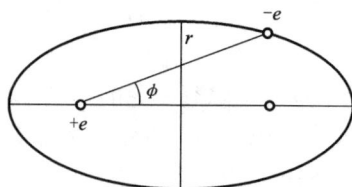

图 1-6　原子椭圆轨道

一个有电流的闭合电路(相当于载流小线圈)在磁感应强度为 B 的均匀磁场中所受到的力矩(线圈包围的面积与 B 垂直)为

$$L = m_c \times B = IA \times B \qquad (1-5)$$

式中　m_c——线圈磁矩,亦即轨道磁矩;

　　　A——线圈所包围的面积。

一个载流线圈又相当于一个磁偶极子,它在磁场强度为 H 的均匀磁场中所受的力矩为

$$L = M_l \times H \qquad (1-6)$$

式中　M_l——磁偶极矩。

式(1-5)和式(1-6)是等价的,即

$$M_l \times H = m_c \times B$$

故

$$M_l = \frac{B}{H} m_c = \mu_0 m_c = \mu_0 IA = -\frac{\mu_0 eA}{T} \qquad (1-7)$$

式中　μ_0——真空磁导率。

闭合电路所包围的面积为

$$A = \frac{1}{2} \int_0^{2\pi} r^2 \mathrm{d}\varphi \qquad (1-8)$$

电子绕椭圆轨道运动的角动量为

$$P_\varphi = m_e r^2 \frac{\mathrm{d}\varphi}{\mathrm{d}t}$$

故

$$r^2 \mathrm{d}\varphi = \frac{P_\varphi \mathrm{d}t}{m_e} \qquad\qquad (1-9)$$

式中　m_e——电子质量；

　　　r——电子与原子核的距离。

将式(1-9)代入式(1-8)，则

$$A = \frac{1}{2} \int_0^T \frac{P_\varphi \mathrm{d}t}{m_e} = \frac{P_\varphi T}{2m_e} \qquad\qquad (1-10)$$

将式(1-10)代入式(1-7)，则

$$M_l = -\frac{\mu_0 e}{2m_e} P_\varphi = -r_1 P_\varphi \qquad\qquad (1-11)$$

式中　r_1——轨道旋磁比，$r_1 = \dfrac{\mu_0 e}{2m_e}$。

由式(1-11)看出，磁偶极矩与电子的轨道角动量成正比。按习惯，电子运动方向与电流方向相反，所以磁偶极矩与电子的轨道角动量的方向恰好相反，如图1-7所示。

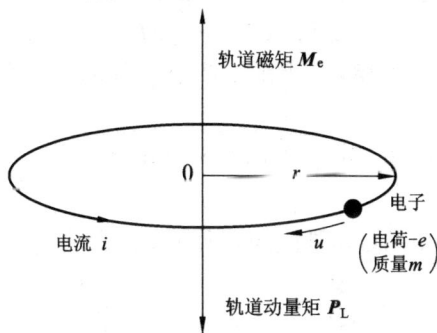

图 1-7　电子的轨道运动

按照量子力学的理论，沿不同形状轨道运动的电子的角动量是不同的，轨道形状是量子化的，因此，电子的轨道角动量也应满足量子化的条件，即

$$P_l = \sqrt{l(l+1)}\hbar \qquad (1-12)$$

式中　l——角量子数，$l = 0, 1, 2, 3, \cdots, (n-1)$；

　　$\hbar = \dfrac{h}{2\pi}$，式中 h 为普朗克常量，$h = 6.6 \times 10^{-34}$ J·s。

将式(1-11)中的 P_φ 用式(1-12)中的 P_l 代替，就得到电子的轨道磁偶极矩的绝对值：

$$M_l = \frac{\mu_0 e}{2m_e} P_l = \sqrt{l(l+1)} \frac{\mu_0 e \hbar}{2m_e} = \sqrt{l(l+1)} \mu_B \qquad (1-13)$$

式中　μ_B——玻尔磁子，$\mu_B = \dfrac{\mu_0 e \hbar}{2m_e} = \dfrac{\mu_0 eh}{4\pi m_e}$。

按照量子力学理论，电子的角动量 P_l 在外磁场中可以取不同的方向，但只限于几个方向。在磁场方向上的分量只能是：

$$P_{lz} = m_l \hbar \qquad (1-14)$$

式中　m_l——电子角动量方向量子数，又称磁量子数，

　　$m_l = 0, \pm 1, \pm 2, \cdots, \pm l$

m_l 只能取这样一些整数。因此，P_l 在空间的方向不能是任意的，而是量子化的。

如果有外磁场，M_l 在磁场方向的分量为

$$M_{lz} = M_l \cos\theta \qquad (1-15)$$

电子轨道角动量对外磁场方向倾角的余弦为

$$\cos\theta = \frac{P_{lz}}{P_l} = \frac{m_l \hbar}{\sqrt{l(l+1)}\hbar} = \frac{m_l}{\sqrt{l(l+1)}} \qquad (1-16)$$

将式(1-16)代入式(1-15)，则

$$M_{lz} = M_l \frac{m_l}{\sqrt{l(l+1)}} = \frac{\sqrt{l(l+1)}\mu_B m_l}{\sqrt{l(l+1)}} = m_l \mu_B \qquad (1-17)$$

由式(1-17)知，M_{lz} 是 μ_B 的倍数，其大小取决于磁量子数 m_l。可见 M_{lz} 在空间上也是量子化的。

如果原子中有多个电子，则总轨道角动量和总轨道磁偶极矩等于各个电子的轨道角动量和轨道磁偶极矩之和。

1.2.2　电子自旋磁矩

按照量子力学理论，电子自旋角动量是量子化的，等于一个确定的值，即

$$P_s = \sqrt{s(s+1)}\hbar \qquad (1-18)$$

式中　s——自旋量子数，$s = \dfrac{1}{2}$。

电子自旋在外磁场方向只有两个可能的取值，自旋角动量沿磁场的分量也只能有两个值，一个顺磁场方向，另一个逆磁场方向，即

$$P_{sz} = m_s\hbar = \pm\frac{\hbar}{2} \qquad (1-19)$$

式中　m_s——自旋磁量子数，$m_s = \pm\dfrac{1}{2}$。

实验测得的电子自旋磁偶极矩在外磁场方向的分量恰等于一个玻尔磁子 μ_B，取正向或反向，即

$$M_{sz} = \pm\mu_B = \pm\frac{\mu_0 e}{2m_e}\hbar = \pm\frac{\mu_0 e}{m_e}\frac{\hbar}{2} \qquad (1-20)$$

由式(1-20)和式(1-19)并考虑到 M_{sz} 与 P_{sz} 方向相反，可得

$$M_{sz} = -\frac{\mu_0 e}{m_e}P_{sz} \qquad (1-21)$$

由于 $M_{sz} = M_s\cos\theta$，$P_{sz} = P_s\cos\theta$（θ 为自旋磁偶极矩或自旋角动量与磁场方向的夹角），所以，自旋磁偶极矩为

$$M_s = -\frac{\mu_0 e}{m_e}P_s = -r_s P_s \qquad (1-22)$$

式中　r_s——自旋旋磁化，$r_s = \dfrac{\mu_0 e}{m_e}$。

由式（1-18）及 $s = \dfrac{1}{2}$ 和式（1-22），可以得到 M_s 的绝对值为

$$|M_s| = \frac{\mu_0 e}{m_e}\sqrt{s(s+1)}\hbar = 2\sqrt{s(s+1)}\mu_B = \sqrt{3}\mu_B \qquad (1-23)$$

根据式（1-19）和式（1-21），自旋磁偶极矩在磁场方向的分量也可用下式表示：

$$M_{sz} = 2m_s\mu_B \qquad (1-24)$$

在多电子原子中，式（1-24）中的 $m_s = s$，$(s-1)$，…，$-s$。s 是各个电子的自旋量子数 s_i 的一定组合。

1.2.3　原子总磁矩

原子磁矩为电子自旋磁矩和轨道磁矩的矢量和。

磁性材料是各种结构的晶体，晶体中存在着晶格场，电子的轨道磁矩由于受到晶格场的作用，其方向是改变的，不能产生联合磁矩（轨道磁矩的猝灭），因此，对外不表现磁性。此时原子的磁性只能来源于未填满电子的壳层中电子的自旋磁矩，所以电子自旋磁矩是许多固态物质的磁性根源。

1.3　原子中的电子分布

原子磁性除与电子轨道磁矩和自旋磁矩有关外，还与电子在原子中的分布有关。电子分布是指在一个主壳层和次壳层中最多容纳的电子数。

实验表明，电子在原子中的分布必须服从泡利不相容原理和最低能量原理。泡利原理是指在原子中各个电子都处在不同的状态；最低能量原理是指在不违背泡利原理的条件下，电子的分布

使原子能量最低而处于稳定状态。

电子在各壳层中最多容纳的电子数可按下列思路推算：

(1) n、l、m_l、m_s 四个量子数是电子状态的标志。根据泡利原理，原子中不能存在四个量子数完全相同的两个电子；

(2) n、l、m_l 三个量子数相同的电子最多只有两个，它们的第四个量子数 m_s 分别为 $+\dfrac{1}{2}$ 和 $-\dfrac{1}{2}$；

(3) n、l 两个量子数相同的电子最多只有 $2(2l+1)$ 个电子，因为对于同一个 l，m_l 可以取 $(2l+1)$ 个不同的值，而对于每一个 m_l，m_s 又可以取两个不同的值，所以一共最多只能有 $2(2l+1)$ 个电子；

(4) n 量子数相同的电子最多只有 $2n^2$ 个。因为 n 确定后，l 所取的值为 0，1，2，$\cdots$，$(n-1)$，而对于每一个 l 最多只能有 $2(2l+1)$ 个电子，所以，相同的电子数，利用求和公式计算，最多只能是

$$\sum_{l=0}^{n-1} 2(2l+1) = 2n^2 \qquad (1-25)$$

现将原子的主壳层和次壳层所能容纳的最多电子数列于表 1-1 中。原子基态的电子分布请看无机化学的原子结构部分。

表 1-1　原子的主壳层和次壳层所能容纳的最多电子数

主壳层	主壳层数	K	L		M			N				O				
	主量子数 n	1	2		3			4				5				
	最多电子数 $2n^2$	2	8		18			32				50				
次壳层	次壳层数	1s	2s	2p	3s	3p	3d	4s	4p	4d	4f	5s	5p	5d	5f	—
	角量子数 l	0	0	1	0	1	2	0	1	2	3	0	1	2	3	4
	最多电子数 $2(2l+1)$	2	2	6	2	6	10	2	6	10	14	2	6	10	14	18

　　原子的磁性与原子中电子的分布主要与电子在各个壳层中的充填情况有关。在填满了电子的次壳层中，各电子的轨道运动分别占了所有可能的方向，形成一个球形对称体，因此，合成的总轨道角动量等于零，同时电子自旋角动量也互相抵消了，所以计算原子的轨道角动量和自旋角动量以及磁矩时，只需计算未填满的那些次壳层中电子的角动量和磁矩。前已述及，由于许多磁性材料的电子轨道磁矩"猝灭"，所以计算原子磁矩只需计算未填满次壳层中电子的自旋磁矩。

　　现仅列出化学元素周期表第四周期中的过渡元素原子的电子组态和玻尔磁子数（即代表磁性）的关系，如表1-2所示。

表1-2　过渡元素原子的电子组态和玻尔磁子数

原子序数	元素	电子组态	3d层电子数	未填满壳层电子数	玻尔磁子数	
					理论值	实测值
21	Sc	$1s^2\,2s^2\,2p^6\,3s^2\,3p^6\,3d^1\,4s^2$	1	+1	1	
22	Ti	$1s^2\,2s^2\,2p^6\,3s^2\,3p^6\,3d^2\,4s^2$	2	+2	2	
23	V	$1s^2\,2s^2\,2p^6\,3s^2\,3p^6\,3d^3\,4s^2$	3	+3	3	
24	Cr	$1s^2\,2s^2\,2p^6\,3s^2\,3p^6\,3d^5\,4s^1$	5	+5、-1	4	
25	Mn	$1s^2\,2s^2\,2p^6\,3s^2\,3p^6\,3d^5\,4s^2$	5	+5	5	1
26	Fe	$1s^2\,2s^2\,2p^6\,3s^2\,3p^6\,3d^6\,4s^2$	6	+5、-1	4	2.2
27	Co	$1s^2\,2s^2\,2p^6\,3s^2\,3p^6\,3d^7\,4s^2$	7	+5、-2	3	1.7
28	Ni	$1s^2\,2s^2\,2p^6\,3s^2\,3p^6\,3d^8\,4s^2$	8	+5、-3	2	0.6
29	Cu	$1s^2\,2s^2\,2p^6\,3s^2\,3p^6\,3d^{10}\,4s^1$	10	+1	1	
30	Zn	$1s^2\,2s^2\,2p^6\,3s^2\,3p^6\,3d^{10}\,4s^2$	10	0	0	0

注：未填满壳层电子数前的 + 、- 号表示方向相反的电子。

　　由表1-2可见，Fe、Co、Ni、Mn等原子的3d层没有被填满，它们的玻尔磁子数较大，即原子磁性较大；而Zn原子的各壳层均被填满，其玻尔磁子数为零，故原子无磁性。各原子玻尔磁子数的理论值也就是未抵消的电子数，原子的磁性主要由这些电子的自旋磁矩产生。

未填满壳层中电子的分布要遵循洪特法则，即电子在等能量轨道中充填时，尽可能分占不同的轨道，并且它们的自旋是平行的。这样的充填方式可以使原子的能量保持最低。因为当一个轨道中已占有一个电子时，另一个电子要继续填入而和前一个电子成对，就必须克服它们之间的相互排斥作用，而使能量增加，因此，电子成单地填入有利于体系能量降低。

基于上述原则，也可以利用公式(1-24)计算原子的自旋磁矩。现以铁原子为例进行计算，铁原子不满的壳层是 $3d^6$，与 d 态相对应的角量子数 $l=2$，故 m_1 可以取 ± 2，± 1，0 共 5 个可能的值，即有 5 个不同方向的轨道。根据洪特法则，3d 层的 6 个电子中有 5 个电子分占 5 个轨道且自旋平行排列，一个与这 5 个电子的自旋方向相反。所以 $m_s = 5 \times s - s = 5 \times \dfrac{1}{2} - \dfrac{1}{2} = 2$，未抵消电子自旋磁矩为 $M_{sz} = 2m_s\mu_B = 2 \times \mu_B = 4\mu_B$。这与表 1-2 中铁原子的玻尔磁子数的理论值是一致的。

从表 1-2 还可看出，玻尔磁子数的理论值和实测值是不一致的，这是由于理论值是从孤立原子得到的，而实测值是由金属材料晶体得到的。在实际晶体中原子不再是孤立的，而是按一定规律组成的周期性结构，孤立原子的能级在实际晶体中已展成能带。3d 和 4s 态电子的能量不再是单值，在一定范围内是连续多值的。3d 和 4s 能带之间有部分重叠，具有相同的能量，即 3d 电子和 4s 电子可以互相转换，一个电子可以一部分时间处于 3d 态，一部分时间处于 4s 态。根据统计的结果，3d 和 4s 层的有效电子数就不一定是整数了。按照这个理论，Fe、Co、Ni 原子中 3d 和 4s 电子的分布如表 1-3 所示。

表 1 - 3　Fe、Co、Ni 3d 和 4s 电子统计分布

金属	3d		4s		3d 和 4s 层电子总数	玻尔磁子数
	+	-	+	-		
Fe	4.8	2.6	0.3	0.3	8	2.2
Co	5.0	3.3	0.35	0.35	9	1.7
Ni	5.0	4.4	0.3	0.3	10	0.6

表 1 - 3 的计算结果与实测值符合。说明这种解释是较合理的。

对于铁氧体，由于其中的电子是束缚电子，固定在一定的轨道上，不能互相转换，所以铁氧体的离子磁矩，按未抵消的电子数来计算一般是正确的。表 1 - 4 列出一些铁氧体中金属离子的磁矩(即玻尔磁子数)。

表 1 - 4　铁氧体中某些金属离子的 3d 层电子数与自旋磁矩

离　　　子	3d 层电子数	电子自旋方向	电子自旋磁矩，μ_B
Sc^{4+} Ti^{4+} V^{5+} Cl^{6+}	0		0
Ti^{3+} V^{4+} Cl^{5+} Mn^{6+}	1	↑	1
Ti^{2+} V^{3+} Cl^{4+} Mn^{5+}	2	↑↑	2
V^{2+} Cr^{2+} Mn^{4+}	3	↑↑↑	3
Cr^{2+} Mn^{3+} Fe^{4+}	4	↑↑↑↑	4

续表

离　　子	3d 层电子数	电子自旋方向	电子自旋磁矩，μ_{B}
Mn^{2+} Fe^{3+} Co^{4+}	5	↑ ↑ ↑ ↑ ↑	5
Fe^{2+} Co^{3+} Ni^{4+}	6	↑ ↑ ↑ ↑ ↑　↓	4
Co^{2+} Ni^{3+}	7	↑ ↑ ↑ ↑ ↑　↓ ↓	
Ni^{2+}	8	↑ ↑ ↑ ↑ ↑　↓ ↓ ↓	2
Cl^{2+}	9	↑ ↑ ↑ ↑ ↑　↓ ↓ ↓ ↓	1
Cu^{1+} Zn^{2+}	10	0	0

表1-4中电子自旋方向是按洪特法则确定的。

值得说明的是，并不是只要有未被填满壳层的电子就会显示 Fe、Co、Ni 那种磁性。铜、铬、钒以及镧系元素中都有未被填满的电子层，但上述三元素以及除钆和一些重稀土元素以外的所有镧系元素都不会显示磁性。因此，在原子内存在未被填满的电子，只是物质具有磁性的必要条件，而不是充分条件。处在不同原子间未被填满壳层上电子的"交换作用"是物质具有磁性的重要原因。交换作用一般是指由近邻原子的电子相互交换位置而引起的静电作用。交换作用在量子力学中有详细论述。

1.4　物质磁性

1.4.1　物体的磁化

原子具有磁性，由原子或分子组成的物体也具有磁性，原子中各个电子产生的磁效应用原子磁矩表示，分子则用分子磁矩表示。物体在不受外磁场作用时，由于分子的热运动，分子磁矩取向分散，其矢量和为零，所以物体不显磁性，当物体置于磁场中以后，分子磁矩沿外磁场方向取向，其矢量和不等于零，使物体显示出磁性，这就是物体被磁化的实质。不同磁性的物体在相同的磁场中被磁化时，由于分子磁矩取向程度的不同，其磁性有强弱的差别。非磁性物体，只是分子磁矩取向的程度极小而已，并不是绝对没有磁性；假如将其置于极强大的外磁场中，它也可能会显示出较强的磁性。

物体被磁化的程度用磁化强度表示，而磁化强度是单位体积物体的磁矩，即

$$M = \frac{\sum \mu_J}{V} \qquad (1-26)$$

式中　$\sum \boldsymbol{\mu}_{\lrcorner}$——物体中各原子(或分子)磁矩的矢量和;

　　　V——物体体积。

　　一般地,用单位体积物体的磁矩来表示物体被磁化的程度。因为体积不同的 A、B 两种物体,在相同的外磁场中被磁化时,可能会有这种情况,即体积大的 A 物体所包含的已经取向的分子磁矩多,体积小的 B 物体所包含的已经取向的分子磁矩少,如图 1-8 所示。如果用磁矩表示物体被磁化的程度,则 A 物体磁化得好,B 物体磁化得差。但实际上是 B 物体磁化得好,因为分子磁矩全部沿外磁场方向取向了。如果用单位体积物体的磁矩表示物体被磁化的程度,则 A 磁化得差,B 磁化得好,因为 B 在单位体积内分子磁矩取向的数量多,这就符合实际情况了。

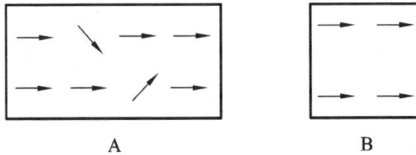

图 1-8　物体磁化图

　　磁性和体积都相同的甲乙两物体,分别在不同的外磁场中被磁化。设甲物体在较强的磁场中被磁化,乙物体在较弱的磁场中被磁化,则肯定甲物体磁化强度大,乙物体磁化强度小,能否据此得出结论,即甲物体磁性强、乙物体磁性弱呢? 不能! 因为条件(即外磁场强度)不一样。如果在相同的外磁场中被磁化,则其磁性应该是相同的。所以,对质地均匀的物体常用一单位的外磁场强度使物体所产生的磁化强度的大小来表示物体的磁性,即

$$\chi = \frac{M}{H} \tag{1-27}$$

式中 χ——物体的磁化率；

H——外磁场强度；

M——磁化强度。

这样，对于体积相同的甲乙两种物体在相同的外磁场强度下被磁化时，如果甲物体的磁矩大，则 χ 也大，说明其易磁化，因而其磁性强；如果乙物体的磁矩小，则 χ 也小，说明其难磁化，因而其磁性弱，所以 χ 也是表示物体被磁化难易程度的物理量。

实际上，物体的质地往往是不均匀的，其内部常存在着空隙。这样，对于同一性质（化学组成相同）、体积相同的两物体在相同的外磁场中被磁化时，可以有不同的磁化强度，也即有不同的 χ 值，这主要是由于物体内所存在的空隙影响的结果，空隙越多，取向的分子磁矩的数量越少，所以磁性越弱。

在这种情况下，为了消除空隙的影响，需要单位质量单位磁场强度物体的磁矩，即比磁化率来表示物体的磁性，即

$$x = \frac{\sum \mu_J}{V \cdot \delta \cdot H} = \frac{\chi}{\delta} \qquad (1-28)$$

1.4.2 物质按磁化率分类

不同的物质，其磁性不同，按磁化率的大小可以分为三类。

1. 抗磁质

惰性气体、某些有机化合物、若干金属（如 Bi、Zn、Cu、Ag）、非金属（Si、P、S）和一些矿物（辉钼矿、方铅矿、石英等）都是抗磁性物质，它们的磁化率 $\chi < 0$。由式（1-27）可看出，$\chi < 0$ 时，磁化强度与外磁场强度方向相反，所以它们在磁场中被排斥。抗磁性物质由于原子的电子壳层是被充满的，原子磁矩等于零，或者原子磁矩不等于零，但由此原子组成的分子的总磁矩等于零。磁矩为零的物质在外加磁场作用下，根据楞次定律，由磁场感应作用而产生的磁矩和外磁场方向相反。物质的这种性质是普遍存

在的，只是由于所产生的磁矩很小，只有当物质的固有磁矩为零时，才有所表现。抗磁性物质的磁化率与磁场的强弱及温度的高低无关，其磁化曲线为一条直线。$|\chi|$ 只有 10^{-5} 数量级。

2. 顺磁质

许多稀土金属，铁族元素的盐类，碱金属 Na、K 和若干矿物，如黄铜矿、黄铁矿、铁闪锌矿等都是顺磁性物质。这类物质的原子或分子都具有未被抵消的电子磁矩，因而原子或分子有一总磁矩，但由于热运动的作用，总磁矩的取向分散，矢量和为零，因而物体对外不表现磁性。但在外磁场作用下，原子或分子磁矩转向外磁场方向，因而对外显出磁性，即物体被磁化，其磁化强度方向与外磁场强度方向相同，在磁场中被吸引。磁化率 $\chi > 0$，但数值很小，一般为 $10^{-5} \sim 10^{-3}$ 数量级。大多数顺磁性物质的磁化率与温度有关，即随温度的增加而降低。

3. 铁磁质

铁、钴、镍及其合金、铁氧体以及若干矿物，如磁铁矿、磁黄铁矿等都是铁磁质。它们的磁性很强，磁化强度和磁场强度是非线性关系。磁化率远大于零，为 $10^{-1} \sim 10^5$ 数量级。铁磁质的磁性也与温度有关。当温度升高到居里温度以上时，就转化为顺磁性物质。

1.4.3　铁磁质的磁性

铁磁质的磁性与顺磁质和抗磁质不同，它在外磁场中易磁化到饱和，在弱磁场下便可获得强的磁感应，在外磁场去除后有剩磁，需加反向磁场才能退磁。

顺磁性的硫酸亚铁在 0.8 A/m(0.01 Oe) 磁场中的磁化强度为 10^{-3} A/m(10^{-6} Gs)，但铁磁性的纯铁在 0.8 A/m 的磁场中的磁化强度为 10^4 A/m(10 Gs)，即使磁化到饱和也只需 80 A/m 的磁场，而使顺磁性物质磁化到饱和却需要 8×10^7 A/m(10^8 Oe)的外磁场。两者相差 100 万倍，这是什么原因呢？铁磁质的原子磁矩与相似元素的原子磁矩并无本质差别，如铁、钴、镍与非铁磁质的锰、铬的原子内的 3d 层电子都是没有填满的壳层，原子都有一定的磁矩，铁、钴、镍分别为 $4\mu_B$、$3\mu_B$、$2\mu_B$，锰、铬分别为 $5\mu_B$ 和 $4\mu_B$。锰、铬的原子磁矩尚大于镍、钴，但它们却不是铁磁性。实际上，物质是否具有铁磁性，不完全在于组成物质的原子的磁矩的大小，而在于形成物体的原子之间的相互作用的不同。由于铁磁质内原子间的相互作用，使一定小区域内的原子磁矩自发取向，称为自发磁化，这个小区域称为磁畴。物体内各磁畴的自发磁化方向不同，所以对外不显磁性，当将其置于外磁场中时，各个磁畴的磁矩转向外磁场方向，而对外显出磁性。由于是整个磁畴的磁矩转向，不是单个原子磁矩转向，所以只要不太强的磁场，就可使铁磁质磁化到饱和，使铁磁质呈现强磁性的原因是由于磁畴的存在。

磁畴自发磁化的原因是原子中有原子核和电子，分别带有正电和负电，因此，原子间有电的相互作用；原子中的电子运动又产生磁场，因此，原子之间又有磁的相互作用。在没有外磁场作用时，影响原子磁矩排列的只能是它们之间磁或电的相互作用，到底是哪种作用呢？这就需要比较两种作用的能量，哪种能量大，就应该是哪种作用。

首先考虑使原子磁矩平行排列的等效磁场的大小，铁磁物质有一转变成顺磁质的临界温度（居里点），在此温度时，原子热运动能已经大到和自发磁化等效磁场与原子磁矩之间作用能量相等，因而热运动使原子磁矩不再整齐排列。由此可以估计自发磁化的等效磁场的大小。

在居里温度时，一个原子热运动能为 kT_c 数量级，磁场能为 $\mu_B H$ 的数量级，两者有如下关系：

$$kT_c = \mu_B H$$

$$H = \frac{kT_c}{\mu_B} \qquad (1-29)$$

式中　k——玻尔兹曼常量，$k = 1.3803 \times 10^{-23}$ J/K；

　　　T_c——铁磁物质的居里温度，一般是 10^3 K 数量级；

　　　μ_B——玻尔磁子，10^{-29} 数量级。

将这些值代入式$(1-29)$，则等效磁场强度为

$$H = \frac{10^{-23} \times 10^3}{10^{-29}} = 10^9 \text{ A/m}$$

现在再计算原子磁矩（相当于磁偶极子）作用于相邻原子的磁场的大小。分两种情况计算（图 $1-9$）。

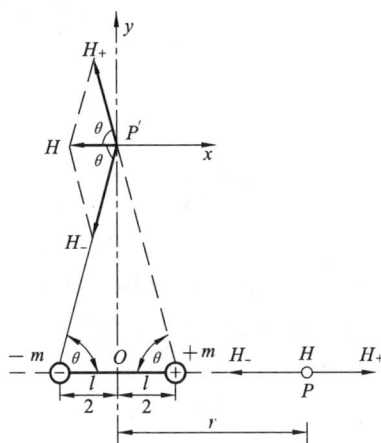

图 $1-9$　求磁偶极子的场强图

1. 磁偶极子中垂线上 P' 点的场强

P' 到 $\pm m$ 的距离为 $\left(r^2 + \dfrac{l^2}{4} \right)^{\frac{1}{2}}$，$\pm m$ 在 P' 点产生的场强为：

$$H_+ = H_- = \frac{1}{4\pi\mu_0} \frac{\boldsymbol{m}}{r^2 + \frac{l^2}{4}} \qquad (1-30)$$

式中 $\boldsymbol{m}$——磁极强度。

$$H_x = H_{+x} + H_{-x} = 2H_{+x} = -2H_x\cos\theta$$

$$H_y = 0$$

$$\cos\theta = \frac{\frac{l}{2}}{\left(r^2 + \frac{l^2}{4}\right)^{\frac{1}{2}}}$$

所以 $H = |H_x| = 2H_+\cos\theta = \dfrac{1}{4\pi\mu_0} \dfrac{ml}{\left(r^2 + \dfrac{l^2}{4}\right)^{\frac{3}{2}}}$

$$(1-31)$$

当 $r \gg l$ 时，

$$H = \frac{P_m}{4\pi\mu_0 r^3} \qquad (1-32)$$

式中 P_m——原子磁偶极矩，μ_B 数量级；

μ_0——真空磁导率，$\mu_0 = 4\pi \times 10^{-7}$ H/m；

r——原子间距离，$r = 10^{-10}$ m；

l——原子磁偶极间的距离。

2. 磁偶极子延长线上 P 点的场强

P 点到 $\pm m$ 的距离为 $r \mp \dfrac{l}{2}$，$\pm m$ 在 P 点产生的场强为：

$$H_+ = \frac{1}{4\pi\mu_0} \frac{m}{\left(r - \frac{l}{2}\right)^2} \qquad (1-33)$$

$$H_- = \frac{-1}{4\pi\mu_0} \frac{m}{\left(r + \frac{l}{2}\right)^2} \qquad (1-34)$$

$$H = H_+ - H_- = \frac{m}{4\pi\mu_0}\left[\frac{1}{\left(r - \dfrac{l}{2}\right)^2} - \frac{1}{\left(r + \dfrac{l}{2}\right)^2}\right]$$

$$= \frac{m}{4\pi\mu_0}\frac{2lr}{\left(r^2 - \dfrac{l^2}{4}\right)^2} \tag{1-35}$$

当 $r \gg l$ 时，则

$$H = \frac{2P_{\mathrm{m}}}{4\pi\mu_0 r^3} \tag{1-36}$$

如以第一种情况的式（1-32）计算场强，则

$$H = \frac{P_{\mathrm{m}}}{4\pi\mu_0 r^3} = \frac{\mu_{\mathrm{B}}}{4\pi\mu_0 r^3} = \frac{10^{-29}}{10^{-5} \times 10^{-30}} = 10^6 \text{ A/m}$$

对等效场和磁作用场进行比较可看出，磁作用场比等效场的强度小 3 个数量级，因此，自发磁化不可能是由于磁的相互作用，而只能是电的相互作用的结果。

根据量子力学理论，物质内部相邻原子的电子之间有一种来源于静电的交换作用，它迫使各原子的磁矩平行或反平行排列。

第 2 章

磁　畴

在 1.4 节中解释了自发磁化的原因, 现在的问题是铁磁质内的原子磁矩为什么不是大片的平行排列, 而是分成磁化方向不同的微小磁畴呢? 这需要从物质中所含能量的情况进行解释。所以, 下面首先介绍磁性物质中的能量, 然后分析形成磁畴的原因。

2.1　磁性物质中的能量

磁畴的形成、结构和它的特性都是由于在磁性物质中存在着几种物理作用的结果。这些物理作用要用相应的能量来表述, 这样可以把不同的物理作用统一在一个普遍的规律中。这个规律就是: 物质结构的最稳定状态是它的自由能最低的状态。

下面分别讨论各种物理作用和相应的能量。

2.1.1　静磁能和退磁能

1. 静磁能

图 2-1 表示一个条形磁体处在磁场中的受力情况。

磁场作用在条形磁体上的力为

$$f = Hm \qquad (2-1)$$

式中　H——磁场强度;

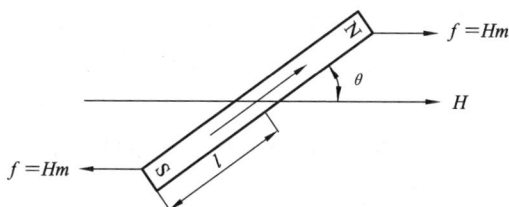

图 2 - 1　磁场作用在条形磁体上的力

m——磁极强度。

磁场作用在磁体上的力矩为

$$L = 2fl\sin\theta = 2Hml\sin\theta = Hj\sin\theta \qquad (2-2)$$

式中　j——磁体的磁偶极矩，$j = 2ml$。

如果转动磁体使 θ 角增加 $d\theta$，就需要反抗力矩 L 对磁体做功，因而它的能量将要增加，所增加的数值为

$$dE = Ld\theta \qquad (2-3)$$

将式(2-3)积分，就可得到磁体在磁场作用下的静磁能的一般式为

$$E_H = \int Ld\theta = jH \int \sin d\theta = -jH\cos\theta + C \qquad (2-4)$$

式中　C——积分常数，其值取决于在什么角度把能量 E_H 定为零的问题。

如果规定 $\theta = 90°$ 时，$E_H = 0$，则 $C = 0$，所以

$$E_H = -jH\cos\theta \qquad (2-5)$$

从式(2-5)看出，θ 可变动的范围是 $0 \sim 180°$，当 $\theta = 0$ 时，$E_H = -jH$，这是在 θ 可变动范围内能量最低的值。所以，磁体在磁场的作用下，如果没有什么阻碍，将会转到磁场的方向，这是静磁能最低的方向，因而是最稳定的方向。

如果把磁体从 $\theta = 0$ 转到其他方向，就需要外力的推动，即需

要外力做功,这样就使在磁场中的磁体增加能量,其值随 θ 的增加而增加,到 $\theta = 180°$ 时,能量等于 $+jH$,达最大值。

如果规定 $\theta = 0°$ 时,$E_H = 0$,则 $C = jH$,所以

$$E_H = jH(1 - \cos\theta) \qquad (2-6)$$

式 $(2-6)$ 所表示的 E_H 随 θ 变化的规律与式 $(2-5)$ 一样,只是形式不如式 $(2-5)$ 简单,所以常用式 $(2-5)$。

根据式 $(2-5)$,单位体积的静磁能,即磁能密度为:

$$e_H = \frac{E_H}{V} = -\frac{j}{V}H\cos\theta = -JH\cos\theta \qquad (2-7)$$

根据式 $(1-7)$ $M_l = \mu_0 m_c$,此式两边用体积 V 除,则

$$\frac{M_l}{V} = \mu_0 \frac{m_c}{V}$$

$$J = \mu_0 M \qquad (2-8)$$

式中 J——磁极化强度;

M——磁化强度。

将式 $(2-8)$ 代入式 $(2-7)$,则

$$e_H = -\mu_0 M H\cos\theta = -\mu_0 M \cdot H \qquad (2-9)$$

式 $(2-9)$ 说明,磁体在磁场中的磁能密度与磁场强度和其本身的磁化强度有关,也与磁体在磁场中的位置有关。

2. 退磁能

在退磁场的作用下产生退磁能。

退磁场有两种解释:

第一种,物体在磁场中被磁化后,两端出现磁极(图 $2-2$)。在物体内部产生一个由 S 极到 N 极与外磁场方向相反的磁场 H_d,称为退磁场。

第二种,由磁畴组成的磁性物质,当其在磁场中被磁化后,各个磁畴的磁矩沿外磁场取向(图 $2-3$)。这相当于许多平行排列的小磁铁,由于同性极相斥,它们是不稳定的,力图达到反平

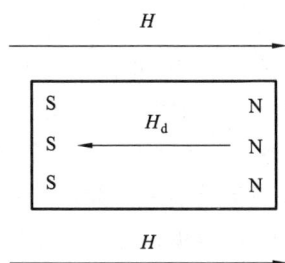

图 2 - 2 退磁场图

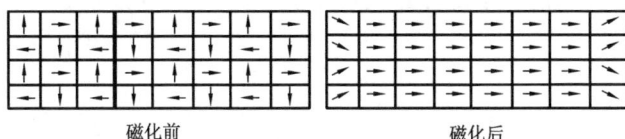

图 2 - 3 磁性物质磁化前后磁畴的分布状态

行排列(磁性物质内平行排列的各个磁畴与条形磁铁相似),但由于每一排磁畴都是首尾相接,即异性极相吸引,使中间部分的磁畴处于稳定状态;两边的磁畴只有首或尾与其他磁畴相吸,结果未与其他磁畴连接的一端便同性相斥,使磁矩取向分散,这就降低了磁性物质的磁化强度,也就等于削弱了外磁场的作用,外磁场被削弱的部分称为退磁场。

在一般物体中,退磁场往往是不均匀的。不均匀的退磁场使原来有可能均匀的磁化也会成为不均匀的,此时,磁化强度和退磁场强度之间没有简单的函数关系。

当磁化均匀时,退磁场强度与磁化强度成正比,即

$$H_d = - NM \tag{2-10}$$

式中 N——退磁系数(或称退磁因子),负号表示磁化强度方向
    与退磁场方向相反。

退磁场之所以与磁化强度成正比是因为磁化强度由磁化后各
磁畴的磁极强度决定,磁畴的磁极强度越大,则处于两端的磁畴
同性极互相排斥的力越大,使磁矩取向越分散,退磁场就越大。

退磁场还与物体的形状有关,如图 2 – 4 所示。由图 2 – 4
可知,由于处于两端的磁畴少,退磁作用很弱;短圆柱形物体
处于两端的磁畴较多,故退磁作用很强;长圆柱体两端的磁畴
也较多,它们取向分散,但与中间取向未分散的磁畴相比仍占
少数,所以此种物体的退磁场也较弱;对于环状物体,由于没
有端部,其中所有磁畴都是首尾相接,取向不易分散,所以退
磁场为零。

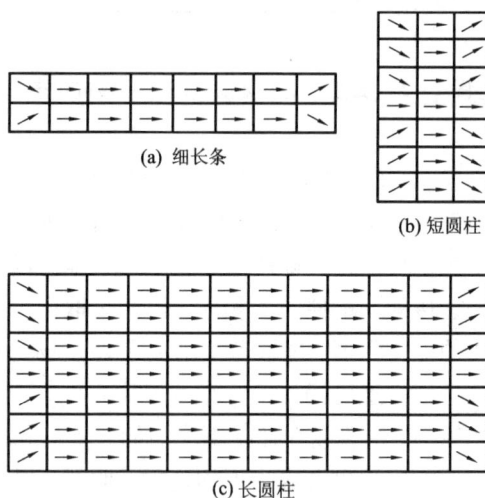

(a) 细长条

(b) 短圆柱

(c) 长圆柱

图 2 – 4 不同形状物体的磁化状态

退磁场与物体形状的关系由退磁系数来体现,退磁系数的大小取决于物体的几何形状。

当退磁场作用在物体磁矩上就有退磁能存在。单位体积中的退磁能用 e_d 表示,可以按照式(2-9)进行计算。但退磁场同外磁场作用的情况不同,外磁场与物体中的 J 无关,而退磁场是随磁化强度 M 变化的,是 M 的函数,在磁化过程中,M 从零起增大,H_d 随着从零增大到 NM,退磁能 e_d 也随 M 增大而增大,所以应该用积分计算。按式(2-9),则退磁能为

$$e_d = - \int H_d \mathrm{d}J = -\mu_0 \int_0^M H_d \mathrm{d}M \qquad (2-11)$$

将式(2-10)H_d 代入上式,则

$$e_d = \mu_0 \int_0^M NM \mathrm{d}M = \frac{\mu_0}{2} NM^2 \qquad (2-12)$$

对磁化均匀的物体,如已知它的退磁因子和磁化强度,可以按式(2-12)求出退磁能。

2.1.2 磁晶各向异性

在固体磁性物质的晶体中,原子是有规则排列的,但各个方向的状况是不相同的。如在某一方向原子排列得紧密,另一方向排列得稀疏;又如在两种以上原子构成的晶体中,在某一方向排成直线的是一种原子,在另一方向排成直线的是两种或两种以上的原子。这是结构上的各向异性,使晶体在力学性质、电学性质和磁学性质等方面也表现出各向异性。

铁、镍、钴单晶及磁铁矿在不同方向测得的磁化曲线如图2-5所示。

在铁单晶的[100]方向加较小的磁场,磁化就达饱和;在[110]方向加同样的磁场,磁化比[100]弱,在[111]方向磁化就更弱了。在晶体的不同方向加同样强的磁场,磁化强度却很不相

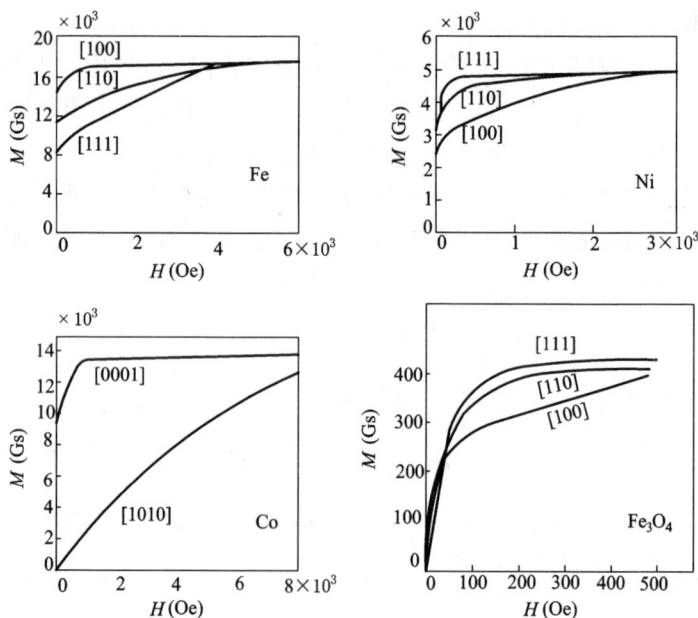

图 2-5 铁、镍、钴单晶及磁铁矿的磁化曲线

同，显示出晶体中磁性的各向异性。[100]称为易磁化方向，[111]称为难磁化方向。

镍单晶与铁单晶恰恰相反，[111]是易磁化方向，[100]是难磁化方向。

磁铁矿的易磁化方向和难磁化方向与镍相同。

易磁化方向应是能量最低的方向，所以自发磁化形成磁畴的磁矩取这些方向。沿这些方向加外磁场时，因原来已有不少磁矩取这个方向，所以，在较弱的磁场下，磁化就很强，甚至达到饱和；如果不在易磁化方向加外磁场，那就需要把很多原来处在能量最低的易磁化方向的磁矩拉到能量较高的方向。在晶体中磁化方向不同，需要供给的能量也不同。

晶体单位体积中的能量超出在易磁化方向磁化时的能量称为磁晶各向异性。

钴和钡铁氧体单晶是六角晶体，它们的易磁化方向在一个晶轴[0001]上，故称单轴各向异性。晶轴这条线称为易磁化轴（简称易轴）。沿易轴有两个方向相反的易磁化方向，磁矩在垂直于这个易轴方向时需要的能量最大，称为难磁化方向。

单轴磁晶各向异性的近似表达式为

$$E_k = K_{u_1} \sin^2 \theta \qquad (2-13)$$

式中 K_{u_1}——磁晶各向异性常数，可为正或为负。

θ——磁矩取向与晶轴的夹角。

单轴各向异性能随磁矩取向的变化，可以用图 2 - 6 表示。

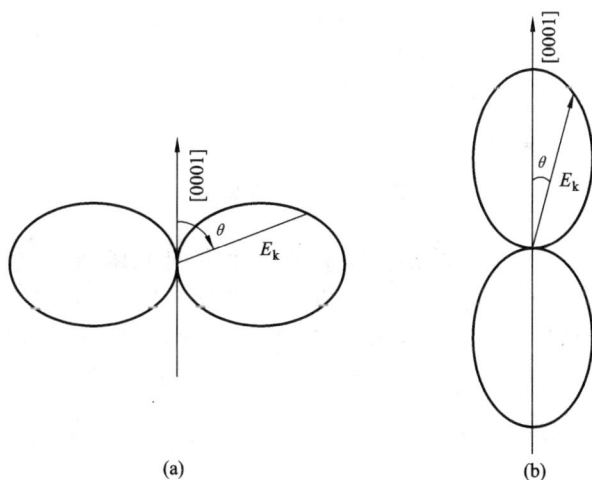

图 2 - 6　单轴各向异性随磁矩方向的变化

（a）$K_{u_1} > 0$　（b）$K_{u_1} < 0$

当 $K_{u_1} < 0$ 时，单轴晶体的易磁化方向或难磁化方向恰与 $K_{u_1} > 0$ 时相反。

铁、镍和磁铁矿是立方晶体。立方晶系磁晶各向异性可以近似用下式表示，即

$$E_k = K_1 (\alpha_1^2 \alpha_2^2 + \alpha_2^2 \alpha_3^2 + \alpha_3^2 \alpha_1^2) \qquad (2-14)$$

式中　　K_1——立方晶系磁晶各向异性常数；

　　　　α_1、α_2、α_3——磁化方向与坐标轴 xyz 的夹角 θ_1、θ_2、θ_3 的余弦（参考图 2-7）。

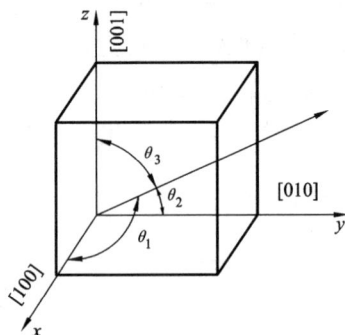

图 2-7　方向余弦图

从式（2-14）看出，能量是磁化方向的函数。现根据式（2-14）研究不同磁化方向时能量的变化。当立方晶体在 [100] 方向磁化时（看图 2-7），$\theta_1 = 0$，$\theta_2 = \theta_3 = 90°$，所以 $\alpha_1 = 1$，$\alpha_2 = \alpha_3 = 0$，由式（2-14）得 $E_k = 0$；在 [110] 方向磁化时，$\theta_1 = \theta_2 = 45°$，$\theta_3 = 90°$，$\alpha_1 = \alpha_2 = \dfrac{1}{\sqrt{2}}$，$\alpha_3 = 0$，由式（2-14）求出 $E_k = \dfrac{K_1}{4}$；在 [111] 方向磁化时，$\theta_1 = \theta_2 = \theta_3$，$\alpha_1 = \alpha_2 = \alpha_3 = \dfrac{1}{\sqrt{3}}$，由式（2-14）算得 $E_k = \dfrac{K_1}{3}$。

当 K_1 为正值时，[100] 方向能量最低，是易磁化方向，[111] 是难磁化方向；K_1 为负值时，恰恰相反。铁的 $K_1 = 4.2 \times 10^4$ J/m³，是正值，它的磁晶各向异性随角度的变化如图 2 - 8 (b)、(c) 所示。

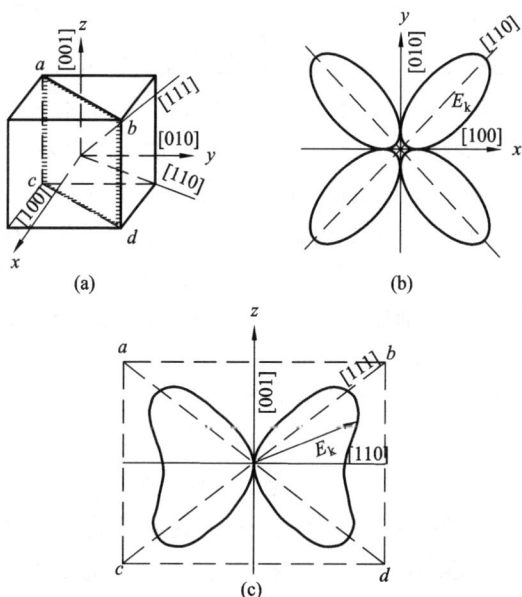

图2 8　立方晶体铁的磁晶各向异性
在 xy 平面和 (110) 平面上随方向的变化

镍和磁铁矿的 K_1 是负的。在 [100] 方向磁化时，$E_k = 0$；在 [110] 方向时，$E_k = \dfrac{|K_1|}{4}$；在 [111] 方向时，$E_k = -\dfrac{|K_1|}{3}$。[111] 方向能量最小，是易磁化方向，[100] 方向能量最大，是难磁化方向。

K_1 是磁性物体磁晶各向异性能随磁化方向变化大小的标志，能量随方向变化大，表示转动磁化困难。欲使磁性物体有高的磁导率，即在较低的磁场下获得较高的磁化强度，K_1 的绝对值就要低。

2.1.3　磁弹性能

1. 磁致伸缩

物体被磁化时，在磁化方向伸长或缩短，称为磁致伸缩。伸长（或缩短）Δl 与原长 l 之比称为伸缩比。物体随场强的增加而伸长或缩短，最终停止伸缩，此时伸缩达饱和。对于一定的物体，其饱和伸缩比是个定值，称为磁致伸缩系数，用 λ_s 表示。

物体被磁化时，不仅在磁化方向会伸长或缩短，在偏离磁化方向的其他方向也同时缩短或伸长。但随着偏离程度的增大，伸长比（或缩短比）逐渐减小，到了接近垂直磁场的方向，物体反要缩短（或伸长），所以，磁致伸缩分为两类，即正磁致伸缩和负磁致伸缩，前者是物体在磁化方向伸长，在垂直磁化方向缩短，负磁致伸缩则相反。

磁致伸缩是随磁化方向变化，且有一饱和值，这同物体的自发磁化和技术磁化（物体在外磁场中被磁化称为技术磁化）有关。设想物体温度在居里点以上尚未磁化时为一球形；当温度降到居里点以下时，物体自发磁化，原子磁矩沿某一方向排列，对晶格结构发生影响，原子间的相互作用在不同的方向也会有所不同，这就影响了原子间的距离。因此，有些物体在磁化方向会伸长，有些则会缩短。这样，自发磁化前是球形的物体，自发磁化后就变成长旋转椭球或扁旋转椭球，前者在磁化方向伸长，后者在磁化方向缩短。

磁性物体在自发磁化后是大量磁畴的集合体，在技术磁化前各磁畴的方向是乱的，因而椭球的长短轴方向也是紊乱的，因此整块物体显不出在哪一方向伸长或缩短，如图 2-9(a) 所示。当

物体在足够强的外磁场下磁化时，磁畴的磁矩沿同一方向取向
[图2-9(b)]。各椭球长轴或短轴都转向磁场的方向，所以物体
在此方向出现伸长(或缩短)，在垂直磁场方向缩短(或伸长)。
当各磁畴的磁矩方向都与外磁场平行时，磁致伸缩达饱和。

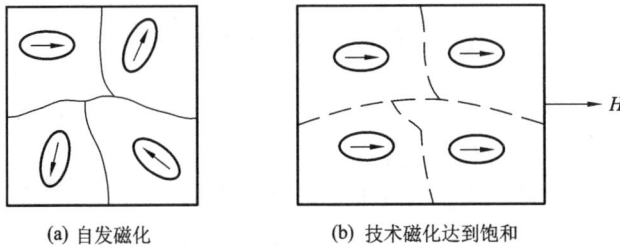

(a) 自发磁化   (b) 技术磁化达到饱和

图2-9 产生磁致伸缩机理图

2. 磁弹性能

前已述及，物体被磁化时要伸缩，如果受到限制而不能伸
缩，物体中就会产生应力，此应力是物体内各部分之间的相互作
用力(拉伸力或压缩力)。物体内部的应力也可以由加在它外部
的拉力或压力产生，当磁性物体因磁化而伸缩，同时产生应力时
它内部所积存的能量，称为磁弹性能。

现以各向同性物体为例，说明磁弹性能的确定过程。

图2-10的椭圆代表因磁化形成的椭球。对于正磁致伸缩材
料，在磁化方向伸长最大，若在与磁化方向成θ角的方向有一张
力σ，使椭球在此方向伸长，使其长轴转向σ方向，达到能量最
低状态。张力σ使物体从高能量状态改变到低能量状态。

现确定能量的改变：当椭球长轴从原方向转到σ方向，物体
每单位长度伸长了$(\Delta l/l)_0 - (\Delta l/l)_\theta$，此伸长数乘以$\sigma$，就是单
位体积中能量的改变，由于是由高能量向低能量改变，所以有

$$- dE = \sigma d\left(\frac{\Delta l}{l}\right)$$

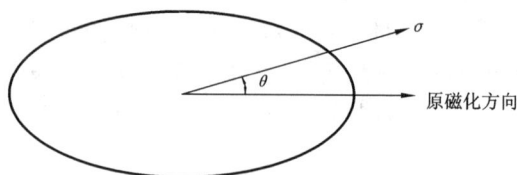

图 2-10 应力作用下的形变转向

总能量改变为

$$-\int_{E_\theta}^{E_0} \mathrm{d}E = \sigma \int_\theta^0 \mathrm{d}\left(\frac{\Delta l}{l}\right) = E_0 - E_\theta = \sigma\left[\left(\frac{\Delta l}{l}\right)_0 - \left(\frac{\Delta l}{l}\right)_\theta\right]$$

$$E_\sigma = E_\theta - E_0 = \sigma\left[\left(\frac{\Delta l}{l}\right)_0 - \left(\frac{\Delta l}{l}\right)_\theta\right] \qquad (2-15)$$

式中 $\left(\dfrac{\Delta l}{l}\right)_0$——饱和伸缩比,用 λ_s 表示;

$\left(\dfrac{\Delta l}{l}\right)_\theta$——偏离磁化方向 θ 角时的伸缩比,对于正磁致伸

缩可用下式表示

$$\frac{\Delta l}{l} = \frac{3}{2}\lambda_s\left(\cos^2\theta - \frac{1}{3}\right) \qquad (2-16)$$

将式(2-16)代入式(2-15),得

$$E_\sigma = \sigma\left[\lambda_s - \frac{3}{2}\lambda_s\left(\cos^2\theta - \frac{1}{3}\right)\right] = \frac{3}{2}\lambda_s\sigma\sin^2\theta \quad (2-17)$$

式(2-17)表示磁化方向和应力方向相差 θ 角时,单位体积中的能量超过 $\theta=0$ 时的数值。

由于磁弹性能是在物体磁化时产生磁致伸缩,同时又有应力的情况下出现的,所以它与 λ_s、σ 有关,且与 $\lambda_s\sigma$ 的乘积成正比,与 θ 角也有关系。

2.1.4 原子间的交换能

第一章曾讨论到铁磁物质中原子间有交换作用，因而有交换能存在，产生自发磁化，形成了磁畴。

两个邻近原子的电子有一部分时间绕一个原子核运动，而在另一部分时间又绕另一个邻近原子核运动，由这种交换作用所引起的能量变化称为交换能。

一对原子的交换能与它们磁矩的相对取向有关，其表达式为

$$E_{ex} = -2AS^2\cos\phi \qquad (2-18)$$

式中　A——代表原子间交换作用大小的数值，一般称为交换能常数，它取决于未填满电子壳层互相接近的程度；

　　　　S——原子中电子自旋总量子数；

　　　　ϕ——两个原子磁矩间的夹角，原子磁矩是指原子中电子自旋总磁矩。

ϕ 可在 0 至 180°范围内变化，$\cos\phi$ 的变化范围在 +1 至 -1 之间，因此，能量的变化范围在 $-2AS^2$ 至 $+2AS^2$ 之间。

A 的值可正可负，当 A 为正值、$\phi = 0°$时的能量为 $-2AS^2$，是最小值，原子磁矩互相平行时能量最低，这是铁磁质；当 A 为负值，$\psi - 180°$时能量最低，近邻原子磁矩是反平行的，这就是反铁磁质。

物体单位体积交换能的总和是成对近邻原子的交换能的总和，为

$$E_{ex} = -2AS^2 \sum_{i \neq j} \cos\phi_{ij} \qquad (2-19)$$

式中　ϕ_{ij}——任意两邻近原子自旋磁矩的夹角。

2.2 磁畴的形成机理

2.2.1 磁畴结构

磁畴是可以观察到的,最简单的观察方法是粉纹法。将样品进行表面处理,涂上一层含有铁磁粉末的悬胶,放在反射显微镜下观察。由于样品表面上磁畴分界线处有磁极,铁磁粉末被吸聚在那里,显出磁畴界壁,从而观察到磁畴的大小和形状。图2-11为多晶体磁畴结构示意图。

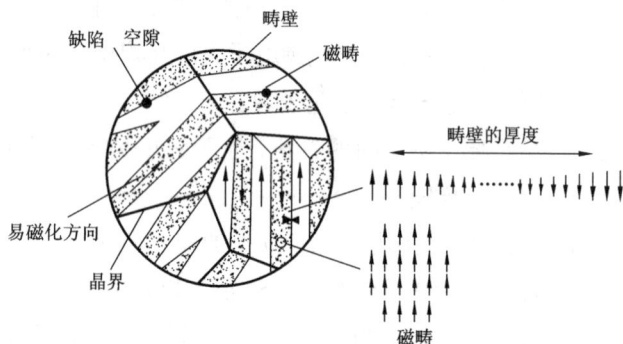

图2-11 多晶体的磁畴结构示意图

磁畴界壁(简称畴壁)是相邻磁畴的分界层,磁畴的大小和形状以及相邻磁畴间的关系都与畴壁有关,它是磁畴结构的重要部分。

在单轴晶体中每一个易磁化轴上有两个相反的易磁化方向,因而,两个相邻磁畴的磁化方向常常恰好相反,此时相邻磁畴间的畴壁称为180°壁。

在立方晶体中,如果 $K_1 > 0$,易磁化方向互相垂直,两个相邻磁畴的磁化方向是垂直的,它们之间的畴壁称为90°壁;如果

$K_1 < 0$，易磁化方向在 <111> 方向，两个这样的方向相交成 $109°$ 或 $71°$ 角，如果 $2-12$ 所示。此时两个相邻磁畴的方向相差 $109°$ 或 $71°$ 角，这样的畴壁有时也称 $90°$ 壁。

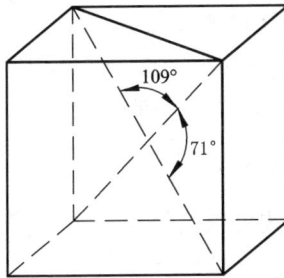

图 2－12 $K_1 < 0$ 的立方晶体中易磁化轴的交角

畴壁有一定的厚度，两个相邻磁畴磁化方向的转变是经过畴壁逐渐进行的，如图 $2-13$ 所示，从畴壁一边到另一边逐渐转向的磁矩都保持同畴壁平行。

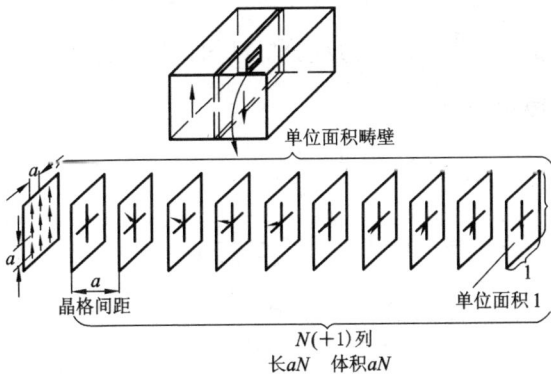

图 2－13 $180°$ 畴壁中磁矩的转向

2.2.2 180°畴壁能的近似计算

畴壁能包括交换能和磁晶各向异性能，如图 2 - 13 所表示的那样，畴壁内原子磁矩是逐层转过一个小角，磁矩方向相差一个小角 ϕ 的一对原子的交换能比磁矩平行时多出的能量为

$$\Delta E_{ex} = (-2AS^2 \cos\phi) - (-2AS^2 \cos0°)$$
$$= 2AS^2 (1 - \cos\phi)$$
$$= 4AS^2 \sin^2 \frac{\phi}{2}$$

由于 ϕ 很小，上式可以简化为

$$\Delta E_{ex} = AS^2 \phi^2 \qquad (2-20)$$

现在计算单位面积畴壁中有多少对原子在起交换作用，进而确定单位面积畴壁的总交换能。设二相邻原子间的距离为 a，则单位距离中有 $1/a$ 个原子，每单位面积的一层原子中有 $(1/a)^2$ 个原子。设畴壁有 N 层原子，各层原子在 $(N-1)$ 个间隔中起着交换作用，所以，在单位面积的畴壁中有 $(N-1) \times (1/a)^2$ 对原子起着交换作用。同时设每过一层，原子磁矩近似转过相等的角度 ϕ，故 $\phi = \dfrac{\pi}{(N-1)}$。通过此分析可知，在形成单位面积畴壁时交换能的增加量为

$$\gamma_{ex} = (N-1) \left(\frac{1}{a} \right)^2 \Delta E_{ex}$$
$$= (N-1) \frac{1}{a^2} AS^2 \left[\frac{\pi}{(N-1)} \right]^2$$
$$= \frac{AS^2 \pi^2}{a^2 (N-1)} = \frac{AS^2 \pi^2}{a^2 N} \qquad (2-21)$$

由式 (2-21) 看出，畴壁中原子层数 N 越大，能量 γ_{ex} 越小，因而结构越稳定；如果只有交换能起作用，N 就趋向无限大，畴壁就趋向无限厚，实际情况当然不是这样，还有磁晶各向异性能

同交换能对抗着。畴壁两边的磁畴中，磁矩都在易磁化方向。在畴壁中的磁矩从易磁化方向转到另一个角度，需要增加磁晶各向异性能，但每一层原子磁矩的转角是不同的，因此，各层增加的磁晶各向异性能也不同，可近似按平均值计算。对于单轴晶体 $\overline{E}_k$ $= \dfrac{|K_{u_1}|}{2}$，对于立方晶体 $\overline{E}_k = \dfrac{|K_1|}{8}$ 或 $\dfrac{|K_1|}{6}$，所以，$\overline{E}_k$ 可以表示如下：

$$\overline{E}_k = p\,|K_1| \tag{2-22}$$

或

$$\overline{E}_k = p\,|K_{u_1}| \tag{2-23}$$

式中 $p = \dfrac{1}{2}, \dfrac{1}{6}$ 或 $\dfrac{1}{8}$。

下面计算单位面积畴壁体积中的磁晶各向异性能，前已设畴壁有 N 层原子，相邻两层间的距离为 a，所以畴壁厚度为 $\delta = (N-1)a \approx Na$。单位面积畴壁占有的体积是 $1 \times \delta = Na$。因此，单位面积畴壁具有的磁晶各向异性能是

$$\gamma_a = p\,|K_{u_1}|Na \tag{2-24}$$

由式（2-24）看出，γ_a 同 N 成正比，如果只考虑这种能量的作用，则 N 越小越好，即畴壁愈薄愈稳定，因而它趋向于变薄。

根据上述分析，交换能和磁晶各向异性能是一对矛盾体，前者力图增大畴壁厚度，后者力图减小畴壁厚度。畴壁是客观存在的，根据两种能量的制约，它既不能太厚又不能太薄，适宜的稳定厚度可按两种能量之和的微商等于零确定。

单位面积畴壁中的总能量为

$$\gamma = \gamma_{ex} + \gamma_a = \frac{AS^2\pi^2}{a^2N} + p\,|K_{u_1}|Na \tag{2-25}$$

将式（2-25）对 N 取微商并等于零，即

$$\frac{d\gamma}{dN} = -\frac{AS^2\pi^2}{a^2N^2} + p\,|K_{u_1}|a = 0$$

解出得

$$N = \frac{\pi S}{a} \sqrt{\frac{A}{p \mid K_{u_1} \mid a}} \qquad (2-26)$$

由此得出畴壁厚度为

$$\delta = Na = \pi S \sqrt{\frac{A}{p \mid K_{u_1} \mid a}} \qquad (2-27)$$

一般畴壁厚度是极小的,它近似等于 10^{-7} m,相当于 200 ~ 300 个原子的间距。

将式(2-26)代入式(2-25),求出单位面积畴壁能(又称畴壁能密度)为

$$\gamma = \pi S \sqrt{\frac{Ap \mid K_{u_1} \mid}{a}} + \pi S \sqrt{\frac{Ap \mid K_{u_1} \mid}{a}} = 2\pi S \sqrt{\frac{Ap \mid K_{u_1} \mid}{a}} \quad (2-28)$$

上式表示当 γ 最小时,$\gamma_{ex} = \gamma_a$,图 2-14 是 γ 和 N 的关系图。图中显示 γ 有一最小值,对应该值的 N 就是畴壁层数,而此时恰是 $\gamma_{ex} = \gamma_a$。

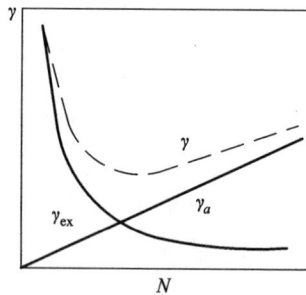

图 2-14　畴壁能和原子层数的关系

2.2.3　形成磁畴的原因

铁磁物质自发磁化后,原子磁矩为什么不是大片的平行排列而是分散成磁化方向不同的微小磁畴呢?现分析其原因。

考虑面积比较大的一片磁性物质,设想有两种情况:一种是自发磁化后不分磁畴,全部磁矩向着一个方向,如图 2-15 所示;另一种是自发磁化后形成简单的片状磁畴,如图 2-16 所示。

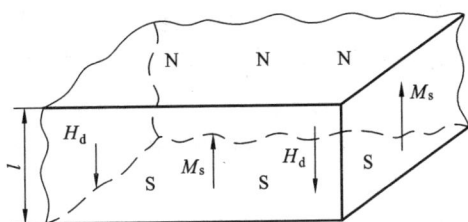

图 2-15　自发磁化后不分磁畴

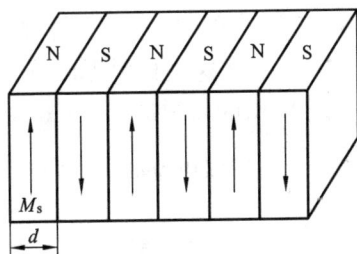

图 2-16　自发磁化后形成片状磁畴

现在确定这两种情况中哪一种比较稳定,即能量最低。

对于第一种情况,磁化方向垂直于大平面,平面上出现了磁极,这样,磁体中就存在退磁场,因而有退磁能。现按无限大薄片考虑退磁能。对于无限大薄片,退磁系数 $N=1$,退磁能为

$$E_d = \frac{1}{2}\mu_0 NM^2 = \frac{1}{2}\mu_0 M_s^2$$

式中 M_s——材料的饱和磁化强度。

现以金属铁为例来计算其退磁能。金属铁的 $M_s = 1.710 \times 10^6$ A/m，设材料的厚度 l 是 10^{-2} m，那么每平方米材料中的总退磁能是：

$$\sigma_d = E_d \times l \times 1 = 1.8 \times 10^6 \times 10^{-2} \times 1 = 1.8 \times 10^4 \quad J/m^2$$

对于第二种情况，材料表面也出现磁极，内部也具有退磁能。对外，既分为磁畴，就存在畴壁能，所以，这里需要考虑两种能量作用。对于片状磁畴结构，其单位面积中的退磁能可用下式表示

$$\sigma_d = 1.70 \times 10^{-7} M_s^2 d \qquad (2-29)$$

式中 d——磁畴宽度。

由式(2-29)看出，σ_d 与 d 成正比，d 越小，σ_d 越小，这种能量的作用是使磁畴趋向于细分；但还有畴壁能在起作用。下面计算畴壁能。

设单位面积材料长宽相等，都等于1，材料的厚度是 l，磁畴宽度是 d，如图2-17所示。这块材料可以分为 $1/d$ 个磁畴，有近似 $1/d$ 个畴壁，每个畴壁的面积是 $l \times 1 = l$。因此，这块材料的畴壁总面积是 $l \times \dfrac{1}{d} = \dfrac{l}{d}$，所以单位面积材料中的总畴壁能为

$$\sigma_N = \gamma \frac{l}{d} \qquad (2-30)$$

从式(2-30)看出 σ_N 与 d 成反比，d 越大 σ_N 越小，它与式(2-29)退磁能的作用相反，又是一对矛盾体，解决矛盾的办法仍然是求两种能量之和对 d 的微商并等于零。

具有稳定磁畴结构的总能量为

$$\sigma = \sigma_d + \sigma_N = 1.70 \times 10^{-7} M_s^2 d + \gamma \frac{l}{d} \qquad (2-31)$$

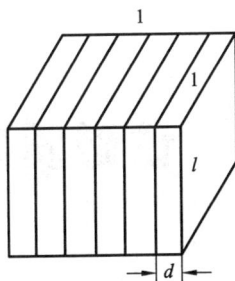

图 2 - 17　具有厚度 l 的单位面积材料

$$\frac{\mathrm{d}\sigma}{\mathrm{d}d} = 1.70 \times 10^{-7} M_s^2 + \gamma \frac{l}{d^2} = 0$$

解得

$$d = \frac{10^4}{M_s} \sqrt{\frac{\gamma l}{17.0}} \qquad (2-32)$$

将式(2-32)代入式(2-31)得

$$\sigma = 2M_s \times 10^{-4} \sqrt{17.0 \times \gamma l} \qquad (2-33)$$

仍以金属铁为例, $M_s = 1.710 \times 10^6$ A/m, 按式(2-28)计算的畴壁能密度 $\gamma = 1.3 \times 10^{-3}$ J/m², 并仍设材料厚度 $l = 10^{-2}$ m, 将这些值代入式(2-32)和式(2-33), 则

$$d = 5.7 \times 10^{-6} \text{ m}$$

$$\sigma = 5.1 \text{ J/m}^2$$

将分与不分磁畴的两种情况进行比较, 其比值是

$$\frac{5.1}{1.8 \times 10^4} = \frac{1}{3529}$$

不分成片状磁畴的能量是分成片状磁畴的 3529 倍, 可见设想不分成磁畴的情况是不会实现的。

第3章

铁磁质矿物的磁性

3.1 铁氧体的晶格结构

在铁磁质矿物中，赤铁矿和磁铁矿等都是铁氧体，其磁性与晶格结构有密切关系。铁氧体的晶格结构主要是尖晶石型铁氧体的晶格结构。

尖晶石型铁氧体的化学分子式是 XFe_2O_4，其中 X 代表二价金属离子，常见的有 Mn^{2+}，Co^{2+}，Ca^{2+}，Ni^{2+}，Mg^{2+}，Zn^{2+}，Fe^{2+}，Cd^{2+} 等。由于这类铁氧体的晶格结构同镁铝尖晶石（$MgAl_2O_4$）矿物的结构相同，故称尖晶石型铁氧体。

图 3-1 是镁铝尖晶石型结构的一个晶胞的一部分。

从图 3-1 看出，在 Mg^{2+} 的周围有四个最邻近的 O^{2-}，构成一个四面体，在 Al^{3+} 的周围有六个最邻近的 O^{2-}，构成一个八面体。四面体中心位置称 A 位，八面体中心位置称 B 位，一般每种金属离子都有可能占据 A 位或 B 位，可用较普遍的结构式表示：

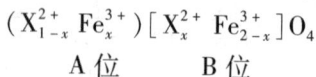

$$(X_{1-x}^{2+} Fe_x^{3+})[X_x^{2+} Fe_{2-x}^{3+}]O_4$$
$$\text{A 位} \qquad \text{B 位}$$

在上面的结构式中，当 $x=0$ 时，结构式为 $(X^{2+})[Fe_2^{3+}]O_4$，表示 X^{2+} 全在 A 位，Fe^{3+} 全在 B 位，金属离子的这种分布与镁铝

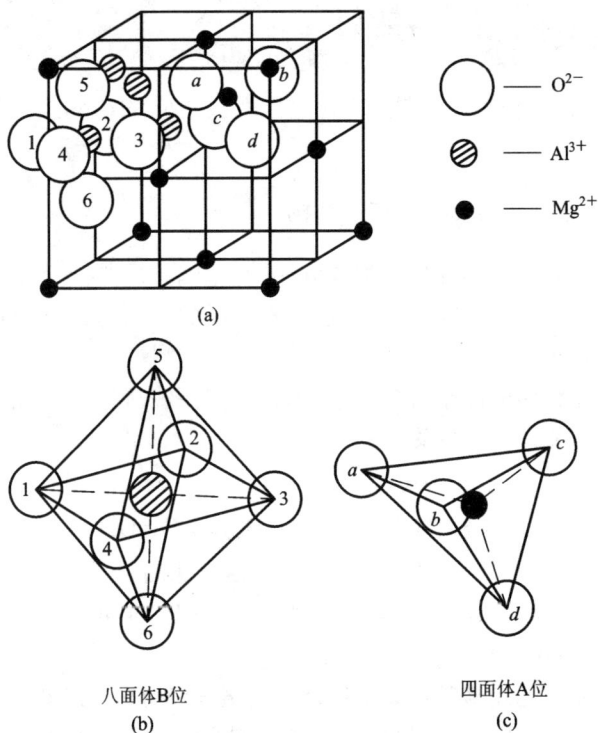

图 3 - 1　尖晶石晶胞中四面体和八面体结构示意图

尖晶石的分布相同，具有这种分布的铁氧体称为正尖晶石型结构的铁氧体；当 $x = 1$ 时，结构式为 $(Fe^{3+})[X^{2+}Fe^{3+}]O_4$，表示 X^{2+} 全在 B 位，而 Fe^{3+} 分别占 A 位和 B 位，各为一半，这与镁铝尖晶石的分布相反，不是二价金属离子占据 A 位，而是三价金属离子占据 A 位。因此称这种分布的铁氧体为反尖晶石型结构的铁氧体。当 $0 < x < 1$ 时，在 A 位和 B 位上两种金属离子都有，这些铁氧体称为正反混合型铁氧体。

3.2 赤铁矿的磁性

赤铁矿(包括磁赤铁矿)的磁性取决于它的结构及各种影响因素。

3.2.1 赤铁矿与磁赤铁矿的结构

赤铁矿与磁赤铁矿化学成分相同,但结构不同,赤铁矿是三角晶系,称为 $\alpha - Fe_2O_3$,磁赤铁矿是反尖晶石型的立方晶系构造,称为 $\gamma - Fe_2O_3$。

磁赤铁矿的晶格常数 $a = 8.322$ Å,与磁铁矿几乎相等。它们的结构也相似,其关系可表示为

$$4(Fe_2O_3) = 3(Fe_{\frac{8}{3}}O_4)$$

或 $$(Fe^{2+}O)_A (Fe_{\frac{3+}{3}} \square_{\frac{1}{3}} O_3)_B = Fe_{\frac{8}{3}}O_4$$

其中□表示空位,这说明 $\gamma - Fe_2O_3$ 的结晶格子有点阵亏损,故其磁性有对温度的不稳定性,当温度增加到 400 ~ 800℃ 时,$\gamma - Fe_2O_3$ 将不可逆地转变为 $\alpha - Fe_2O_3$。

赤铁矿的晶格常数 $a = 5.413$ Å,$\alpha = 55°17'$,其单晶胞含有两个分子。晶胞内沿[111]方向上的四个阳离子位为 A、B、C、D (图 3 -2)。Fe^{3+} 离子磁矩不是无序排列,而是成反平行的有序排列,磁矩的分布是 $A(+)$、$B(-)$、$C(-)$、$D(+)$。中子衍射实验证明赤铁矿是反铁磁性物质,其磁化率比铁磁性物质小得多,数量级为 $10^{-5} ~ 10^{-3}$。

3.2.2 赤铁矿磁性与温度的关系

赤铁矿的磁性与温度有关,其奈耳点为 948 K,在此温度时,它转变为顺磁性物质。

J·M·巴斯粹纳曾测定了赤铁矿化学试剂(含 Fe_2O_3

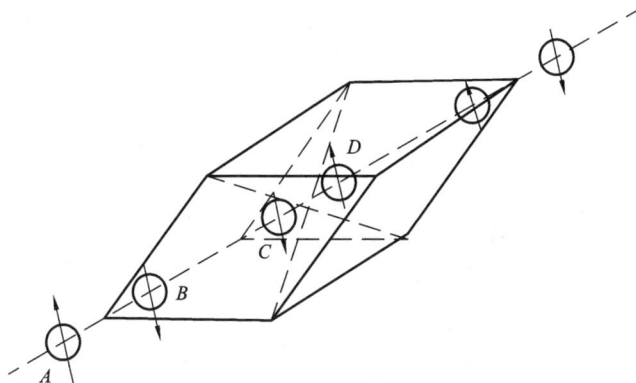

图 3 - 2　赤铁矿的三角晶系构造

99.9%)不同温度下的比磁化率。测定结果表明,当磁化场强为
0.46 kA/m(5.8 kOe),温度由 250 K 增至 263 K 时,比磁化率迅
速增加,当达到某一临界温度(奈耳点附近)时,磁化率达最大
值,以后随温度的升高而下降。这是由于赤铁矿是反铁磁性物
质,当温度较低时,离子磁矩呈反平行排列,仅有少量离子磁矩
倾斜,具有弱铁磁性;当温度升高后,离子磁矩的倾斜程度增加,
改变了原来的反平行状态,因而磁化率显著增加,但当温度过高
时,离子磁矩处于无序状态,所以磁化率就减小了。

3.2.3　赤铁矿的磁性与场强的关系

常温时赤铁矿具有很弱的铁磁性,这种铁磁性与场强的关系
示于图 3 - 3。由图中曲线看出,当场强超过某一数值(常为
2.8 kOe,对不同的赤铁矿,此数值有所不同)时,曲线的斜率为
一常数。将曲线的直线部分向左延伸与纵轴相交的交点记为 σ_0。
当场强大于 2.8 kOe 时比磁化强度可以由两个参数的线性方程式

表示为

$$\sigma = \sigma_0 + x_\infty H \qquad (3-1)$$

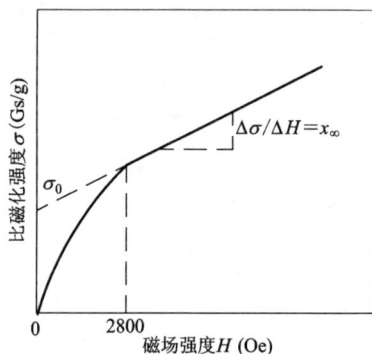

图 3-3　赤铁矿典型磁化曲线

比磁化率为

$$x = \frac{\sigma}{H} = \frac{\sigma_0}{H} + x_\infty \qquad (3-2)$$

温度为 20℃ 时赤铁矿的 $x = (2 \sim 4) \times 10^{-5}$ cm^3/g。σ_0 表示赤铁矿的弱铁磁性程度，它随赤铁矿产地不同而不同并与粒度有关。

澳大利亚、巴西、中国、日本六种赤铁矿的磁化曲线如图 3-4 所示。

由图中曲线看出，除 C 外每一种赤铁矿均可以找到某一场强值，当场强大于此值时，比磁化强度 σ 可用 σ_0 和 x_∞ 的线性方程式表示。上述六种赤铁的 σ_0 和 x_∞ 的值列入表 3-1。曲线 C 的线性较差，这与东鞍山赤铁矿中夹杂少量磁铁矿或磁赤铁矿有关。

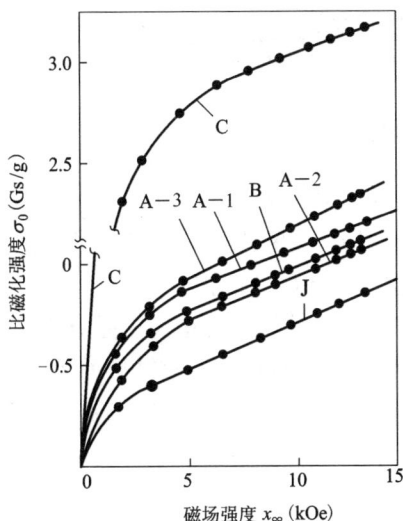

图 3-4　六种赤铁矿的磁化曲线

A—1：澳大利亚 New - man　B—巴西

A—2：澳大利亚 Hamersley　C—中国东鞍山

A—3：澳大利亚 Gold - Worthy　J—日本秋田人工合成矿

表 3-1　六种赤铁矿的 σ_0 和 x_∞

试样编号	$\sigma_0 / (\mathrm{Gs} \cdot \mathrm{g}^{-1})$	$x_\infty / (10^{-5}\,\mathrm{cm}^3 \cdot \mathrm{g}^{-1})$
A - 1	0.67	2.35
A - 2	0.51	3.53
A - 3	0.68	4.13
B	0.56	3.31
C	2.65	3.20
J	0.29	3.50

3.3　磁铁矿的磁性

3.3.1　磁铁矿的结构

　　磁铁矿的结晶构造属反尖晶石型，一个晶胞包含 8 个 Fe_3O_4，四分之一晶胞中三价、二价铁离子和氧离子的排列如图 3 - 5 所示。在一个晶胞中 8 个 Fe^{3+} 占据 8 个 A 位，8 个 Fe^{2+} 和另 8 个 Fe^{3+} 占据 16 个 B 位。A 位和 B 位上离子磁矩相反且不相等，这就是磁铁矿具有亚铁磁性的特征。纯磁铁矿的晶格常数 $a = 8.39$ Å，居里点 578℃，易磁化方向为［111］方向，各向异性常数 $K_1 = -12$。

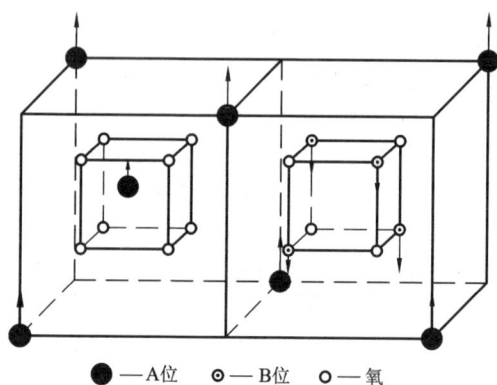

●—A位　　◎—B位　　○—氧

图 3 - 5　磁铁矿的反尖晶石型构造

3.3.2　磁铁矿的磁性

　　由于磁铁矿是亚铁磁性物质，具有固有磁矩，磁性较强，属于强磁性矿物，具有磁畴结构。它易磁化，低场强作用下即可达到磁饱和，有磁滞现象和剩磁。磁化率不是常数，随场强增加很快达最大值，然后逐渐下降，磁选时应选择使磁化率达最大值的场强。

实际磁选中的磁铁矿石的磁性与纯磁铁矿的含量有关，图3-6是我国湖北某铁矿的磁铁矿含量与比磁化率之间的关系图，从图3-6看到，磁铁矿含量与比磁化率基本上成正比关系。

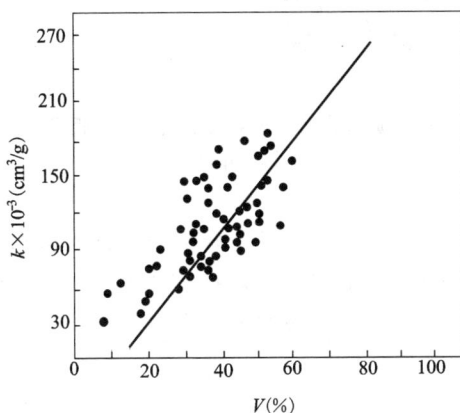

图3-6　磁铁矿含量与比磁化率的关系

图3-7是不同粒度矿石的比磁化率与磁铁矿体积百分含量的关系曲线。由图可见，粗粒矿石比磁化率较大，分布于回归曲线

$$x = 0.2y + 26.1$$
$$y = 2.8x - 17.7$$

的上部，细粒者分布于回归曲线的下部，中粒者，分布于两者之间。

在自然界纯磁铁矿是很少的，大多数情况是铁、钛、氧组成

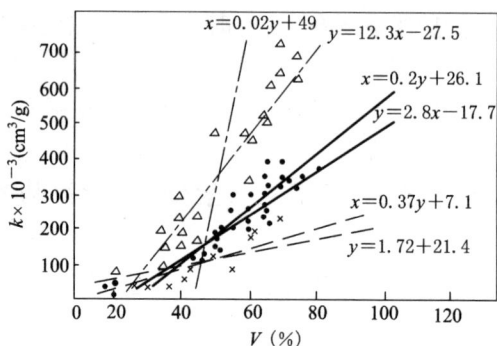

图 3 - 7　不同粒度矿石的比磁化率与磁铁矿体积百分含量的关系曲线

Δ—粗粒　●—中粒　×—细粒

复杂的固溶体。在一定温度时磁铁矿与钛铁尖晶石（Fe_2TiO_4）是完全可溶的。因此常见的磁铁矿往往含有 TiO_2 等成分，含有大量 TiO_2 的天然磁铁矿，一般称为钛磁铁矿。

第4章

磁场特性的数理基础

4.1 物理场的概念

场是处所、场所的意思，某一物理量在空间分布的场所称为物理场。如温度在空间的分布称为温度场，电场强度在空间的分布称为电场，磁场强度在空间的分布称为磁场。温度场、电场、磁场都是物理场。

如果表示场的物理量是数量，如温度、密度、电位等，故相应的温度场、密度场、电位场都是数量场。

如果表示场的物理量是矢量，如速度、力、电场强度、磁场强度等，故相应的速度场、力场、电场、磁场都是矢量场。

我们已经注意到，有些物理场，如电场，既是数量场（有电位）又是矢量场（有电场强度）；电离气体所占的空间，既是数量场（有浓度）又是矢量场（有速度）。数量场和矢量场是处在这些物理场的统一体中。

物理场内存在客观的物质，数学上的数量场与矢量场只是反映了这些物质在量方面的属性，所以数学上不是从质的方面，而是从量的方面去研究场。

物理场中的物理量不随时间变化，则称此物理场为稳恒场；

如果随时间变化，则称为非稳恒场。

　　在空间，把与时间无关的数量场用一数量函数 $u = u(x, y, z)$ 来表示，把与时间无关的矢量场用一矢量函数来表示，即

$$A = A(x, y, z) = X(x, y, z)\boldsymbol{i} + Y(x, y, z)\boldsymbol{j} + Z(x, y, z)\boldsymbol{k}$$

　　为了更直观地表示矢量场，可以考虑这样的曲线，在它上面每一点和场在点的矢量相切，这种曲线称为矢量场的矢线（见图 4 – 1）。

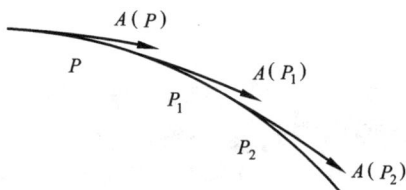

图 4 – 1　矢量场的矢线

　　矢线上任意点 (x, y, z) 的微小切线矢量在 x, y, z 坐标轴上的投影是 dx, dy, dz，所以，矢线可以用下面的微分方程来表示。

$$\frac{dx}{x} = \frac{dy}{y} = \frac{dz}{z} \qquad (4 - 1)$$

解方程（4 – 1），就可以得到矢量方程。

　　矢线不仅在几何上描述了矢量场，而且有它的物理意义，在电场中，矢线是从正电荷发出的电力线；在磁场中，矢线是从北极发出而终止于南极的磁力线；在流体力学中，矢线就是流体的流线。

4.2　数量场的梯度

4.2.1　数量场的方向导数

　　设一数量场函数 $u = u(p)$，当点 p 沿过点 p_0 的方向 l 上移

动, 若

$$\lim_{p \to p_0} \frac{u(p) - u(p_0)}{|\overline{p_0 p}|}$$

存在, 则称此极限值为函数 $u(p)$ 在点 p_0 沿 l 方向的变化率, 又称方向导数, 记作 $(\frac{\partial u}{\partial l})_{p_0}$。

　　方向导数就是函数 $u(p)$ 在一点处沿某一方向对距离的变化率。

4.2.2　方向导数的计算公式

　　在直角坐标系中, 如果 $u = u(p)$ 在点 p_0 可微, 那么

$$(\frac{\partial u}{\partial l})_{p_0} = (\frac{\partial u}{\partial x})_{p_0} \cos\alpha + (\frac{\partial u}{\partial y})_{p_0} \cos\beta$$
$$+ (\frac{\partial u}{\partial z})_{p_0} \cos\gamma \qquad (4-2)$$

式中　$\cos\alpha$, $\cos\beta$, $\cos\gamma$——l 的方向余弦。

4.2.3　梯度

　　方向导数给出函数在给定点沿某一方向的变化率, 一般在同一点沿不同方向的方向导数是不同的。我们把大小为函数 $u(p)$ 在点 p_0 的方向导数的最大值, 方向是取得方向导数最大值的方向的矢量称为数量场在点 p_0 的梯度, 记作 **grad**u。

　　由方向导数和梯度的定义可知, 在点 p_0 沿 l 方向的方向导数最大, 表明函数沿 l 方向增加最快。所以, 梯度是指向函数增大最快的方向。

4.2.4　梯度的计算公式

　　在直角坐标系中, 梯度的计算公式为

$$\mathbf{grad}u = (\frac{\partial u}{\partial x})\boldsymbol{i} + (\frac{\partial u}{\partial y})\boldsymbol{j} + (\frac{\partial u}{\partial z})\boldsymbol{k} \qquad (4-3)$$

为了方便起见，常将梯度以及后面要介绍的散度和旋度用一个微分运算的符号来表示，即

$$\bigtriangledown = \frac{\partial}{\partial x}\boldsymbol{i} + \frac{\partial}{\partial y}\boldsymbol{j} + \frac{\partial}{\partial z}\boldsymbol{k} \qquad (4-4)$$

此倒三角 $\bigtriangledown$ 叫做算符，或称为哈密顿（Hamilton）算符。利用此算符后，梯度可表示为

$$\bigtriangledown u = (\frac{\partial u}{\partial x})\boldsymbol{i} + (\frac{\partial u}{\partial y})\boldsymbol{j} + (\frac{\partial u}{\partial z})\boldsymbol{k} \qquad (4-5)$$

在"$\bigtriangledown$"之后必须是数量函数，不能是矢量函数。如果在矢量场中选定了一些特定的方向，在这些方向上场矢量（如磁场强度）具有同一方向；在此方向上场矢量对距离的变化率就是场数量对距离的变化率，而且变化率值又最大，只有此时梯度才可用在矢量场中。

4.3　矢量场的散度

4.3.1　散度的概念

现在从通过闭合曲面的磁通量问题来引进散度的概念，可以简单理解为，它表示磁场内一点发散或吸收磁力线的程度。

通过曲面 S 的磁通量为：

$$\boldsymbol{\Phi}_m = \iint_S \boldsymbol{B} \cdot \mathrm{d}\boldsymbol{S} \qquad (4-6)$$

式（4-6）可以表示曲面 S 内磁通量的大小，但是却不能表示出在曲面内磁通量分布的情形，也不知道曲面内一点 P 发散或吸收磁力线多少，为了解决这一问题，我们引入磁场的散度的概念。

利用图 4-2，设有磁场 $\boldsymbol{B}(P)$，在场中包含点 P 的闭曲面所包围的体积为 ΔV，其中的磁通量为 $\boldsymbol{\Phi}_m$，磁通量对体积的平均变

化率为

$$\phi_V = \frac{\iint_S \boldsymbol{B} \cdot \mathrm{d}\boldsymbol{S}}{\Delta V}$$

当 $\Delta V \rightarrow 0$ 时，上式比值的极限存在，则称此极限值为 $\boldsymbol{B}(p)$ 在 P 点处的散度，即

$$\mathbf{div}\ \boldsymbol{B} = \lim_{\Delta V \rightarrow 0} \frac{\iint_S \boldsymbol{B} \cdot \mathrm{d}\boldsymbol{S}}{\Delta V} \qquad (4-7)$$

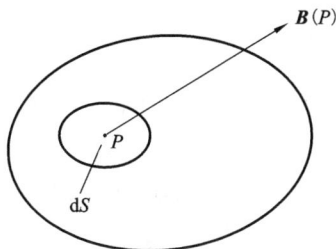

图 4 – 2

磁感应强度的散度是标量，它有下列三种情况：

（1）在 P 点处，如果 $\mathbf{div}\ \boldsymbol{B} > 0$，则 P 点是发散磁通量的正源；

（2）如果 $\mathbf{div}\ \boldsymbol{B} < 0$，则 P 点是吸收磁通量的负源；

（3）如果 $\mathbf{div}\ \boldsymbol{B} = 0$，则表示 P 点既不发散磁通量也不吸收磁通量。

4.3.2　磁感应强度散度的计算式

在直角坐标系中，磁感应强度散度的计算式为

$$\mathbf{div}\ \boldsymbol{B} = \nabla \cdot \boldsymbol{B}$$

$$= (\frac{\partial}{\partial x}\boldsymbol{i} + \frac{\partial}{\partial y}\boldsymbol{j} + \frac{\partial}{\partial z}\boldsymbol{k}) \cdot (B_x\boldsymbol{i} + B_y\boldsymbol{j} + B_z\boldsymbol{k})$$

$$= \frac{\partial B_x}{\partial x} + \frac{\partial B_y}{\partial y} + \frac{\partial B_z}{\partial z} \qquad (4-8)$$

对于恒定磁场磁选机的磁场，由于场内无发散磁力线的源，所以称为无源场或无散场。

4.4   矢量场的旋度

4.4.1   磁场强度的旋度

现以磁场强度的旋度为例来说明矢量场的旋度。

由物理学中的全电流定律知道，磁场强度 $\boldsymbol{H}$ 沿任一闭曲线 L 的线积分等于通过由 L 所围成的任一曲面的全部电流 I，即

$$\oint_L \boldsymbol{H} \cdot \mathrm{d}\boldsymbol{l} = I \qquad (4-9)$$

磁场强度 $\boldsymbol{H}$ 沿闭曲线 L 的曲线积分 $\oint_L \boldsymbol{H} \cdot \mathrm{d}\boldsymbol{l}$ 称为矢量 $\boldsymbol{H}$ 沿 L 的环流量，即是电流。

式(4-9)给出了通过 L 所围成的曲面上的全部电流，但还不能判断电流在曲面 S 上各点的分布情况。为了解决这一问题，需要研究曲面上某一点的电流对面积的变化率，才能知道曲面上每一点的电流分布。

利用图4-3，设在点 P 附近取一微小曲面 S'，其边缘为 L'，面积为 $\Delta S'$，并设垂直通过该曲面的全部电流为 ΔI，因此，电流对面积的平均变化率为

$$\frac{\oint_{L'} \boldsymbol{H} \mathrm{d}\boldsymbol{l}}{\Delta S'} = \frac{\Delta I}{\Delta S'}$$

当 $\Delta S' \to 0$，并且 $\Delta S'$ 缩成点 P，则得到电流对面积的变化率为

$$\lim_{\Delta S' \to 0} \frac{\oint_{L'} \boldsymbol{H} \cdot \mathrm{d}\boldsymbol{l}}{\Delta S'} = \lim_{\Delta S' \to 0} \frac{\Delta I}{\Delta S'} = |\boldsymbol{\delta}| \qquad (4-10)$$

$\boldsymbol{\delta}$ 是电流密度矢量，它称为磁场强度 $\boldsymbol{H}$ 的旋度，记作 $\mathbf{rot}\ \boldsymbol{H}$。因此式 $(4-10)$ 可以写成

$$\lim_{\Delta S' \to 0} \frac{\oint_{L'} \boldsymbol{H} \cdot \mathrm{d}\boldsymbol{l}}{\Delta S'} = (\mathbf{rot}\ \boldsymbol{H})_n \qquad (4-11)$$

其中 n 是曲面在点 P 的法线矢量。

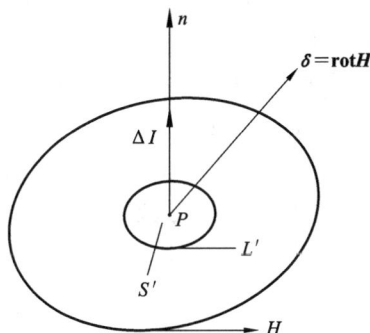

图 4 - 3

4.4.2　磁场强度的旋度计算式

在直角坐标系中，磁场强度的旋度为

$$\mathbf{rot}\ \boldsymbol{H} = \left(\frac{\partial H_z}{\partial y} - \frac{\partial H_y}{\partial z}\right)\boldsymbol{i} + \left(\frac{\partial H_x}{\partial z} - \frac{\partial H_z}{\partial x}\right)\boldsymbol{j} + \left(\frac{\partial H_y}{\partial x} - \frac{\partial H_x}{\partial y}\right)\boldsymbol{k}$$

$$(4-12)$$

用算符 ∇ 表示，则 $\mathbf{rot}\ \boldsymbol{H} = \nabla \times \boldsymbol{H}$。

恒定磁场磁选机的磁场中无电流，电流密度为零，所以磁场强度 H 的旋度 $\nabla \times \boldsymbol{H} = 0$。

4.5　标量磁位和矢量磁位

4.5.1　标量磁位

在电场中存在电位，这是大家熟知的，与此相似，在磁场中也有磁位。

如果所研究的磁场是在没有电流的区域中，则 H 或 B 的旋度等于零，即 $\nabla \times H = 0$ 或 $\nabla \times B = 0$，因为 $-\nabla \times \nabla \varphi_m = 0$，所以

$$H = -\nabla \varphi_m \tag{4-13}$$

式中　φ_m——标量磁位。

标量磁位相等的各点形成的曲面称为等磁位面，它的方程为

$$\varphi_m(x, y, z) = 常量 \tag{4-14}$$

不难理解，等磁位面应与 H 线或 B 线正交。因根据式(4-13)，φ_m 的梯度是 H，即 φ_m 方向导数的最大值，只有等磁位面与 H 正交时，才能使 φ_m 的方向导数达最大值。

4.5.2　矢量磁位

上面谈到，标量磁位只适用于磁场中没有电流的区域，对于磁场中有电流的区域，标量磁位是不存在的。因为在有电流的区域，$\nabla \times H = \delta$，根据矢量分析 $-\nabla \times \nabla \varphi_m = 0$，显然 $H \neq -\nabla \varphi_m$，所以标量磁位是不存在的。为了便于磁场计算，我们可以找到一个位函数，它既能应用于无电流区域，又能用于有电流区域。而表征磁场性质的量如磁感应强度或磁场强度，可通过对找到的函数进行简单的运算而得出。

磁通连续性原理是磁场的基本性质之一，它的微分形式表达式是 $\nabla \cdot B = 0$。根据向量分析，任意向量 A 的旋度的散度恒等于零，即

$$\nabla \cdot \nabla \times A = 0 \qquad (4-15)$$

式（4-15）可以写成下式

$$\frac{\partial}{\partial x}\left(\frac{\partial A_z}{\partial y}-\frac{\partial A_y}{\partial z}\right)+\frac{\partial}{\partial y}\left(\frac{\partial A_x}{\partial z}-\frac{\partial A_z}{\partial x}\right)+\frac{\partial}{\partial z}\left(\frac{\partial A_y}{\partial x}-\frac{\partial A_x}{\partial y}\right)$$

$$=\frac{\partial^2 A_z}{\partial x \partial y}-\frac{\partial^2 A_y}{\partial x \partial z}+\frac{\partial^2 A_x}{\partial y \partial z}-\frac{\partial^2 A_z}{\partial y \partial x}+\frac{\partial^2 A_y}{\partial z \partial x}-\frac{\partial^2 A_x}{\partial z \partial y}=0$$

由数学知识知，二阶混合偏导数在连续条件下与求导次序无关。因此，上式 1、4 项，2、5 项，3、6 项相减后，等于零。

将式 $\nabla \cdot B = 0$ 与式 $\nabla \cdot \nabla \times A = 0$ 相对照，便可以将 B 表示成

$$B = \nabla^2 \times A \qquad (4-16)$$

A 就是我们想找的矢量位函数，因为它是矢量，所以简称矢量磁位。

4.6　拉普拉斯方程

假如所研究的磁场为无源、无旋场，即 $\nabla \cdot B - 0$，$\nabla \times B - 0$，则

$$\nabla \cdot B = \nabla \cdot (\mu H) = \mu, \ \nabla \cdot H = 0$$

而　　　　　　$\nabla \cdot H = \nabla \cdot (-\nabla \Phi_m) = 0$

所以

$$\nabla \cdot \nabla \Phi_m = \nabla^2 \Phi_m = 0 \qquad (4-17)$$

式（4-17）即是著名的拉普拉斯方程。

式中 ∇^2 为拉普拉斯算符。

在直角坐标系中拉普拉斯方程的表达式为

$$\nabla^2 \Phi_m = \nabla \cdot \nabla \Phi_m$$

$$= \left(\frac{\partial}{\partial x}i + \frac{\partial}{\partial y}j + \frac{\partial}{\partial z}k\right) \cdot \left(\frac{\partial \Phi_m}{\partial x}i + \frac{\partial \Phi_m}{\partial y}j + \frac{\partial \Phi_m}{\partial z}k\right)$$

$$= \frac{\partial^2 \Phi_m}{\partial x^2} + \frac{\partial^2 \Phi_m}{\partial y^2} + \frac{\partial^2 \Phi_m}{\partial z^2}$$

第 5 章

磁系的磁场特性

5.1　铁芯磁系的磁场特性

铁芯磁系是指激磁线圈套在铁芯上，在两极间隙中进行分选的磁系。

5.1.1　开放磁系的磁场特性

开放磁系是指磁极在同一侧做相邻配置且磁极之间无聚磁介质的磁系。

这种磁系的磁场特性取决于相邻磁极间的磁势、极距 l、极面宽 b 和极间隙 a 的比值、磁极端面的形状以及曲面磁系的曲率半径 R。

沿开放磁系磁极或极间隙对称面上磁场强度的变化规律可由理论公式表示。

开放磁系磁场具有两个重要的性质，即在不包含电流的磁场空间内磁场强度的散度和旋度为零，即 $\mathbf{div}H = 0$，$\mathbf{rot}H = 0$。

对于图 5 - 1 所示的磁极，其磁场可以用下式表示

$$H = |H| e^{i\alpha}, \tag{5-1}$$

式中　　$|H|$——H 的模；

　　　　e——自然对数的底；

α——H 与 y 轴的夹角；

i——虚数单位, $i = \sqrt{-1}$。

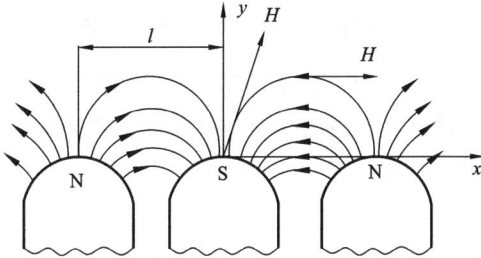

图 5-1　开放磁系磁极

将式(5-1)两边取对数　则

$$\ln\boldsymbol{H} = \ln|\boldsymbol{H}| + i\alpha \qquad (5-2)$$

令

$$\boldsymbol{W} = \ln|\boldsymbol{H}| \qquad (5-3)$$

$\boldsymbol{W}$ 表示磁极的磁场。

对于上式, 同样是 $\mathbf{div}\boldsymbol{W} = 0$, $\mathbf{rot}\boldsymbol{W} = 0$, 即

$$\begin{cases} \mathbf{div}\boldsymbol{W} = \dfrac{\partial(\ln\boldsymbol{H})}{\partial x} + \dfrac{\partial\alpha}{\partial y} = 0 \\[3mm] \mathbf{rot}\boldsymbol{W} = \dfrac{\partial(\ln\boldsymbol{H})}{\partial y} - \dfrac{\partial\alpha}{\partial x} = 0 \end{cases} \qquad (5-4)$$

磁选过程希望离开磁极表面等距离各点的磁场强度近于相等, 使平行于极面运动的所有磁性矿粒都受到均等的磁力, 不致由于某些点磁力弱而使磁性颗粒损失于尾矿中。这就要求磁场强度不随 x 做较大的变化(磁力线在 x 方向的分布应均匀)。为了满足这个条件, 必须：第一, 极头形状应按等位线设计, 即使磁力线垂直极面；第二, 极宽与极间隙宽之比要适当。事实上极头完全按等位线确定比较困难, 一般可令极头圆弧半径 $r = 0.4s$

(s——极距），极宽与极间隙之比为 $1.0 \sim 1.5$。

根据图 $5-1$，将坐标原点定在磁极中线和极面的交点上。在此中线上 H 和 y 轴的夹角 α 均等于 $0°$，而在经过极间隙中线的一切点上，H 和 y 轴的夹角均等于 $90°$，即 $x=0$ 时，$\alpha=0$；$x=\dfrac{s}{2}$ 时，$\alpha=90°$。在极面上 $y=0$ 时，$H=H_0$；$y\rightarrow\infty$ 时，$H\rightarrow0$。

在这些条件下，求磁场联立方程式 $(5-4)$ 的解。

式 $(5-4)$ 的一个可能的解为

$$\frac{\partial(\ln H)}{\partial x} = -\frac{\partial\alpha}{\partial y} = 0 \tag{5-5}$$

$$\frac{\partial(\ln H)}{\partial y} = \frac{\partial\alpha}{\partial x} = C_0 \tag{5-6}$$

因为　$\dfrac{\partial(\ln H)}{\partial x}=0$；所以　$\ln H = f_1(y)$

因为　$\dfrac{\partial\alpha}{\partial y}=0$；　　　所以　$\alpha = f_2(x)$

由式 $(5-6)$ 得

$$f_1'(y) = -f_2'(x) = C_0 \tag{5-7}$$

式 $(5-7)$ 亦可写成

$$\frac{\mathrm{d}f_1(y)}{\mathrm{d}y} = C_0, \qquad \frac{\mathrm{d}f_2(x)}{\mathrm{d}x} = -C_0 \tag{5-8}$$

将上两式分别对 y 和 x 积分，得

$$f_1(y) = C_0 y + C_1 \tag{5-9}$$

$$f_2(x) = -C_0 x + C_2 \tag{5-10}$$

$$所以　\ln H = C_0 y + C_1 \tag{5-11}$$

$$\alpha = -C_0 x + C_2 \tag{5-12}$$

现确定上两式中的积分常数：

因为　$y=0$ 时，　　　$H=H_0$，　　　所以　$C_1 = \ln H_0$

因为　$x=0$ 时，　　　$\alpha=0$，　　　所以　$C_2 = 0$

因为 $x = \dfrac{s}{2}$ 时， $\alpha = \dfrac{\pi}{2}$， 所以 $C_0 = -\dfrac{\pi}{s}$

将 C_0 和 C_1 值代入式 $(5-11)$，得

$$\ln H = -\frac{\pi}{s}y + \ln H_0$$

$$\ln H - \ln H_0 = -\frac{\pi}{s}y$$

$$\ln \frac{H}{H_0} = -\frac{\pi}{s}y$$

$$\frac{H}{H_0} = e^{-\frac{\pi}{s}y}$$

$$H = H_0 e^{-\frac{\pi}{s}y} = H_0 e^{-cy} \qquad (5-13)$$

式中 $c = \dfrac{\pi}{s}$。

上式用分离变量法的推导过程见附录 1。

将 C_0 和 C_2 值代入式 $(5-12)$，得

$$\alpha = \frac{\pi}{s}x \qquad (5-14)$$

磁场中的任一点 (x, y) 处的磁场强度可用下式表示：

$$H_x = H_0 e^{-cy} \sin\alpha = H_0 e^{-cy} \sin\frac{\pi}{s}x \qquad (5-15)$$

$$H_y = H_0 e^{-cy} \cos\alpha = H_0 e^{-cy} \cos\frac{\pi}{s}x \qquad (5-16)$$

在磁极对称面上， $\alpha = 0$，则

$$H_x = 0$$

$$H_y = H = H_0 e^{-cy} \qquad (5-17)$$

在极间隙对称面上， $\alpha = 90°$，则

$$H_y = 0$$

$$H_x = H = H_0 e^{-cy} \qquad (5-18)$$

上述公式只适用于极头形状和极宽与间隙宽之比为一定时的情况。实际磁选机的磁系，很难满足这样的要求，须将(5-13)式中的系数 c 加以修正，在确定极对称面和极间隙对称面上场强时使非均匀系数成为 $C' = KC$，K 值如表5-1所示。

表5-1　K 值表

极面宽/极隙宽		6.5/3	6.5/4.5	6.5/7.5	13/6	13/9	13/12	19.5/4.5
K	极对称面	0.89	0.93	1.05	0.88	0.91	1.05	0.90
	极隙对称面	0.95	0.87	0.73	0.90	0.80	0.67	1.14
极面宽/极隙宽		19.5/6		19.5/9	19.5/13.5	26/9	26/12	26/18
K	极对称面	0.92		0.98	0.6	0.88	0.97	1.0
	极隙对称面	1.02		0.96	0.70	1.08	0.87	0.56

5.1.2　闭合磁系磁场特性

闭合磁系是指磁极做相对配置的磁系。这种磁系磁极间空气隙较小，磁通通过空气隙的路程短，磁路的磁阻小，漏磁少，因而，分选空间易实现强磁场。

常见的闭合磁系有：平面-单齿磁极对、双曲线磁极对、平面-多齿磁极对、凹槽-多齿磁极对、等磁力磁极对、多层齿极等。下面分别叙述它们的磁场特性。

1. 平面-单齿磁极对(图5-2)

单齿齿形为双曲线，沿齿极对称面上的磁场强度为

$$H_y = H_0 \sin \frac{\beta}{2} \Big[1 - \Big(\frac{l-y}{l} \Big)^2 \cos^2 \frac{\beta}{2} \Big]^{-0.5} \qquad (5-19)$$

式中　H_0——平面极表面上的磁场强度；

　　　β——齿极尖角；

　　　l——极距。

根据式(5-19)可以确定磁场梯度和磁场磁力。在一定的 H_0

和 l 的条件下，求磁场力对 β 的导数并令其等于零，便可以确定产生最大磁力时的 β 角。

齿极尖端的圆弧半径 r 的大小取决于极距 l，一般 $r \approx 0.5l$。

2. 双曲线磁极对（图 5 - 3）

这种磁极的特点是极间全部空间的磁场都是不均匀的。

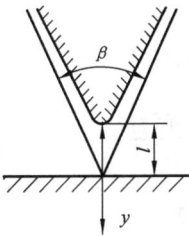

图 5 - 2　平面 - 单齿磁极对

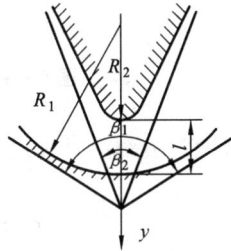

图 5 - 3　双曲线磁极对

对于这种磁极，沿磁极对称面上的磁场强度为

$$H_y = H_0 l \sin\frac{\beta_2}{2}\Big[l^2 - (l\cos\frac{\beta_2}{2} - Ky)^2 \Big]^{-0.5} \qquad (5-20)$$

式中　　K——系数，$K = \cos\dfrac{\beta_2}{2} - \cos\dfrac{\beta_1}{2}$；

　　　　β_1、β_2——两双曲线形磁极的渐近线之间的夹角。

由于这种磁极对，整个空间磁场是不均匀的，所以空间各处均有磁场力，不像平面 - 单齿磁极对那样，在平面磁极处的磁场力为零。

3. 平面 - 多尖齿磁极对

在实际磁选机的磁系中多采用图 5 - 4 所示的平面 - 多小齿磁极对，可提高处理量。平面 - 多尖齿磁极对齿极附近的磁场非均匀区深度约等于齿距（s）之半。当极距 $l > 0.5s$ 时，离齿极距离 $y > 0.5s$ 区的磁场接近均匀。

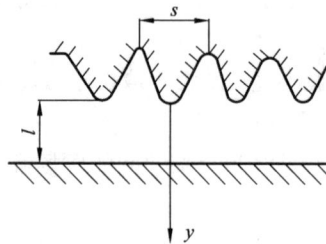

图 5 - 4　平面 - 多尖齿磁极对

这种磁极对沿齿极对称面上的磁场强度为

$$H_y = \frac{0.5sH_0(1-K_1)^{0.5}}{[0.25s^2 - K_1(0.5s-y)^2]^{0.5}} \qquad (5-21)$$

式中　s——齿距；

　　　K_1——与齿距有关的系数，其值如表 5 - 2 所示。

表 5 - 2　K_1 值　　　　　　　　　　　cm

s	- 1	3	5
K_1	- 0.3	0.55	0.6

　　式(5 - 21)适用于当 $l > 0.5s$ 时离齿极距离 $y \leqslant 0.5s$ 的区域，且当齿尖角 β 为 45°～50°、齿端圆弧半径 $r \approx 0.1s$ 时，此式较准确。

　　4. 平面 - 多平齿磁极对

　　研究表明，平面 - 多齿磁极对的磁场力高于平面 - 多平齿磁极对(图 5 - 5)，因而，它在强磁选机上得到广泛的应用。但对选分粒度小于 1 mm 物料的上面给矿的辊式磁选机，为了给料的方便，往往采用平面 - 多平齿磁极对。这种磁极对沿齿极对称面上的磁场强度为

$$H_y = \frac{0.59s^{0.75}H_0(1-K_1)^{0.5}}{[0.35s^{1.5} - K_1(0.5s-y)^{1.5}]^{0.5}} \tag{5-22}$$

式中　H_0、s——意义同前；

　　　K_1——系数，其值如表 5-3 所示。

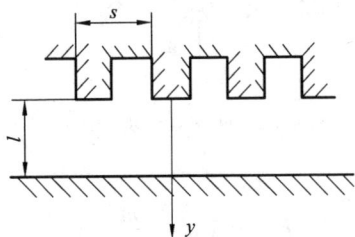

图 5-5　平面-多平齿磁极对

表 5-3　K_1 值　　　　　　　　　cm

s	1	3	5
K_1	0.15	0.25	0.3

5. 凹槽-多齿磁极对

（1）凹槽-多尖齿磁极对

在平面-多齿磁极对中，磁场的不均匀区靠近齿极，在平极处磁场接近均匀，整个磁场空间得不到充分地利用。如用凹槽代替平极，如图 5-6 所示，则靠近凹槽极处磁场也是不均匀的，这就克服了平面-多齿磁极对的缺点。这种磁极对沿齿极对称面上的场强可用式（5-20）近似计算。

（2）凹槽-多平齿磁极对

这种磁极对当齿距小于 5 cm 时沿齿极对称面上的磁场强度为

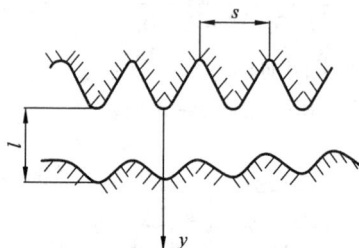

图 5-6　凹槽-多尖齿磁极对

$$H_y \approx H_0 \left(1 - \frac{m}{1 + ml} y\right) \qquad (5-23)$$

式中　H_0——齿极端面的磁场强度；

　　　l——极距；

　　　m——系数，$m = \dfrac{H_0 - H_l}{lH_l}$，$m$ 值如表 5-4 所示；

　　　H_l——凹槽底处的磁场强度，$H_l = \dfrac{H_0}{1 + ml}$。

表 5-4　m 值

l	$0.5s$①	$0.75s$	$1.0s$
m	1.09	0.74	0.48

注：①$s = 5$ cm。

6. 等磁力磁极对

对于图 5-7 所示的磁极，由于磁场空间的场强和梯度互为消长的变化，因而磁场力是恒定的。

这种磁极对称面上的磁场强度为

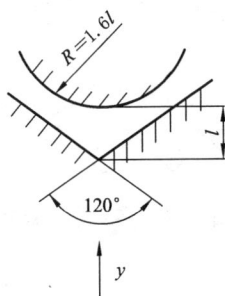

图 5 - 7　等磁力磁极对

$$H_y = H_0 \left(\frac{l-y}{l} \right)^{0.5} \qquad (5-24)$$

式中　H_0——弧面处的磁场强度；

　　　l——极距。

将式(5-24)中的 H_y 对 y 取导数，则磁场梯度为

$$\frac{\mathrm{d}H_y}{\mathrm{d}y} = -\frac{0.5H_0}{l} \left(\frac{l-y}{l} \right)^{-0.5} \qquad (5-25)$$

则磁场力为

$$H_y \frac{\mathrm{d}H_y}{\mathrm{d}y} = \frac{1}{2l}H_0^2 \qquad (5-26)$$

由式(5-26)可见，磁场力为恒定值，即不随 y 而变。

7. 多尖齿磁极对

图 5-8 所示的单个多齿极也常称为齿极，数个多齿极形成多个磁极对，充填在磁场空间内，这样既提高了分选空间的磁场强度，也提高了处理量。

当极距 $l \approx (0.45 \sim 0.65)s$ 和齿尖角 $\beta = 60° \sim 105°$ 时，齿极对称面上的磁场强度可用下面经验公式表示

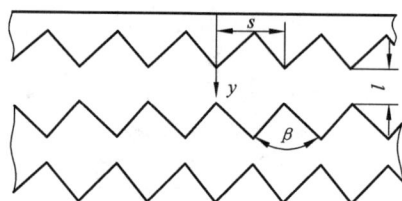

图 5-8 多尖齿磁极对

$$H_y = K_1 K_2 K_3 H_0 e^{0.45\left(\frac{s-4y}{s}\right)^2} \qquad (5-27)$$

式中　H_0——背景磁场强度;

　　　s——齿距;

　　　y——离齿极的距离;

　　　K_1——和齿尖角、背景磁场强度有关的系数,

　　　　　其值见表 5-5;

　　　K_2——与极距有关的系数,其值见表 5-6;

　　　K_3——与齿极材质有关的系数,一般 $K_3 = 2.75$。

表 5-5　K_1 值

齿尖角 $\beta(°)$	背景磁场强度 H_0(Oe)				
	2500	3500	4500	5500	6500
60	1.19	1.04	0.87	0.83	0.80
75	1.17	1.02	0.86	0.81	0.73
90	1.15	1.00	0.85	0.80	0.77
105	1.13	0.98	0.84	0.79	0.76

表 5-6　K_2 值

极距 l	$0.45s$	$0.5s$	$0.6s$	$0.65s$
K_2	1.03	1.00	0.98	0.97

5.2 空芯磁系的磁场特性

空芯磁系是指铁铠包在螺线管的外面，在其内腔进行分选的一种磁系。

磁选机上常采用圆柱形、矩柱形和鞍形螺线管，所以研究它们的磁场特性是很必要的。

5.2.1 圆柱形螺线管的磁场持性

1. 未铠装螺线管的磁场特性

在磁选厂中常用的电磁预磁器即是未铠装的圆柱形螺线管，电磁脱磁器也由几个圆柱形螺线管组成。它们的磁场特性以螺线管轴线上场强的大小表示。

（1）螺线管内轴线上各点场强

如图 5-9 所示的螺线管轴线上各点磁场强度 H_x 可以在载流元线圈轴上任一点场强的基础上积分得到。载流元线圈如图 5-10 所示。

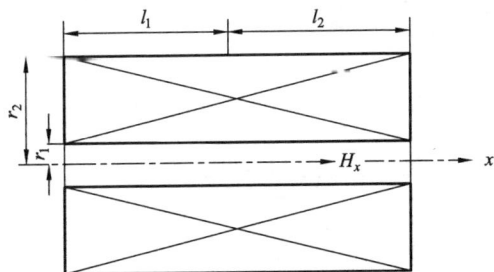

图 5-9 圆柱形螺线管轴上场强计算图　　**图 5-10 载流元线圈**

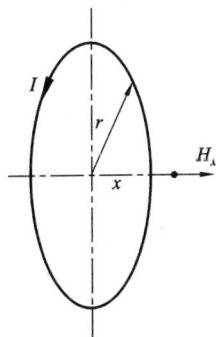

元线圈轴线上任一点场强为

$$H_x = \frac{2\pi I}{10} \frac{r^2}{(r^2 + x^2)^{3/2}} \qquad (5-28)$$

式中　I——元线圈中的电流，A；

　　　r——线圈半径，cm；

　　　x——轴上任一点与原点的距离，cm。

图 5 - 9 所示螺线管轴线上各点场强为

$$\begin{aligned}
H_x &= \frac{2\pi}{10}(j\lambda) \int_{r_1}^{r_2} \int_{+l_1}^{-l_2} \frac{r^2}{(r^2 + x^2)^{3/2}} \mathrm{d}x \mathrm{d}r \\
&= \frac{2\pi}{10}(j\lambda) \Big[l_1 \ln \frac{r_2 + (r_2^2 + l_1^2)^{\frac{1}{2}}}{r_1 + (r_1^2 + l_1^2)^{\frac{1}{2}}} + \\
&\quad l_2 \ln \frac{r_2 + (r_2^2 + l_2^2)^{\frac{1}{2}}}{r_1 + (r_1^2 + l_2^2)^{\frac{1}{2}}} \Big]
\end{aligned} \qquad (5-29)$$

式中　j——导线电流密度；

　　　λ——螺线管中导线的充填率。

$j\lambda$ 相当于式 $(5-28)$ 中的 I，它表示螺线管纵断面单位面积的电流，即

$$j\lambda = \frac{NI}{(l_1 + l_2)(r_2 - r_1)} \qquad (5-30)$$

式中　NI——螺线管的安匝数。

令 $\dfrac{r_2}{r_1} = \alpha$，$\dfrac{l_1}{r_1} = \beta_1$，$\dfrac{l_2}{r_2} = \beta_2$，并代入式 $(5-28)$，则

$$\begin{aligned}
H_x &= \frac{2\pi}{10}(j\lambda) r_1 \Big[\beta_1 \ln \frac{\alpha + (\alpha^2 + \beta_1^2)^{\frac{1}{2}}}{1 + (1 + \beta_1^2)^{\frac{1}{2}}} + \\
&\quad \beta_2 \ln \frac{\alpha + (\alpha^2 + \beta_2^2)^{\frac{1}{2}}}{1 + (1 + \beta_2^2)^{\frac{1}{2}}} \Big]
\end{aligned} \qquad (5-31)$$

螺线管中点 $(\beta_1 = \beta_2 = \beta)$ 的场强，由式 $(5-31)$ 得

$$H_0 = j\lambda r_1 \frac{4\pi\beta}{10}\ln\frac{\alpha + (\alpha^2 + \beta^2)^{\frac{1}{2}}}{1 + (1 + \beta^2)^{\frac{1}{2}}} \qquad (5-32)$$

令　$F(\alpha, \beta) = \dfrac{4\pi\beta}{10}\ln\dfrac{\alpha + (\alpha^2 + \beta^2)^{\frac{1}{2}}}{1 + (1 + \beta^2)^{\frac{1}{2}}}$，则

$$H_0 = j\lambda r_1 F(\alpha, \beta) \qquad (5-33)$$

由式（5-30），当 $l_1 = l_2 = l$ 时，则

$$j\lambda = \frac{NI}{2l(r_2 - r_1)} = \frac{NI}{r_1^2\beta(\alpha - 1)} \qquad (5-34)$$

将式（5-34）的 $j\lambda$ 代入式（5-33），则

$$H_0 = \frac{NIF(\alpha, \beta)}{r_1 2\beta(\alpha - 1)} \qquad (5-35)$$

在已知导线的电流密度 j、螺线管的充填率 λ 和安匝数 NI 及其几何尺寸时，即可用式（5-33）和式（5-35），计算螺线管内中点的场强。

螺线管轴线中点的场强随其长度（β）增加而增加，图 5-11 是 $r_1 = 4.3$ cm，$\alpha = 3$ 的螺线管中点场强 H_0 随其长度而变化的曲线图。

由图 5-11 看出，在螺线管较短时（$\beta < 2$），H_0 增加较快；螺线管较长时（$\beta > 2$），H_0 增加较慢，最后趋于饱和，其值接近 $0.4\pi I_n$（I_n 是螺线管单位长度的安匝数）。这说明螺线管短时漏磁较多，随着螺线管的增长，漏磁逐步减少，最终趋于零。

螺线管端点（$\beta_1 = 0$，$\beta_2 = 2\beta$ 或 $\beta_1 = 2\beta$，$\beta_2 = 0$）的场强由式（5-31）得

$$H_e = j\lambda r_1 \frac{4\pi}{10}\beta\ln\frac{\alpha + (\alpha^2 + 4\beta^2)^{\frac{1}{2}}}{1 + (1 + 4\beta^2)^{\frac{1}{2}}} \qquad (5-36)$$

端点场强 H_e 与中点场强 H_0 的比值为

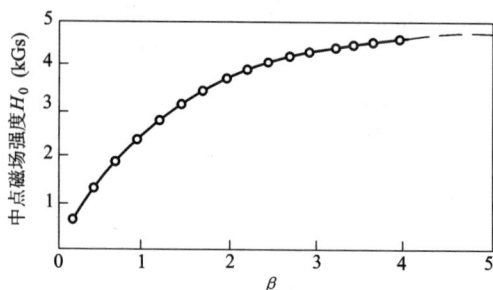

图 5 - 11 H_0 随 β 的变化曲线图

$$K = \frac{H_e}{H_0} = \ln \frac{\alpha + (\alpha^2 + 4\beta^2)^{\frac{1}{2}}}{1 + (1 + 4\beta^2)^{\frac{1}{2}}} \cdot \left[\ln \frac{\alpha + (\alpha^2 + \beta^2)^{\frac{1}{2}}}{1 + (1 + \beta^2)^{\frac{1}{2}}} \right]^{-1}$$

$$(5 - 37)$$

图 5 - 12 是 $r_1 = 4.3$ cm, $\alpha = 3$ 的螺线管的 $K(H_e/H_0)$ 与 β 的关系曲线图。

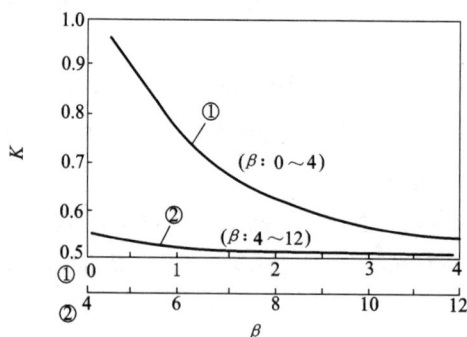

图 5 - 12 K 与 β 关系曲线图

由图 5 – 12 看出，K 随 β 的增加逐渐减少，当 $\beta = 4$ 时，$K = 0.45$，$\beta = 12$ 时，$K = 0.52$，端点场强接近于中点场强的一半。

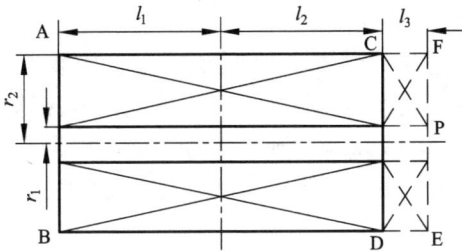

图 5 – 13　螺线管外轴线上任一点场强计算图

（2）螺线管外轴线上各点场强

图 5 – 13 所示的螺线管外轴线上任一点 P 的场强可按 $ABEF$ 和 $CDEF$ 两螺线管端点 P 的场强之差来计算。令 $l_3 / r_1 = \beta_3$，则

$$H_\mathrm{p} = \frac{2\pi}{10}j\lambda r_1 \left[(\beta_1 + \beta_2 + \beta_3)\ln\frac{\alpha + [(\alpha^2 + (\beta_1+\beta_2+\beta_3)^2)]^{\frac{1}{2}}}{1 + [1 + (\beta_1+\beta_2+\beta_3)^2]^{\frac{1}{2}}} - \right.$$

$$\left. \beta_3\ln\frac{\alpha + (\alpha^2 + \beta_3^2)^{\frac{1}{2}}}{1 + (1 + \beta_3^2)^{\frac{1}{2}}} \right] \tag{5-38}$$

令 $F(\alpha, \beta_1 + \beta_2 + \beta_3) - \dfrac{4\pi}{10}\ln\dfrac{\alpha + [(\alpha^2 + (\beta_1+\beta_2+\beta_3)^2)]^{\frac{1}{2}}}{1 + [1 + (\beta_1+\beta_2+\beta_3)^2]^{\frac{1}{2}}}$

$$F(\alpha, \beta_3) = \frac{4\pi}{10}\beta_3\ln\frac{\alpha + (\alpha^2 + \beta_3^2)^{\frac{1}{2}}}{1 + (1 + \beta_3^2)^{\frac{1}{2}}}$$

则

$$H_\mathrm{p} = \frac{1}{2}j\lambda r_1 [F(\alpha_1, \beta_1 + \beta_2 + \beta_3) - F(\alpha, \beta_3)] \tag{5-39}$$

$F(\alpha, \beta)$ 的值可由已经计算好的表中查出，如无表可查，则

需直接计算。

两同轴螺线管间轴线上各点的场强可利用式(5-38)或式(5-39)计算,然后将两螺线管在某一点场强代数相加即可。

2. 铠装螺线管的磁场特性

高梯度磁选机的磁体均为铠装螺线管。铠装螺线管内腔近似均匀磁场,在铁铠未达磁饱和前,当铁铠部分磁路长度较短时,铁铠内的磁压降可以忽略,则磁体的磁动势主要用于在螺线管内腔产生均匀磁场,此时磁体的磁动势与螺线管内腔的磁压降近似相等,即

$$0.4\pi IN = HL$$

则螺线管内腔场强为

$$H = 0.4\pi IN/L$$
$$= 0.4\pi I_n \qquad (5-40)$$

式中 I_n——螺线管单位长度的安匝数;

I——螺线管导体内电流;

N——螺线管的总匝数;

L——螺线管内腔长度。

由式(5-40)知,铠装螺线管内腔的场强与螺线管长度无关,只与其单位长度的安匝数有关。式(5-40)就是无限长螺线管的表达式,因此,铠装螺线管的磁场特性与无限长螺线管的一样。

如果未铠装螺线管的场强用轴线中点的场强,且 H_0 用式(5-35)表示,则铠装和未铠装时场强的比值 K_1 为

$$K_1 = \frac{0.4\pi I_n}{\dfrac{NIF(\alpha, \beta)}{r_1 2\beta(\alpha-1)}} = \frac{0.4\pi I_n}{\dfrac{I_n F(\alpha, \beta)}{\alpha-1}} = \frac{0.4\pi(\alpha-1)}{F(\alpha, \beta)} \qquad (5-41)$$

当 $\alpha = 3$ 时,K_1 与 β 的关系曲线示于图5-14。

由图5-14可见,随螺线管长度的增加,K_1 渐趋于1,说明铁铠的作用越来越小,在 $\beta = 2$ 时,$K_1 = 1.4$,而在 $\beta > 2$ 时,$K_1 < 1.4$。

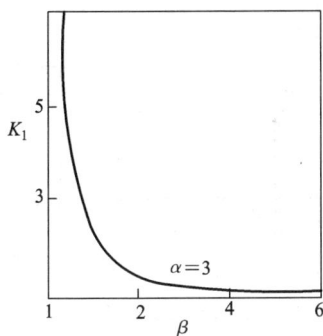

图 5 – 14 K_1 与 β 关系曲线图

5.2.2 矩形螺线管的磁场特性

矩形磁系在磁选机上应用很广泛，鞍形磁系目前主要用在萨拉型高梯度磁选机上。

未铠装的矩形和鞍形螺线管的磁场特性，可以用积木式的方法进行确定。其实质是将非圆形线圈肢解成若干直线段，利用毕奥–萨伐尔公式求各线段在空间某点的场强，然后将这些场强进行叠加，即为空间某点的总场强。用这种方法可以计算由折线段组成的各种线圈的场强。

1. 矩形线圈场强的计算

如图 5 – 15 所示的矩形线圈可以分成四个直线段，每段都是断面为矩形(或方形)的柱体。将柱体再细分成许多小柱体，每个小柱体相当于一根载流直导线(图 5 – 16)。

求出小柱体在 O 点的场强，然后对整个柱体积分，即为整个柱体在 O 点的场强。图 5 – 16 中电流元 Idl 在 O 点的场强用毕奥–萨伐尔公式求之，即

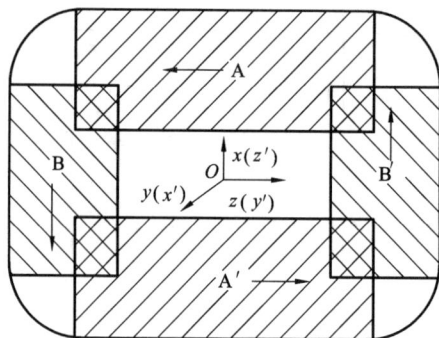

图 5 - 15　矩形线圈肢解图

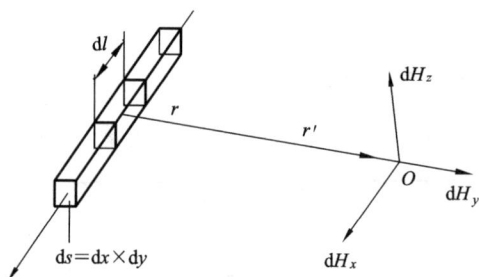

图 5 - 16　求载流线元场强图

$$\mathrm{d}\boldsymbol{H} = \frac{1}{10}\,\frac{I\mathrm{d}\boldsymbol{l} \times \boldsymbol{r}}{|\boldsymbol{r}|^3} = \frac{0.1I}{(x^2 + y^2 + z^2)^{3/2}}\begin{vmatrix} \boldsymbol{i} & \boldsymbol{j} & \boldsymbol{k} \\ \mathrm{d}l_x & \mathrm{d}l_y & \mathrm{d}l_z \\ -x & -y & -z \end{vmatrix} \qquad (5-42)$$

式中　　$\mathrm{d}\boldsymbol{l}$——线元，$\mathrm{d}\boldsymbol{l} = \mathrm{d}l_x\boldsymbol{i} + \mathrm{d}l_y\boldsymbol{j} + \mathrm{d}l_z\boldsymbol{k}$；

　　　　$\boldsymbol{r}$——矢径，$\boldsymbol{r} = -x\boldsymbol{i} - y\boldsymbol{j} - z\boldsymbol{k}$；

　　　　I——电流，A。

（1）柱体 A（或 A′）在轴向中点 O 产生的场强

假定通过柱体的 A 和 A′的电流元 $I\mathrm{d}\boldsymbol{l}$ 与 z 轴平行，则

$$\mathrm{d}l_z = \mathrm{d}z,$$
$$\mathrm{d}l_x = \mathrm{d}l_y = 0,$$
$$I = I_z = j_z \mathrm{d}x \mathrm{d}y \lambda,$$
$$I_x = I_y = 0。$$

式中　j_z——沿 z 轴的电流密度，A/cm^2；

　　　λ——导体充填系数(以小数表示)。

此时，式(5-42)可以改写成下式：

$$\left.\begin{aligned}
\mathrm{d}\boldsymbol{H} &= \frac{j_z \lambda}{10} \frac{y\boldsymbol{i} - x\boldsymbol{j}}{(x^2 + y^2 + z^2)^{3/2}} \mathrm{d}x\mathrm{d}y\mathrm{d}z \\
\mathrm{d}\boldsymbol{H}_x &= \frac{j_z \lambda}{10} \frac{y}{(x^2 + y^2 + z^2)^{3/2}} \mathrm{d}x\mathrm{d}y\mathrm{d}z \\
\mathrm{d}\boldsymbol{H}_y &= -\frac{j_z \lambda}{10} \frac{x}{(x^2 + y^2 + z^2)^{3/2}} \mathrm{d}x\mathrm{d}y\mathrm{d}z
\end{aligned}\right\} \quad (5-43)$$

每一完整柱体 A 在 O 点的场强分量为

$$\left.\begin{aligned}
H_z &= 0 \\
H_x &= \frac{j_z \lambda}{10} \int_{z_1}^{z_2} \int_{x_1}^{x_2} \int_{y_1}^{y_2} \frac{y}{(x^2 + y^2 + z^2)^{3/2}} \mathrm{d}y\mathrm{d}x\mathrm{d}z \\
H_y &= -\frac{j_z \lambda}{10} \int_{z_1}^{z_2} \int_{y_1}^{y_2} \int_{x_1}^{x_2} \frac{x}{(x^2 + y^2 + z^2)^{3/2}} \mathrm{d}x\mathrm{d}y\mathrm{d}z
\end{aligned}\right\} \quad (5-44)$$

为了简化上式的计算，可以将一个载流柱体在 O 点的场强用若干个在原点有公共边的载流柱体在 O 点场强的代数和来代替，这也称作共原点法，图 5-17 是求断面为 $ABCD$ 的载流柱体在 O 点场强的示意图。

矩形 $ABCD$ 的面积为：

$$S_{ABCD} = S_{AEOG} - S_{DEOH} - S_{BFOG} + S_{CFOH}$$

欲求柱体 $ABCD$ 在 O 点的场强分量，只需计算柱体 $AEOG$、$DEOH$、$BFOG$ 及 $CFOH$ 在 O 点的场强分量，然后叠加即可，此时式(5-44)的积分下限均可改为 O，即

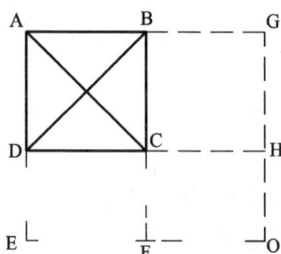

图 5 – 17 共原点法

$$H_z = 0$$

$$\left.\begin{array}{l} H_x = \dfrac{j_z\lambda}{10}\displaystyle\int_0^z\!\!\int_0^x\!\!\int_0^y \dfrac{y}{(x^2 + y^2 + z^2)^{3/2}}\mathrm{d}y\mathrm{d}x\mathrm{d}z \\[3mm] H_y = -\dfrac{j_z\lambda}{10}\displaystyle\int_0^z\!\!\int_0^x\!\!\int_0^y \dfrac{x}{(x^2 + y^2 + z^2)^{3/2}}\mathrm{d}x\mathrm{d}y\mathrm{d}z \end{array}\right\} \quad (5-45)$$

上式的 H_x、H_y 是载流柱体长度之半（$0{\to}z$）在 O 点的场强，整个柱体（$-z{\to}0{\to}z$）的场强需要乘以 2。

式(5 –45)的积分下限为 0 后，计算大大简化，其积分结果为

$$\left.\begin{array}{l} H_x = \dfrac{j_z\lambda}{10}\left\{ z\left[\operatorname{arsinh}\dfrac{x}{z} - \operatorname{arsinh}\dfrac{x}{(y^2 + z^2)^{\frac{1}{2}}}\right] + \right.\\[3mm] \quad x\left[\operatorname{arsinh}\dfrac{z}{x} - \operatorname{arsinh}\dfrac{z}{(x^2 + y^2)^{\frac{1}{2}}}\right] + \\[3mm] \quad \left. y\arctan\dfrac{xz}{y(x^2 + y^2 + z^2)^{\frac{1}{2}}}\right\} \\[5mm] H_y = \dfrac{-j_z\lambda}{10}\left\{ z\left[\operatorname{arsinh}\dfrac{y}{z} - \operatorname{arsinh}\dfrac{y}{(x^2 + z^2)^{\frac{1}{2}}}\right] + \right.\\[3mm] \quad y\left[\operatorname{artanh}\dfrac{z}{y} - \operatorname{arsinh}\dfrac{z}{(x^2 + y^2)^{\frac{1}{2}}}\right] + \\[3mm] \quad \left. x\arctan\dfrac{yz}{x(x^2 + y^2 + z^2)^{\frac{1}{2}}}\right\} \end{array}\right\} \quad (5-46)$$

上式的反正切用弧度表示，反双曲正弦函数由表查出。

只要知道柱体的长宽高，用式(5-46)即可算出 H_x、H_y。

如果计算图 5-18 中断面为 ABCD 的柱体在 O 点的场强，则可将柱体分成相等的两部分 ABCD 及 EFCD。求出柱体 ABFE(或 EFCD)在 O 点的场强，然后乘 2 即可，计算柱体 ABFE 在 O 点的场强，可依照前述方法，即 $S_{ABFE} = S_{AEOH} - S_{BFOH}$，按式(5-46)计算 H_x、H_y。如果 O 点不在 HG 中点，则要分别计算 ABFE 和 CDEF 两柱体在 O 点的场强，然后叠加。

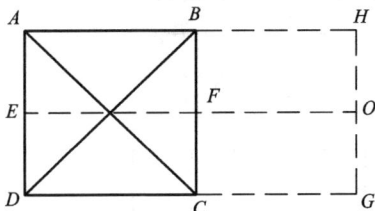

图 5-18　共原点法图

共原点法可以求线圈内各点的场强，不只是求 O 点的场强。

(2)柱体 B(或 B')在轴向中点 O 产生的场强

使通过柱体 B 和 B' 的电流仍然与 z 轴平行，以便利用式(5-46)。此时可将 x、y、x 坐标系按逆时针方向转 90° 成为一新坐标系 $x'y'z'$，再按前述同样方法求柱体 B 在 O 点产生的场强 H_x' 和 H_y'。

2. 实例

如图 5-19 所示的线圈，导体为 16 mm × 16 mm × 4.5 mm 的空心铜管，导体充填系数 $\lambda = 0.64$，电流密度 $j_z = 430$ A/cm^2，试求轴向中点 O 的磁场强度。

充填系数 λ 一般为 0.4~0.75，与空心导体的规格、绝缘层

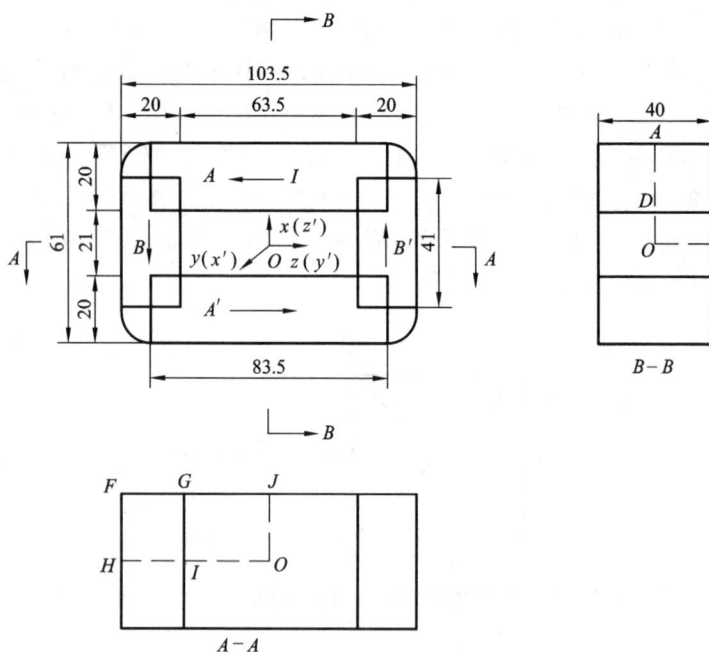

图 5 - 19   矩形线圈场强计算图(图中数字单位为 mm)

厚度、导体间间隙及线圈绕制的完善程度等有关。考虑到该线圈
所用导体较粗,导体间间隙取 2 mm,则

$$\lambda = \frac{16^2 - 7^2}{18^2} \approx 0.64$$

将图 5 - 19 的线圈肢解成 A、A′、B、B′四个柱体,分别求 A、
B 在 O 点的场强。A′、B′与 A、B 相同,不必另算,只将其叠加上
即可。

(1)柱体 A 在 O 点的场强

在 xyz 坐标系中,通过柱体 A 及 A′的电流与 z 轴平行,$H_z =$

0，$H_x \neq 0$，$H_y \neq 0$，现只求线圈轴向中点的场强 H_y，取柱体 A 的 $\frac{1}{4}$，即断面 $ABCD$，其面积 $S_{ABCD} = S_{ABOE} - S_{DCOE}$。断面为 $ABOE$ 及 $CDOE$ 的柱体尺寸为

$$S_{ABOE}: \qquad\qquad S_{DCOE}:$$

$$x_{AO} = 20 + 10.5 = 30.5 \text{ cm} \qquad x_{OC} = 10.5 \text{ cm}$$

$$y_{OE} = 20 \text{ cm} \qquad\qquad y_{OE} = 20 \text{ cm}$$

$$z = \frac{83.5}{2} \approx 41.7 \text{ cm} \qquad\qquad z = 41.7 \text{ cm}$$

将这些值代入公式（5－46），即

$$
\begin{aligned}
H_{y(ABOE)} =& \frac{j_z \lambda}{10} \Big\{ z \Big[\operatorname{arsinh} \frac{y}{z} - \operatorname{arsinh} \frac{y}{(x^2 + z^2)^{\frac{1}{2}}} \Big] + \\
& y \Big[\operatorname{arsinh} \frac{z}{y} - \operatorname{arsinh} \frac{y}{(x^2 + y^2)^{\frac{1}{2}}} \Big] + \\
& x \arctan \frac{yz}{x(x^2 + y^2 + z^2)^{\frac{1}{2}}} \Big\} \\
=& \frac{430 \times 0.64}{10} \Big\{ 41.7 \Big[\operatorname{arsinh} \frac{20}{41.7} - \\
& \operatorname{arsinh} \frac{20}{(30.5^2 + 41.7^2)^{\frac{1}{2}}} \Big] + 20 \Big[\operatorname{arsinh} \frac{41.7}{20} - \\
& \operatorname{arsinh} \frac{41.7}{(30.5^2 + 20^2)^{\frac{1}{2}}} \Big] + \\
& 30.5 \arctan \frac{20 \times 41.7}{30.5 \times (30.5^2 + 20^2 + 41.7^2)^{\frac{1}{2}}} \Big\} \\
=& \frac{430 \times 0.64}{10} \times [41.7 \times (0.46 - 0.38) + \\
& 20 \times (1.49 - 0.98) + 30.5 \times 0.457] \\
=& 43 \times 0.64 \times 27.44 \approx 755 (\text{Oe})
\end{aligned}
$$

$$H_{y(DCOE)} = \frac{430 \times 0.64}{10} \left\{ 41.7 \left[\operatorname{arsinh} \frac{20}{41.7} - \right.\right.$$

$$\left. \operatorname{arsinh} \frac{20}{(10.5^2 + 41.7^2)^{\frac{1}{2}}} \right] +$$

$$20 \left[\operatorname{arsinh} \frac{41.7}{20} - \operatorname{arsinh} \frac{41.7}{(10.5^2 + 20^2)^{\frac{1}{2}}} \right] +$$

$$\left. 10.5 \arctan \frac{20 \times 41.7}{10.5 \times (10.5^2 + 20^2 + 41.7^2)^{\frac{1}{2}}} \right\}$$

$$= \frac{430 \times 0.55}{10} \times [41.7 \times (0.46 - 0.45) +$$

$$20 \times (1.48 - 1.39) + 10.5 \times 1.034]$$

$$= 43 \times 0.64 \times 13.1 \approx 360 (\text{Oe})$$

$$H_{y(ABCD)} = H_{y(ABOE)} - H_{y(DCOE)} = 755 - 360 = 395 \ (\text{Oe})$$

$H_{y(ABCD)}$ 是柱体 A 的 1/4 在 O 点的场强,整个柱体在 O 点的场强为 $4H_{y(ABCD)}$,加上另一柱体 A' 在 O 点的场强,则柱体 A 及 A' 在 O 点的场强为:

$$H_y = H_{yA} + H_{yA'} = 2 \times 4H_{y(ABCD)} = 8 \times 395 = 3160 \ (\text{Oe})$$

(2)柱体 B 在 O 点的场强

为了使通过柱体 B 的电流仍然与 z 轴平行以便利用公式 (5–46),可以将 xyz 坐标按逆时针转 90°,成为一新坐标系 $x'y'z'$,再求柱体 B 在线圈轴线中点的场强 Hx'。现取柱体 B 的 1/4,即断面 $FHGI$,其面积 $S_{(FHIG)} = S_{(FHOJ)} - S_{(GIOJ)}$。断面为 $FHOJ$ 及 $GIOJ$ 的柱体尺寸为

$S_{(FHOJ)}$:	$S_{(GIOJ)}$:
$x'_{OJ} = 20$ cm	$x'_{OJ} = 20$ cm
$y'_{OH} = 51.7$ cm	$y'_{OI} = 31.7$ cm
$z' = \dfrac{41}{2} = 20.5$ cm	$z' = 20.5$ cm

将这些值代入公式(5 - 46)，即

$$H_{x'(FHOJ)} = \frac{j_z \lambda}{10} \left\{ z \left[\text{arsinh} \frac{x}{z} - \text{arsinh} \frac{x}{(y^2 + z^2)^{\frac{1}{2}}} \right] + \right.$$

$$x \left[\text{arsinh} \frac{z}{x} - \text{arsinh} \frac{z}{(x^2 + y^2)^{\frac{1}{2}}} \right] +$$

$$\left. y \text{arctan} \frac{xz}{x(x^2 + y^2 + z^2)^{\frac{1}{2}}} \right\}$$

$$= \frac{430 \times 0.64}{10} \left\{ 20.5 \left[\text{arsinh} \frac{20}{20.5} - \right. \right.$$

$$\text{arsinh} \frac{20}{(51.7^2 + 20.5^2)^{\frac{1}{2}}} \right] +$$

$$20 \left[\text{arsinh} \frac{20.5}{20} - \text{arsinh} \frac{20.5}{(20^2 + 51.7^2)^{\frac{1}{2}}} \right] +$$

$$\left. 51.7 \text{arctan} \frac{20 \times 20.5}{51.7 \times (20^2 + 51.7^2 + 20.5^2)^{\frac{1}{2}}} \right\}$$

$$= \frac{430 \times 0.64}{10} \times [20.5 \times (0.86 - 0.35) +$$

$$20 \times (0.90 - 0.36) + 51.7 \times 0.134]$$

$$= 43 \times 0.64 \times 28.2 \approx 776 (\text{Oe})$$

$$H_{x'(GIOJ)} = \frac{430 \times 0.64}{10} \times \left\{ 20.5 \left[\text{arsinh} \frac{20}{20.5} - \right. \right.$$

$$\text{arsinh} \frac{20}{(31.7^2 + 20.5^2)^{\frac{1}{2}}} \right] +$$

$$20 \left[\text{arsinh} \frac{20.5}{20} - \text{arsinh} \frac{20.5}{(20^2 + 31.7^2)^{\frac{1}{2}}} \right] +$$

$$\left. 31.7 \text{arctan} \frac{20 \times 20.5}{31.7 \times (20^2 + 31.7^2 + 20.5^2)^{\frac{1}{2}}} \right\}$$

$$= \frac{430 \times 0.64}{10} \times [20.5 \times (0.86 - 0.51) +$$

$$20 \times (0.90 - 0.52) + 31.7 \times 0.29]$$
$$= 43 \times 0.64 \times 23.9 \approx 658(\text{Oe})$$
$$H_{x'(FGHI)} = H_{x'(FHOJ)} - H_{x'(GIOJ)} = 776 - 658 = 118(\text{Oe})$$
$$H_{x'} = H_{x'B} + H_{x'B'} = 2 \times 4H_{x'(FGHJ)} = 8 \times 118 = 944(\text{Oe})$$

轴向 O 点的总场强为：

$$H = H_y + H_{x'} = 3160 + 944 = 4104(\text{Oe})$$

上面叙述的是未铠装的矩形和鞍形螺线管的磁场特性，铠装后场强会有所增加，其增加的程度与螺线管的尺寸及铁铠的厚度等因素有关，一般可增加 $1 \sim 1.4$ 倍。

5.2.3　鞍形螺线管的磁场特性

1. 鞍形线圈场强的计算

与求矩形线圈的方法相同，将鞍形线圈分成如图 5 – 20 所示的几部分，图 5 – 20(a) 是中间部分，图 5 – 20(b) 是左端部；右端部与左端相同，故未画出。这是鞍形线圈的上半部；下半部与上半部亦相同。将上半部 A、B、C、D 及 $C'D'$($C'D'$ 是右端部) 各段柱体在 O 点的场强分别求出，然后叠加再乘以 2，即为整个线圈在 O 点的场强。

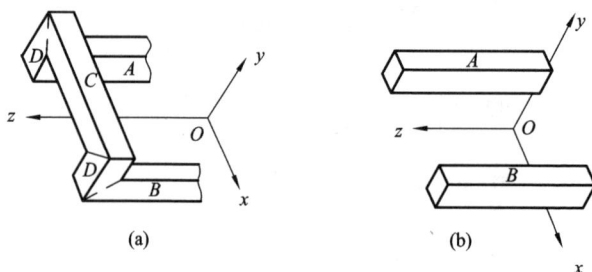

图 5 – 20　鞍形线圈示意图

如果只计算 y 向的场强 H_y，端部 D 段可以不算，因为它对 H_y 没有贡献。

2. 实例

如图 5 − 21 所示的鞍形线圈，导体为 $14 \times 14 \times 3.5$（mm）的空心铜管，导体充填系数 $\lambda = 0.653$，电流密度 $j_z = 707$ A/cm²，试求轴向中点 O 的磁场强度。

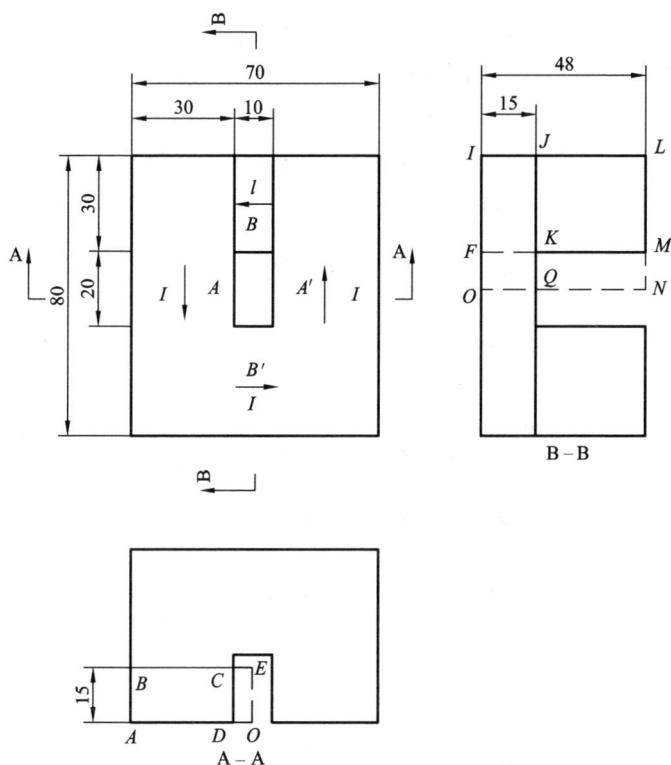

图 5 − 21　鞍形线圈场强计算图

与求矩形线圈的方法相同,将线圈加以肢解,先求上部 A、A'、B、B'四个柱体在 O 点的场强,再乘以 2,即为上下两个鞍形线圈在 O 点的场强。

(1)柱体 A 在 O 点的场强

由于各柱体本身对 O 点的对称性,故只计算半个柱体 A 在 O 点的场强,其断面 $ABCD$ 的面积 $S_{ABCD} = S_{ABEO} - S_{CDOE}$。断面为 $ABEO$ 和 $CDOE$ 的柱体尺寸为

S_{ABEO}：　　　　　　　　S_{CDEO}：

$x_{OA} = 35$ cm　　　　　　$x_{OD} = 5$ cm

$y_{OE} = 15$ cm　　　　　　$y_{OE} = 15$ cm

$z = 25$ cm　　　　　　　　$z = 25$ cm

将这些值代入公式(5 - 46),即

$$H_{y(ABEO)} = 0.1 j_z \lambda \left\{ z \left[\operatorname{arsinh} \frac{y}{z} - \operatorname{arsinh} \frac{y}{(x^2 + z^2)^{\frac{1}{2}}} \right] + \right.$$

$$y \left[\operatorname{arsinh} \frac{z}{y} - \operatorname{arsinh} \frac{z}{(x^2 + y^2)^{\frac{1}{2}}} \right] +$$

$$\left. x \arctan \frac{yz}{x(x^2 + y^2 + z^2)^{\frac{1}{2}}} \right\}$$

$$= 0.1 \times 707 \times 0.653 \left\{ 25 \left[\operatorname{arsinh} \frac{15}{25} - \right. \right.$$

$$\operatorname{arsinh} \frac{15}{(35^2 + 25^2)^{\frac{1}{2}}} \right] + 15 \left[\operatorname{arsinh} \frac{25}{15} - \right.$$

$$\operatorname{arsinh} \frac{25}{(35^2 + 15^2)^{\frac{1}{2}}} \right] +$$

$$\left. 35 \arctan \frac{15 \times 25}{35 \times (35^2 + 15^2 + 25^2)^{\frac{1}{2}}} \right\}$$

$$= 46.17 \times [25 \times (0.5688 - 0.3420) + 15 \times (0.7468 - 0.616) + 35 \times 0.2310]$$

$$= 46.17 \times 23.76 \approx 1097(\,\text{Oe}\,)$$

$$H_{y(CDOE)} = 46.17 \times [\,25 \times (0.5688 - 0.5587) + 15 \times (1.2838 -$$

$$1.2389) + 5 \times 1.1951\,]$$

$$= 46.17 \times 6.9015 = 318.6(\,\text{Oe}\,)$$

$$H_{y(ABCD)} = H_{y(ABEO)} - H_{y(CDOE)} = 1097 - 318.6$$

$$= 778.4(\,\text{Oe}\,)$$

A、A'柱总场强为

$$H_{y(A+A')} = 778.4 \times 2 \times 2 = 3113.6(\,\text{Oe}\,)$$

（2）柱体 B 在 O 点的场强

柱体 B 的断面为 $KJLM$，其面积 $S_{KJLM} = S_{OILN} - S_{OIJQ} - S_{OFMN} +$ S_{OFKQ}，这些断面的柱体尺寸如下：

S_{OILN}:	S_{OIJQ}:	S_{OFMN}:	S_{OFKQ}:
$x_{(OI)} = 40$ cm	$x_{(OI)} = 40$ cm	$x_{(OF)} = 10$ cm	$x_{(OF)} = 10$ cm
$y_{(ON)} = 48$ cm	$y_{(OQ)} = 15$ cm	$y_{(ON)} = 48$ cm	$y_{(OQ)} = 15$ cm
$z = 20$ cm	$z = 20$ cm	$z = 20$ cm	$z = 20$ cm

将这些值分别代入式（5-46），则

$$H_{y(OILN)} = 46.17 \times \left\{ 20 \times \left[\text{arsinh}\frac{48}{20} - \text{arsinh}\frac{48}{(40^2 + 20^2)^{\frac{1}{2}}} \right] + \right.$$

$$48 \times \left[\text{arsinh}\frac{20}{48} - \text{arsinh}\frac{20}{(40^2 + 48^2)^{\frac{1}{2}}} \right] +$$

$$\left. 40\,\text{artanh}\frac{48 \times 20}{40 \times (40^2 + 48^2 + 20^2)^{\frac{1}{2}}} \right\}$$

$$= 46.17 \times [\,20 \times (1.6094 - 0.9322) +$$

$$48 \times (0.4054 - 0.3148) + 40 \times 0.3507\,]$$

$$= 46.17 \times 31.92 = 1473.7(\,\text{Oe}\,)$$

$$H_{y(OIJQ)} = 46.17 \times \left\{ 20 \times \left[\text{arsinh}\frac{15}{20} - \text{arsinh}\frac{15}{(40^2 + 20^2)^{\frac{1}{2}}} \right] + \right.$$

$$15 \times \left[\text{arsinh} \frac{20}{15} - \text{arsinh} \frac{20}{(40^2 + 15^2)^{\frac{1}{2}}} \right] +$$

$$\left. 40 \text{artanh} \frac{15 \times 20}{40 \times (40^2 + 15^2 + 20^2)^{\frac{1}{2}}} \right\}$$

$$= 46.17 \times [20 \times (0.6931 - 0.3265) +$$

$$15 \times (1.0986 - 0.4526) + 40 \times 0.1576]$$

$$= 46.17 \times 23.326 = 1077 (\text{Oe})$$

$$H_{y(OFMN)} = 46.17 \times \left\{ 20 \times \left[\text{arsinh} \frac{48}{20} - \text{arsinh} \frac{48}{(10^2 + 20^2)^{\frac{1}{2}}} \right] + \right.$$

$$48 \times \left[\text{arsinh} \frac{20}{48} - \text{arsinh} \frac{20}{(10^2 + 48^2)^{\frac{1}{2}}} \right] +$$

$$\left. 10 \text{artanh} \frac{48 \times 20}{10 \times (10^2 + 48^2 + 20^2)^{\frac{1}{2}}} \right\}$$

$$= 46.17 \times [20 \times (1.6094 - 1.5073) +$$

$$48 \times (0.4054 - 0.3974) + 10 \times 1.0667]$$

$$= 46.17 \times 13.093 = 605 (\text{Oe})$$

$$H_{y(OFKQ)} = 46.17 \times \left\{ 20 \times \left[\text{arsinh} \frac{15}{20} - \text{arsinh} \frac{15}{(10^2 + 20^2)^{\frac{1}{2}}} \right] + \right.$$

$$15 \times \left[\text{arsinh} \frac{20}{15} - \text{arsinh} \frac{20}{(10^2 + 15^2)^{\frac{1}{2}}} \right] +$$

$$\left. 10 \text{artanh} \frac{15 \times 20}{10 \times (10^2 + 15^2 + 20^2)^{\frac{1}{2}}} \right\}$$

$$= 46.17 \times [20 \times (0.6931 - 0.6286) +$$

$$15 \times (1.0986 - 0.9566) + 10 \times 0.8393]$$

$$= 46.17 \times 11.813 \approx 545 (\text{Oe})$$

$$H_{y(XJLM)} = H_{y(OILN)} - H_{y(OIJQ)} - H_{y(OFMN)} + H_{y(OFKQ)}$$

$$= 1473.7 - 1077 - 605 + 545 \approx 337 (\text{Oe})$$

B、B' 柱体在 O 点总场强为

$$H_{y(B+B')} = 338 \times 2 \times 2 = 1348(\text{Oe})$$

（3）鞍形线圈总场强

$$\begin{aligned} H_y &= 2(H_{y(A+A')} + H_{y(B+B')}) = 2 \times (3114 + 1348) \\ &= 8924(\text{Oe}) \end{aligned}$$

线圈铠装后再加上磁极头，场强可提高 1～1.4 倍。

第6章

磁介质的磁场特性

在湿式强磁场磁选机和高梯度磁选机中常用的磁介质有齿板、球、棒、钢板网及钢毛。本章主要介绍球、棒和钢毛的磁场特性，钢板网的磁场特性与钢毛或棒有相似之处，不另作叙述。

6.1 球形磁介质的磁场特性

将一半径为 r_0 的球介质置于场强为 H_0 的均匀磁场中（图 6 - 1）。球形磁介质周围的磁场特性，可通过下述方法进行确定。

采用球坐标，设球介质内的磁导率为 μ_1，球介质外的磁导率亦即空气的磁导率为 μ_2（即 μ_0），Φ_1、Φ_2 分别表示球内外的磁位函数。因为球内外是无源无旋场，所以，它们都应满足拉普拉斯方程：

$$\nabla^2 \Phi = 0 \qquad (6-1)$$

将式（6 - 1）按球坐标展开，得

$$\nabla^2 \Phi = \frac{1}{r^2} \frac{\partial}{\partial r} \left(r^2 \frac{\partial \Phi}{\partial r} \right) + \frac{1}{r^2 \sin\theta} \frac{\partial}{\partial \theta} \left(\sin\theta \frac{\partial \Phi}{\partial \theta} \right)$$

$$+ \frac{1}{r^2 \sin^2\theta} \frac{\partial^2 \Phi}{\partial \phi^2} = 0 \qquad (6-2)$$

此式的详细推导过程见附录 2。

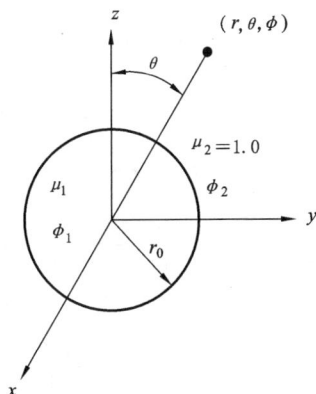

图 6 - 1

采用分离变量法求解上式，令 $\Phi = f(r)g(\theta)h(\phi)$ 并代入式 (6-2) 经整理后得

$$\frac{\sin^2\theta}{f}\frac{\partial}{\partial r}(r^2\frac{\partial f}{\partial r}) + \frac{\sin\theta}{g}\frac{\partial}{\partial\theta}(\sin\theta\frac{\partial g}{\partial\theta}) + \frac{1}{h}\frac{\partial^2 h}{\partial\phi^2} = 0 \qquad (6-3)$$

式 (6-3) 的前两项是 r 和 θ 的函数，最后一项只是 ϕ 的函数，因此，最后一项必为常数，可以令其等于 $-n^2$，即

$$\frac{1}{h}\frac{\partial^2 h}{\partial\phi^2} = -n^2 \qquad (6-4)$$

式 (6-4) 为简谐运动的微分方程形式，其解为正弦函数或余弦函数，其通解为

$$h = A_n\cos n\phi + B_n\sin n\phi \qquad (6-5)$$

由于磁位 Φ 具有单值性，必然要求 $\Phi(\phi + 2n\pi) = \Phi(\phi)$，故 n 为整数。

用 $-n^2$ 代替式 (6-3) 中最后一项并以 $\sin^2\theta$ 去除各项，得

$$\frac{1}{f}\frac{\partial}{\partial r}(r^2\frac{\partial f}{\partial r}) + \frac{1}{g\sin\theta}\frac{\partial}{\partial\theta}(\sin\theta\frac{\partial g}{\partial\theta}) - \frac{n^2}{\sin^2\theta} = 0 \qquad (6-6)$$

第一项是 r 的函数，其余两项是 θ 函数，故有

$$\frac{1}{f}\frac{\partial}{\partial r}\left(r^2\frac{\partial f}{\partial r}\right) = -\frac{1}{g\sin\theta}\frac{\partial}{\partial\theta}\left(\sin\theta\frac{\partial g}{\partial\theta}\right) + \frac{n^2}{\sin^2\theta} = \lambda \qquad (6-7)$$

λ 为分离常数。式(6-7)可分离为两个常微分方程，即

$$\frac{d}{dr}\left(r^2\frac{df}{dr}\right) = \lambda f \qquad (6-8)$$

$$\frac{1}{g\sin\theta}\frac{d}{d\theta}\left(\sin\theta\frac{dg}{d\theta}\right) - \frac{n^2}{\sin^2\theta} = -\lambda \qquad (6-9)$$

引入一个新自变量 $x = \cos\theta$。因而 $-1 \leqslant x \leqslant 1 (0 \leqslant \theta \leqslant \pi)$，则

$$\frac{d}{d\theta} = \frac{d}{dx}\frac{dx}{d\theta} = -\sin\theta\frac{d}{dx}$$

将 $\dfrac{d}{d\theta}$ 代入式(6-9)，可得

$$\frac{1}{g\sin\theta}(-\sin\theta)\frac{d}{dx}\left[\sin\theta(-\sin\theta)\frac{dg}{dx}\right] - \frac{n^2}{\sin^2\theta} = -\lambda \qquad (6-10)$$

$$\frac{1}{g}\frac{d}{dx}\left[(1-x^2)\frac{dg}{dx}\right] - \frac{n^2}{1-x^2} = -\lambda \qquad (6-11)$$

$$\frac{d}{dx}(1-x^2)\frac{dg}{dx} + \left(\lambda - \frac{n^2}{1-x^2}\right)g = 0 \qquad (6-12)$$

当 $n = 0$ 时，即当场不依赖于坐标 ϕ 时，式(6-12)变为

$$\frac{d}{dx}(1-x^2)\frac{dg}{dx} + \lambda g = 0 \qquad (6-13)$$

式(6-13)即是勒让德方程，它具有幂级数解。

若令分离常数 $\lambda = m(m+1)$，$m = 0, 1, 2, \cdots$

则在适当选择头两项系数时，幂级数成为一个 m 次多项式，称为勒让德多项式，记作 $P_m(x)$。当 m 为偶数时，勒让德多项式只有偶次项；而当 m 为奇数时，只有奇次项，且当 $x = 1$ 时，$P_m(1) = 1$。

若 $\lambda \neq m(m+1)$，则勒让德方程在区间 $-1 \leqslant x \leqslant 1$ 没有有界

解，而当 $\lambda = m(m+1)$ 时，函数 $CP_m(x)$ 为在区间 $-1 \leqslant x \leqslant 1$ 上的唯一有界解，其中 C 是常数

对于任意 m，$P_m(x)$ 可用下式计算

$$P_m(x) = \frac{1}{2^m m!} \frac{\mathrm{d}^m}{\mathrm{d}x^m}(x^2-1)^m \qquad (6-14)$$

现求 $f(r)$ 的解，由式 $(6-8)$ 得

$$\frac{\mathrm{d}}{\mathrm{d}r}\left(r^2 \frac{\mathrm{d}f}{\mathrm{d}r}\right) = m(m+1)f \qquad (6-15)$$

以 $f = r^m$ 及 $f = r^{-(m+1)}$ 代入上式，方程都得到满足，故 f 的一般解为

$$f = A_m r^m + B_m r^{-(m+1)} \qquad (6-16)$$

当 $n=0$ 时，即场不依赖于坐标 ϕ 时，磁位的解具有下列形式

$$\Phi = \sum_{m=0}^{\infty}(A_m r^m + B_m r^{-m-1})P_m(\cos\theta) \qquad (6-17)$$

设外加场方向和极轴相合，则其磁位函数为

$$\Phi_0 = -H_0 r\cos\theta \qquad (6-18)$$

因场与坐标 ϕ 无关，故磁位函数具有式 $(6-17)$ 的形式，其边界条件及磁介质分界面条件如下：

1. $r=0$，$\dfrac{\partial \Phi}{\partial r} = 0$，即必须在 $r=0$ 点处保持 Φ_1 为有限值；

2. $r \to \infty$，$\Phi_2 = \Phi_0 = -H_0 r\cos\theta$，即 $r \to \infty$ 时，球介质的影响完全消失，恢复原来的均匀场；

3. 在分界面处（球表面）

$$\Phi_1 \big|_{r=r_0} = \Phi_2 \big|_{r=r_0} \qquad (6-19)$$

且

$$-\mu_1 \frac{\partial \Phi_1}{\partial r}\bigg|_{r=r_0} = -\mu_2 \frac{\partial \Phi_2}{\partial r}\bigg|_{r=r_0} \qquad (6-20)$$

$$-\frac{1}{r} \frac{\partial \Phi_1}{\partial \theta}\bigg|_{r=r_0} = -\frac{1}{r} \frac{\partial \Phi_2}{\partial \theta}\bigg|_{r=r_0} \qquad (6-21)$$

因此，磁位 Φ_1、Φ_2 的一般形式为

$$\Phi_1 = \sum_{m=0}^{\infty} (A_m r^m + B_m r^{-m-1}) P_m (\cos\theta) \qquad (6-22)$$

$$\Phi_2 = \sum_{m=0}^{\infty} (A_m r^m + B_m r^{-m-1}) P_m (\cos\theta) \qquad (6-23)$$

由边界条件 2°，$r \to \infty$ 时，

$$\Phi_2 = \sum_{m=0}^{\infty} (A_m r^m + B_m r^{-m-1}) P_m (\cos\theta) = -H_0 r\cos\theta$$
$$= -H_0 r P_1 (\cos\theta) \qquad (6-24)$$

上式等号右边只有 $\cos\theta$ 项，即 $P_1(\cos\theta)$，等号左边必是 $m = 1$，且 $A_1 = -H_0$，所以

$$\Phi_2 = (-H_0 r + B_1 r^{-2})\cos\theta \qquad (6-25)$$

由边界条件 3，$r = r_0$ 时，$\Phi_1 = \Phi_2$，所以式(6-22) Φ_1 的解中也应 $m = 1$，则

$$\Phi_1 = (A_1 r + B_1 r^{-2})\cos\theta \qquad (6-26)$$

由条件 1，应有 $B_1 = 0$，否则 $r = 0$ 时，Φ_1 不是有限值，所以

$$\Phi_1 = A_1 r\cos\theta \qquad (6-27)$$

将式(6-25)、式(6-26)的 Φ_2 和 Φ_1 代入式(6-19)和式(6-20)得：

$$A_1 r_0 \cos\theta = (-H_0 r_0 + B_1 r_0^{-2})\cos\theta$$
$$A_1 r_0 = -H_0 r_0 + B_1 r^{-2} \qquad (6-28)$$

$$\mu_1 A_1 \cos\theta = \mu_2 (-H_0 - \frac{2B_1}{r_0^3})\cos\theta \qquad (6-29)$$

由式(6-28)、式(6-29)联立解得

$$A_1 = \frac{-3\mu_2}{\mu_1 + 2\mu_2} H_0$$

$$B_1 = \frac{\mu_1 - \mu_2}{\mu_1 + 2\mu_2} H_0 r_0^3$$

所以

$$\Phi_1 = -\frac{3\mu_2}{\mu_1 + 2\mu_2} H_0 r \cos\theta \qquad (6-30)$$

$$\Phi_2 = -H_0 r \cos\theta + \frac{\mu_1 - \mu_2}{\mu_1 + 2\mu_2} \frac{r_0^3}{r^2} H_0 \cos\theta \qquad (6-31)$$

球外磁场强度为

$$\boldsymbol{H}_2 = H_{2r}\boldsymbol{r} + H_{2\theta}\boldsymbol{\theta} \qquad (6-32)$$

$$H_{2r} = -\frac{\partial\Phi_2}{\partial r} = H_0\cos\theta + \frac{2(\mu_2 - \mu_2)}{\mu_1 + 2\mu_2} \frac{r_0^3}{r^3} H_0\cos\theta \qquad (6-33)$$

$$H_{2\theta} = -\frac{1}{r}\frac{\partial\Phi_2}{\partial\theta} = -H_0\sin\theta + \frac{\mu_1 - \mu_2}{\mu_1 + 2\mu_2} \frac{r_0^3}{r^3} H_0\sin\theta \qquad (6-34)$$

当 $\theta = 0$, $r = r_0$, $\mu_1 \gg \mu_2$ 时,

$$H_2 = \left[1 + \frac{2(\mu_1 - \mu_2)}{\mu_1 + 2\mu_2}\right] H_0 \approx 3H_0 \qquad (6-35)$$

球内磁场强度为

$$\boldsymbol{H}_1 = H_{1r}\boldsymbol{r} + H_{1\theta}\boldsymbol{\theta}$$

$$H_{1r} = -\frac{\partial\Phi_1}{\partial r} = \frac{3\mu_2}{\mu_1 + 2\mu_2} H_0\cos\theta \qquad (6-36)$$

$$H_{1\theta} = -\frac{1}{r}\frac{\partial\Phi_1}{\partial\theta} = -\frac{3\mu_2}{\mu_1 + 2\mu_2} H_0\sin\theta \qquad (6-37)$$

$$\boldsymbol{H}_1 = \frac{3\mu_2}{\mu_1 + 2\mu_2} H_0\cos\theta\boldsymbol{r} - \frac{3\mu_2}{\mu_1 + 2\mu_2} H_0\sin\theta\boldsymbol{\theta} \qquad (6-38)$$

当 $\theta = 0$ 时,

$$H_1 = \frac{3\mu_2}{\mu_1 + 2\mu_2} H_0 \qquad (6-39)$$

由式(6-39)知, 球内场强是均匀的, 且比背景场强小, 球内的磁感应强度 B_1 为

$$B_1 = \mu_1 H_1 = \mu_0(H_1 + M) \qquad (6-40)$$

式中　M——球的磁化强度。

$$M = \frac{\mu_1 H_1 - \mu_0 H_1}{\mu_0} = \frac{\mu_1 - \mu_0}{\mu_0} H_1 = \frac{\mu_1 - \mu_0}{\mu_0} \cdot \frac{3\mu_2}{\mu_1 + 2\mu_2} H_0$$

$$(6-41)$$

令 $\mu_2 = \mu_0$，则

$$M = 3\frac{\mu_1 - \mu_0}{\mu_1 + 2\mu_0} H_0 \approx 3H_0 \qquad (6-42)$$

式(6-42)表示球内磁化强度与磁化场强 H_0 的关系。当式(6-33)、(6-34)中的 $\theta = 0$ 时，由于 $H_{2\theta} = 0$，所以在 z 轴(图6-1)上 $r > r_0$ 处各点的场强为

$$H_2 = H_0 + \frac{2(\mu_1 - \mu_2)}{\mu_1 + 2\mu_2} \frac{r_0^3}{r^3} H_0 \qquad (6-43)$$

将式(6-42)代入式(6-43)，同时由于 $\mu_1 \gg \mu_2$，所以

$$H_2 = H_0 + \frac{2Mr_0^3}{3r^3} \qquad (6-44)$$

由式(6-44)知，球介质外场强与外加磁场的场强 H_0、球体的磁化强度 M 和尺寸 r_0 以及与球心的距离 r 等因素有关。

6.2　圆柱形磁介质的磁场特性

将一横截面的半径为 r_0 的长直圆柱体置于场强为 H_0 的均匀磁场中(图6-2)，由于其轴向长度远大于横截面的半径，因而对其中间区段的磁场进行分析时，可忽略其两端的边缘效应，而理想化为两维场。

设圆柱内外介质的磁导率为 μ_1 和 μ_2(即空气的磁导率 μ_0)并以 Φ_1 和 Φ_2 分别表示圆柱体内外的磁位函数，由于是无源无旋场，所以它们都应满足拉普拉斯方程，即

$$\nabla^2 \Phi = 0 \qquad (6-45)$$

由于圆柱内外磁场的分布是圆柱对称的，故采用圆柱坐标系，

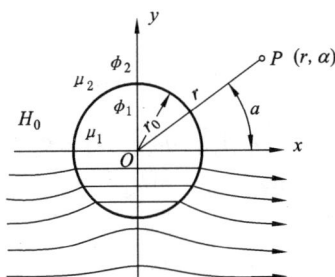

图 6 - 2

设坐标原点位于圆柱的中心且外加磁场强度的方向与 x 轴同向。

由于 Φ_1 和 Φ_2 一般解的形式相同，故可先研究 $\nabla^2 \Phi = 0$ 的一般解。

按圆柱坐标系将 $\nabla^2 \Phi = 0$ 展开，得

$$\nabla^2 \Phi = \frac{1}{r} \frac{\partial}{\partial r} \left(r \frac{\partial \Phi}{\partial r} \right) + \frac{1}{r^2} \frac{\partial^2 \Phi}{\partial \alpha^2} = 0 \qquad (6-46)$$

上式的详细推导过程见附录 3。

令

$$\Phi(r \cdot \alpha) = R(r) Q(\alpha) \qquad (6-47)$$

将式 (6-47) 代入式 (6-46)，得

$$\frac{Q}{r} \frac{\mathrm{d}}{\mathrm{d}r} \left(r \frac{\mathrm{d}R}{\mathrm{d}r} \right) + \frac{R}{r^2} \frac{\mathrm{d}^2 Q}{\mathrm{d}\alpha^2} = 0 \qquad (6-48)$$

式 (6-48) 两边乘以 r^2 并除以 RQ，移项后为

$$\frac{r}{R} \frac{\mathrm{d}}{\mathrm{d}r} \left(r \frac{\mathrm{d}R}{\mathrm{d}r} \right) = -\frac{1}{Q} \frac{\mathrm{d}^2 Q}{\mathrm{d}a^2} \qquad (6-49)$$

式 (6-49) 的右边部分与 r 无关，左边部分与 α 无关，可见欲使等式 (6-49) 成立，两边应恒等于一个常数，即分离常数。由于场中位函数具有单值性的特征，必然要求 $\Phi(r, \alpha) = \Phi(r, \alpha + 2k\pi)$ (k 为整数)。为此，分离常数应选择为正数，令为 n^2；

若分离常数取 $-n^2$，则

$$\frac{\mathrm{d}^2 Q}{\mathrm{d}\alpha^2} - n^2 Q = 0$$

Q 解将为指数函数，不满足 $\Phi(r, \alpha) = \Phi(r, \alpha + 2k\pi)$ 的条件。分离常数为 n^2 时，原偏微分方程可转换为下列两个常微分方程：

$$\frac{r}{R} \frac{\mathrm{d}}{\mathrm{d}r}(r \frac{\mathrm{d}R}{\mathrm{d}r}) = n^2 \qquad (6-50)$$

$$\frac{\mathrm{d}^2 Q}{\mathrm{d}\alpha^2} + n^2 Q = 0 \qquad (6-51)$$

式 $(6-51)$ 为简谐运动的微分方程形式，其解为

$$Q = a\cos n\alpha + b\sin n\alpha \qquad (6-52)$$

由于场的分布对 x 轴对称，故有 $\Phi(r, \alpha) = \Phi(r, -\alpha)$，这意味着 $Q(\alpha)$ 应是偶数，即必须 $b = 0$，故

$$Q = a\cos n\alpha \qquad (6-53)$$

根据场的对称性知，垂直轴是等位线，设该轴为磁位参考点（零磁位线），即 $\Phi(r, \pm\frac{\pi}{2}) = 0$。

由式 $(6-53)$ 可知，必有 $n = 1$，$n \neq 1$，与假定垂直轴是零位线矛盾；如 $n = 2$，则 $Q = a\cos(2 \times 90°) = a\cos 180° = -a$，$Q \neq 0$，$\Phi \neq 0$，所以须 $n = 1$ 才行。

将式 $(6-50)$ 加以整理，并 $n = 1$，可得

$$r^2 \frac{\mathrm{d}^2 R}{\mathrm{d}r^2} + r \frac{\mathrm{d}R}{\mathrm{d}r} - R = 0 \qquad (6-54)$$

此系欧拉型方程，其通解为

$$R = Cr + \frac{\mathrm{d}}{r} \qquad (6-55)$$

所以待求位函数解的一般形式为

$$\Phi = RQ = a\cos\alpha(Cr + \frac{\mathrm{d}}{r}) \qquad (6-56)$$

圆柱内外位函数 Φ_1 和 Φ_2 解的一般形式都和式(6-56)相同，但其中待定常数却取决于它们所在场域内给定的边值和两种介质分界面上的边界条件，故应分别写出，即

$$\Phi_1 = (Ar + \frac{B}{r})\cos\alpha \quad r \leqslant r_0 \qquad (6-57)$$

$$\Phi_2 = (Cr + \frac{D}{r})\cos\alpha \quad r \geqslant r_0 \qquad (6-58)$$

为了确定式(6-57)和式(6-58)中的待定常数，将磁位参考点给定的边值和两种分界面上的边界条件分述如下。

1. 磁位参考点

如前所述，已取垂直的 y 轴为磁位参考点。

$$令 \quad r=0 \text{ 处，} \Phi_1 = 0 \qquad (6-59)$$

2. 无限远处的边界条件

当 $r \to \infty$ 时，由于介质圆柱产生的影响应当消失，故无限远处的磁位 Φ_2 应与由外磁场 H_0 引起的磁位 Φ_0 一致，即

$$\Phi_2 = \Phi_0 - -H_0 X = -H_0 r\cos\alpha \qquad (6-60)$$

3. 两种介质分界面上的边界条件

当 $r = r_0$ 时，$H_{1t} = H_{2t}$，$B_{1n} = B_{2n}$，即

$$\Phi_1 \big|_{r=r_0} = \Phi_2 \big|_{r=r_0} \qquad (6-61)$$

$$-\frac{1}{r}\frac{\partial\Phi_1}{\partial\alpha}\bigg|_{r=r_0} = -\frac{1}{r}\frac{\partial\Phi_2}{\partial\alpha}\bigg|_{r=r_0} \qquad (6-62)$$

$$-\mu_1\frac{\partial\Phi_1}{\partial r}\bigg|_{r=r_0} = -\mu_2\frac{\partial\Phi_2}{\partial r}\bigg|_{r=r_0} \qquad (6-63)$$

将式(6-59)代入式(6-57)，可得 $B=0$，将式(6-60)代入式(6-58)可得

$$\lim_{r\to\infty}(-H_0 r\cos\alpha) = \lim_{r\to\infty}\left[(Cr + \frac{D}{r})\cos\alpha\right]$$

$$= \lim_{r\to\infty}(Cr\cos\alpha)$$

因此有 $c = -H_0$，从而式(6-57)、式(6-58)分别为：

$$\Phi_1 = Ar\cos\alpha \qquad (6-64)$$

$$\Phi_2 = (-H_0 r + \frac{D}{r})\cos\alpha \qquad (6-65)$$

由以上两式再应用式(6-61)提供的边界条件，可得

$$Ar_0\cos\alpha = (-H_0 r_0 + \frac{D}{r_0})\cos\alpha$$

比较等号两边的系数，可得

$$Ar_0 = -H_0 r_0 + \frac{D}{r_0} \qquad (6-66)$$

对式(6-64)、式(6-65)，应用式(6-63)，可得

$$\mu_1 A\cos\alpha = \mu_2(-H_0 - \frac{D}{r_0^2})\cos\alpha$$

$$\mu_1 A = -\mu_2 H_0 - \frac{\mu_2 D}{r_0^2} \qquad (6-67)$$

联立求解方程式(6-66)和式(6-67)，得

$$A = -\frac{2\mu_2}{\mu_1 + \mu_2}H_0$$

$$D = \frac{\mu_1 - \mu_2}{\mu_1 + \mu_2}r_0^2 H_0$$

故有

$$\Phi_1 = -\frac{2\mu_2}{\mu_1 + \mu_2}H_0 r\cos\alpha \quad r \leqslant r_0 \qquad (6-68)$$

$$\Phi_2 = -(1 - \frac{\mu_1 - \mu_2}{\mu_1 + \mu_2} \cdot \frac{r_0^2}{r^2}H_0 r\cos\alpha) \quad r \geqslant r_0 \qquad (6-69)$$

由式(6-68)可得，圆柱内部的磁位亦可写成

$$\Phi_1 = \frac{2\mu_2}{\mu_1 + \mu_2}H_0 X \qquad (6-70)$$

圆柱内部的磁场强度为

$$H = - \nabla \Phi_1 = - \frac{\partial \Phi_1}{\partial x} \boldsymbol{i} = H_x \boldsymbol{i} = \frac{2\mu_2}{\mu_1 + \mu_2} H_0 \boldsymbol{i} \qquad (6-71)$$

由式(6-69)，圆柱外部的磁场强度为

$$H_2 = - \nabla \Phi_2 = - \frac{\partial \Phi_2}{\partial r} \boldsymbol{r}^0 - \frac{1}{r} \frac{\partial \Phi_2}{\partial \alpha} \boldsymbol{\alpha}^0 = H_{2r} + H_{2\alpha}$$

$$H_{2r} = - \frac{\partial \Phi_2}{\partial r} = H_0 \cos\alpha + \frac{\mu_1 - \mu_2}{\mu_1 + \mu_2} \cdot \frac{r_0^2}{r^2} H_0 \cos\alpha$$

$$= (1 + \frac{\mu_1 - \mu_2}{\mu_1 + \mu_2} \frac{r_0^2}{r^2}) H_0 \cos\alpha \qquad (6-72)$$

$$H_{2\alpha} = - \frac{1}{r} \frac{\partial \Phi_2}{\partial \alpha} = - (1 - \frac{\mu_1 - \mu_2}{\mu_1 + \mu_2} \cdot \frac{r_0^2}{r^2}) H_0 \sin\alpha$$

$$H_2 = (1 + \frac{\mu_1 - \mu_2}{\mu_1 + \mu_2} \cdot \frac{r_0^2}{r^2}) H_0 \cos\alpha \boldsymbol{r}^0 - (1 - \frac{\mu_1 - \mu_2}{\mu_1 + \mu_2} \cdot \frac{r_0^2}{r^2}) H_0 \sin\boldsymbol{\alpha}^\circ$$

$$(6-73)$$

由式(6-73)，在 $\alpha = 0$，$r > r_0$，$\mu_1 \gg \mu_2$ 时，沿 x 轴各点的场强为

$$H_2 = (1 + \frac{\mu_1 - \mu_2}{\mu_1 + \mu_2} \cdot \frac{r_0^2}{r^2}) H_0 = (1 + \frac{r_0^2}{r^2}) H_0 \qquad (6-74)$$

设介质被磁化到饱和时的磁场强度为 H_s，当 $H_0 < H_s$ 时，则介质周围的场强如式(6-74)所示；当 $H_0 > H_s$ 时，由于磁介质已被磁化到饱和，它对外磁场的影响不再随 H_0 的增加而增加，所以此时介质周围的场强为

$$H_2 = H_0 + H_s \frac{r_0^2}{r^2} \qquad (6-75)$$

磁介质作用于磁性颗粒上的磁力在 $H_0 < H_s$ 时为

$$F_m = KVH_2 \mathrm{grad} H_2 = - 2KVH_0 (1 + \frac{r_0^2}{r^2}) H_0 \frac{r_0^2}{r^3} \qquad (6-76)$$

式中　V——磁性颗粒体积，对于球形颗粒，$V = \frac{4}{3} \pi b^3$，

其中 b 为颗粒半径；

K——磁性颗粒的磁化率。

$$F_m = -\frac{8\pi b^3}{3}KH_0^2\Big[1 + \frac{r_0^2}{(r_0+b)^2}\Big]\frac{r_0^2}{(r_0+b)^3}$$

$$= -\frac{8\pi b^3}{3}KH_0^2\Big[1 + \frac{(r_0/b)^2}{(r_0/b+1)^2}\Big]\frac{(r_0/b)^2 \cdot 1/b}{(r_0/b+1)^3} \qquad (6-77)$$

令 $r_0/b = k$，$b = 1$，代入上式得

$$F_m = -\frac{8\pi}{3}KH_0^2\Big[1 + \frac{k^2}{(k+1)^2}\Big]\frac{k^2}{(k+1)^3} \qquad (6-78)$$

上式等号右端的负号表示磁力与颗粒和介质距离方向相反。

为了求最大磁力，取 F_m 对 k 的一阶导数并等于 0，即

$$\frac{dF_m}{dk} = 0, \quad 2k^3 - 4k^2 - 3k - 2 = 0 \qquad (6-79)$$

解得 $k = 2.69$，可见介质直径与颗粒直径之比为 2.69 时，颗粒所受磁力最大。这就是梯度匹配，即在这个比值范围内磁力最大。

当 $H_0 > H_s$ 时，同样令 $k = r_0/b$，$b = 1$，则

$$F_m = -\frac{8\pi}{3}b^3K\Big[H_0 + H_s\frac{r_0^2}{(r_0+b)^2}\Big]H_s\frac{r_0^2}{(r_0+b)^3}$$

$$= -\frac{8\pi}{3}b^3K\Big[H_0 + H_s\frac{(r_0/b)^2}{(r_0/b+1)^2}\Big]H_s\frac{(r_0/b)^2 \cdot 1/b}{(r_0/b+1)^3}$$

$$= -\frac{8\pi}{3}K\Big[H_0 + H_s\frac{k^2}{(k+1)^2}\Big]H_s\frac{k^2}{(k+1)^3} \qquad (6-80)$$

取 F_m 对 K 的一阶导数并等于零，则

$$\frac{H_0}{H_s}(2-k)(k+1)^2 + (4k^2 - k^3) = 0 \qquad (6-81)$$

当 $H_0/H_s = 1$，$k = 2.69$ 时，F_m 有极大值；

当 $H_0/H_s = 1.5$，$k = 2.47$ 时，F_m 有极大值；

当 $H_0/H_s = 2.0$，$k = 2.32$ 时，F_m 有极大值；

由式（6 – 77）、式（6 – 80）看出，磁力 F_m 与背景场强 H_0 的关系为

$H_0 < H_s$ 时，$F_m \propto H_0^2$

$H_0 > H_s$ 时，$F_m \propto H_0^1$

上述关系说明，当介质未达磁饱和时，磁力与背景场强的平方成比例；当介质达磁饱和后，磁力与背景场强的一次方成比例，试验证实了这一结论。

6.3　矩形磁介质的磁场特性

圆柱形磁介质周围的磁场分布的解析式可按电磁场边值问题的解法导出，如式（6 – 74）和式（6 – 75）所示；对于矩形介质难以得出解析式，只能用数值计算法确定磁介质周围的磁场分布。

由于矩形介质周围是无源无旋场，故场域内各点的向量磁位函数 A 应满足拉普拉斯方程，即 $\nabla^2 A = 0$，由于磁介质轴向线度较大，可以忽略端部效应，并按二维场进行分析，此时的拉普拉斯方程为

$$\frac{\partial^2 A}{\partial x^2} + \frac{\partial^2 A}{\partial y^2} = 0$$

介质周围的磁感应强度 B 与向量磁位 A 的关系已如前述为 $B = \nabla \times A$。

利用此式即可求出介质周围的磁场分布。

问题在于拉普拉斯方程是二阶偏微分方程，很难用一般方法求解，而有限差分法则是求解偏微分方程的一种基本方法。下面主要介绍有限差分法的实质及其在确定介质周围磁场分布上的应用。

有限差分法的实质是：将连续场域离散化成有限个点（见图

6-3)，用各离散点上函数的差商近似代替该点的偏导数，将要求解的边值问题转化为一组相应的差分方程的问题，然后根据差分方程组（线性代数方程组）解出各离散点上的待求函数值，便得所求边值问题数值解。边值问题是指满足给定边值的拉普拉斯型或泊松型的偏微分方程将有唯一的解，故各种位函数描写的场的求解常称为边值问题。

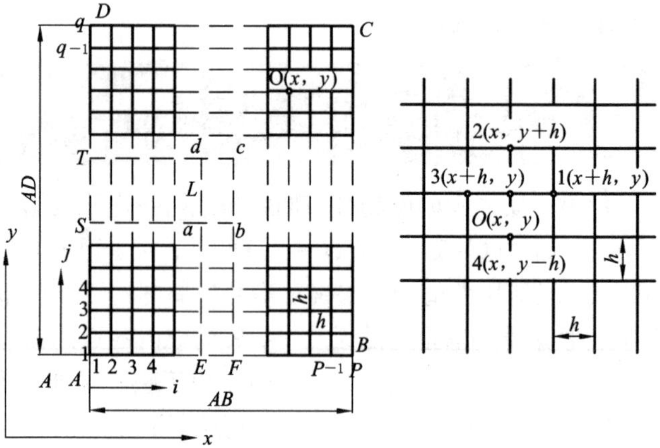

图6-3 场域网络剖分

为了进行有限差分法运算，需确定边界条件和边值。

首先取定边界（图6-3，ABCD）。边界应足够大，使磁化后的磁介质对边界及其以外区域的影响可以忽略，即磁场接近背景磁场 B_0。

根据 $\boldsymbol{B} = B_x \boldsymbol{i} + B_y \boldsymbol{j} = \nabla \times A$ 得

$$B_x = \frac{\partial A_z}{\partial y} - \frac{\partial A_y}{\partial z} = \frac{\partial A}{\partial y} \qquad (6-82)$$

$$B_y = \frac{\partial A_x}{\partial z} - \frac{\partial A_z}{\partial x} = -\frac{\partial A}{\partial x} \qquad (6-83)$$

在 $\boldsymbol{B}$ 向量场中，场向量线的微分方程为

$$\frac{\mathrm{d}x}{B_x} = \frac{\mathrm{d}y}{B_y} = \frac{\mathrm{d}z}{B_z} \qquad (6-84)$$

二维场时，

$$\frac{\mathrm{d}x}{B_x} = \frac{\mathrm{d}y}{B_y} \qquad (6-85)$$

将式(6-82)、式(6-83)代入式(6-85)，得

$$\frac{\partial A}{\partial x}\mathrm{d}x + \frac{\partial A}{\partial y}\mathrm{d}y = 0 \qquad (6-86)$$

或

$$\mathrm{d}A = 0 \qquad (6-87)$$

对式(6-87)积分，则

$$A = 定值 \qquad (6-88)$$

上式说明，等向量磁位线即是磁感应强度线。

下面确定边界位函数值，即给定边值。

由于磁位只具有相对意义，故可设

$$A\big|_{DA} = 0$$

$$A\big|_{CB} = 100$$

根据式(6-83)

$$A\big|_{CB} = -B_y X = -B_0 X = -B_0 \overline{AB} \qquad (6-89)$$

故 B_0 的绝对值为

$$B_0 = \frac{100}{\overline{AB}} \qquad (6-90)$$

式中　$\overline{AB}$——AB 线段长度。

在边界 AB 和 CD 上，仍依式(6-83)，则

$$A\big|_{AB} = A\big|_{CD} = \frac{100}{\overline{AB}}x \qquad (6-91)$$

对于图6-3中的矩形介质 $abcd$，由于其轴向线度远大于其横截面上的线度，当介质按轴向垂直于磁场方向置于磁场中并只

研究其中间区段的磁场特性时, 可忽略其两端的边缘效应而只对两维场进行研究。

在介质 abcd 的周围取定足够大的场域 ABCD 并按正交网格剖分, 形成有限个节点, 节点步距为 h, 介质界面线 abcd 及周界 ABCD 均与节点重合。每一节点 0 对于与其直接相邻的节点 (如 1、2、3、4 各点) 都具有相同的特征, 于是 1、2、3、4 各点的向量磁位可应用二元函数的泰勒级数, 通过 0 点的向量磁位 A_0 展开, 可表达为

$$A_1 = A_0 + h \left(\frac{\partial A}{\partial x} \right)_0 + \frac{1}{2!} h^2 \left(\frac{\partial^2 A}{\partial x^2} \right)_0 +$$

$$\frac{1}{3!} h^3 \left(\frac{\partial^3 A}{\partial x^3} \right)_0 + \frac{1}{4!} h^4 \left(\frac{\partial^4 A}{\partial x^4} \right)_0 + \cdots \tag{6-92}$$

$$A_2 = A_0 + h \left(\frac{\partial A}{\partial y} \right)_0 + \frac{1}{2!} h^2 \left(\frac{\partial^2 A}{\partial y^2} \right)_0 +$$

$$\frac{1}{3!} h^3 \left(\frac{\partial^3 A}{\partial y^3} \right)_0 + \frac{1}{4!} h^4 \left(\frac{\partial^4 A}{\partial y^4} \right)_0 + \cdots \tag{6-93}$$

$$A_3 = A_0 - h \left(\frac{\partial A}{\partial x} \right)_0 + \frac{1}{2!} h^2 \left(\frac{\partial^2 A}{\partial x^2} \right)_0 -$$

$$\frac{1}{3!} h^3 \left(\frac{\partial^3 A}{\partial x^3} \right)_0 + \frac{1}{4!} h^4 \left(\frac{\partial^4 A}{\partial x^4} \right)_0 + \cdots \tag{6-94}$$

$$A_4 = A_0 - h \left(\frac{\partial A}{\partial y} \right)_0 + \frac{1}{2!} h^2 \left(\frac{\partial^2 A}{\partial y^2} \right)_0 -$$

$$\frac{1}{3!} h^3 \left(\frac{\partial^3 A}{\partial y^3} \right)_0 + \frac{1}{4!} h^4 \left(\frac{\partial^4 A}{\partial y^4} \right)_0 + \cdots \tag{6-95}$$

式 (6-92) 减去式 (6-94), 由于步距 h 很小 (取 $h = 10^{-3}$ cm), 故可忽略 h 的三次项和更高次项, 便得

$$\left(\frac{\partial A}{\partial x} \right)_0 \approx \frac{A_1 - A_3}{2h} \tag{6-96}$$

将式 (6-92) 与式 (6-94) 相加, 并忽略 h 的四次项与更高

次项，则得

$$\left(\frac{\partial^2 A}{\partial x^2}\right)_0 \approx \frac{A_1 - 2A_0 + A_3}{h^2} \tag{6-97}$$

同理，式（6-93）与（6-95）相减和相加，则得

$$\left(\frac{\partial A}{\partial y}\right)_0 \approx \frac{A_2 - A_4}{2h} \tag{6-98}$$

$$\left(\frac{\partial^2 A}{\partial y^2}\right)_0 \approx \frac{A_2 - 2A_0 + A_4}{h^2} \tag{6-99}$$

式（6-96）～式（6-99）是向量磁位函数 A_0 沿 x 和 y 方向的一阶、二阶偏导数的差分表达式，用差商代替了微商。

将式（6-97）和式（6-99）代入两维场的拉氏方程中，即可得两维场中拉普拉斯方程的差分表达式：

$$A_1 + A_2 + A_3 + A_4 - 4A_0 = 0 \tag{6-100}$$

依式（6-100）可列出场域中任一节点（$abcd$ 界面上的节点除外）上的向量磁位与其相邻四点上的向量磁位间的差分方程为

$$A_{(x+h,y)} + A_{(x,y+h)} + A_{(x-h,y)} + A_{(x,y-h)} - 4A_{(x,y)} = 0 \tag{6-101}$$

这表明由拉普拉斯方程所描述的两维场内任何一个对称星形的函数值与相邻四点的函数值之间的关系都应满足上式。

所有内点的差分方程确定了一个联立的线性代数方程组，未知数的个数等于内点数，即方程数。解这一联立方程组便可求得各内点的向量磁位函数值，而这些解也就是所求边值问题的数值解。

为了求解给定的边值问题，除了对场域内的偏微分方程进行上述的差分离散化外，还必须对边界条件进行离散化处理。首先确定两种媒质分界线上的边界条件。

$abcd$ 系铁磁质与空气两种媒质的分界线，设铁磁质的磁导率为 μ_b，空气的磁导率为 μ_a，由分界面上磁场强度的切向分量连

续，可得

$$\frac{1}{\mu_b}\left(\frac{\partial A_b}{\partial n}\right) = \frac{1}{\mu_a}\left(\frac{\partial A_a}{\partial n}\right) \tag{6-102}$$

由分界面上磁感应强度法线分量连续，可得

$$A_b = A_a \tag{6-103}$$

我们所研究的问题的磁介质边界与网格节点重合，如图6-4所示，网格节点位于磁导率分别为 μ_a 和 μ_b 的两种不同介质的分界面上，用 A_a 和 A_b 分别表示媒质中的向量磁位。

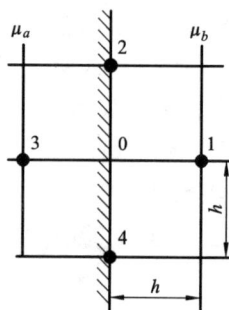

图6-4　边界离散化

下面介绍磁介质边界离散化处理的方法。

若将磁导率为 μ_b 的介质换成 μ_a 的介质，则对于 0 点，根据式(6-100)，由类比关系可得

$$A_{a_1} + A_{a_2} + A_{a_3} + A_{a_4} - 4A_{a_0} = 0 \tag{6-104}$$

同理，若将磁导率为 μ_a 的介质换成 μ_b 的介质，对于 0 点可得

$$A_{b_1} + A_{b_2} + A_{b_3} + A_{b_4} - 4A_{b_0} = 0 \tag{6-105}$$

实际上 A_{a_1}、A_{a_3} 并不存在，只是为了导出边界点差分方程的需要而引入的虚设磁位，应当从上两式中利用分界面上的边界条件将它们消去。

首先, 由分界面上磁感应强度的法线分量连续可得

$$A_{a_0} = A_{b_0} = A_0 , \quad A_{a_2} = A_{b_2} = A_2 , \quad A_{a_4} = A_{b_4} = A_4 \qquad (6-106)$$

其次, 由分界面上磁场强度的切线分量连续, 可得

$$\frac{1}{\mu_a}\left(\frac{\partial A_a}{\partial n}\right) = \frac{1}{\mu_a}\left(\frac{\partial A_b}{\partial n}\right)$$

以差分形式表示, 即为

$$\frac{1}{\mu_a}(A_{a_1} - A_{a_3}) = \frac{1}{\mu_b}(A_{b_1} - A_{b_3}) \qquad (6-107)$$

用 μ_b 乘式(6-104)得

$$\mu_b A_{a_1} + \mu_b A_{a_2} + \mu_b A_{a_3} + \mu_b A_{a_4} - 4\mu_b A_{a_0} = 0$$

将 μ_a 乘以式(6-105)得

$$\mu_a A_{b_1} + \mu_a A_{b_2} + \mu_a A_{b_3} + \mu_a A_{b_4} - 4\mu_a A_{b_0} = 0$$

将上两式相加, 并利用式(6-106), 则

$$\mu_b A_{a_1} + \mu_a A_{b_3} + \mu_a A_{b_1} + \mu_b A_{a_3} + (\mu_a + \mu_b) A_2 + (\mu_a + \mu_b) A_4 - 4(\mu_a + \mu_b) A_0 = 0$$

利用式(6-107), 则上式变为

$$2(\mu_a A_{b_1}) + (\mu_a + \mu_b) A_2 + 2\mu_b A_{a_3} + (\mu_a + \mu_b) A_4 - 4(\mu_a + \mu_b) A_0 = 0$$

所以

$$A_0 = \frac{1}{4}\left(\frac{2\mu_a}{\mu_a + \mu_b} A_{b_1} + A_2 + \frac{2\mu_a}{\mu_a + \mu_b} A_{a_3} + A_4\right)$$

令 $K = \dfrac{\mu_b}{\mu_a}$, 则

$$A_0 = \frac{1}{4}\left(\frac{2}{1+K} A_{b_1} + A_2 + \frac{2K}{1+K} A_{a_3} + A_4\right) \qquad (6-108)$$

对于铁磁质, 可以认为 $\mu_b \to \infty$, 由式(6-108)得

$$A_0 = \frac{1}{4}(2A_3 + A_2 + A_4) \qquad (6-109)$$

式中 $A_3 = A_{a_3}$

通过引入虚设磁位，求得介质界面上诸节点（a、b、c、d 四点除外）的差分表达式为

$$A\Big|_{ab} = \frac{1}{4}\left(2A_4 + A_1 + A_3\right) \qquad (6-110)$$

$$A\Big|_{bc} = \frac{1}{4}\left(2A_1 + A_2 + A_4\right) \qquad (6-111)$$

$$A\Big|_{cd} = \frac{1}{4}\left(2A_2 + A_1 + A_3\right) \qquad (6-112)$$

$$A\Big|_{da} = \frac{1}{4}\left(2A_3 + A_2 + A_4\right) \qquad (6-113)$$

下面进一步分析如图 6-5 所示的介质分界面顶点 0 所应满足的差分方程。现将真实边界看作如下两种边界的平均状态：一是将磁导率为 μ_a 的介质换成磁导率为 μ_b 的介质，即设想边界消失，整个场域全属 μ_b 介质；二是假设边界位于网格对角线 AA' 上，即 μ_a 介质处于 AA' 的左下方，而 μ_b 介质处于它的右上方。这

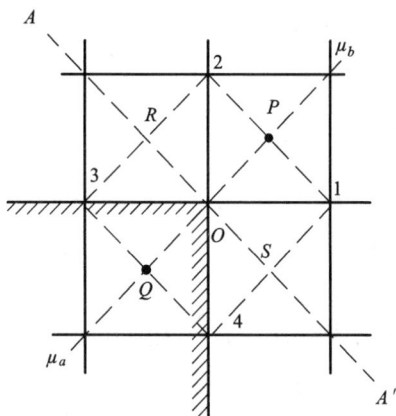

图 6-5　确立角点差分方程图

样，对于第一种边界情况，由式(6-100)，经类比可得关于顶点 0 的差分方程为

$$A_{b_1} + A_{b_2} + A_{b_3} + A_{b_4} - 4A_0 = 0 \tag{6-114}$$

对于第二种边界情况，首先引入辅助节点 P、Q、R、S，利用线性插值法得 P、Q、R、S 点的向量磁位为

$$A_{aQ} = \frac{1}{2}(A_{a_3} + A_{a_4}), \qquad A_{aR} = \frac{1}{2}(A_{b_2} + A_{b_3})$$

$$A_{bP} = \frac{1}{2}(A_{b_1} + A_{b_2}), \qquad A_{bS} = \frac{1}{2}(A_{b_1} + A_{a_4})$$

然后根据类似于式(6-108)的推导过程，得关于顶点 0 的差分方程为

$$A_{b_1} + A_{b_2} + K(A_{a_3} + A_{a_4}) - 2(1 + K)A_0 = 0 \tag{6-115}$$

式中　$K = \dfrac{\mu_b}{\mu_a}$。

式(6-115)的详细推导过程见附录 4。

式(6-114)加式(6-115)并利用下述边界条件

$$A_{a_3} = A_{b_3} = A_3, \ A_{a_4} = A_{b_4} = A_4$$

得角点 0 所应满足的差分方程为

$$A_{b_1} + A_{b_2} + \frac{1}{2}(1 + K)(A_3 + A_4) - (3 + K)A_0 = 0 \tag{6-116}$$

当 $\mu_a \to \infty$ 时，$K = 0$，得

$$A_0 = \frac{1}{6}(2A_{b_1} + 2A_{b_2} + A_3 + A_4) \tag{6-117}$$

通过上述方法得 a、b、c、d 四个角点的差分方程为

$$A_a = \frac{1}{6}(2A_3 + 2A_4 + A_1 + A_2) \tag{6-118}$$

$$A_b = \frac{1}{6}(2A_1 + 2A_4 + A_3 + A_2) \tag{6-119}$$

$$A_c = \frac{1}{6}(2A_1 + 2A_2 + A_3 + A_4) \tag{6-120}$$

$$A_d = \frac{1}{6}(2A_2 + 2A_3 + A_1 + A_4) \qquad (6-121)$$

将式(6-100)、式(6-110)~式(6-113)、式(6-118)~式(6-121)所表示的九种差分方程变换为迭代方程,建立所论场域内数值解的数学模型,用电子计算机解此数学模型即可得出各节点的向量磁位值。再利用下式确定各节点的磁感应强度。

$$B = M_A \nabla \times A = M_A(\frac{\partial A}{\partial y}\boldsymbol{i} - \frac{\partial A}{\partial x}\boldsymbol{j}) \qquad (6-122)$$

对式(6-122)进行差分离散处理后,某内点(i,j)处的B为

$$B(i,j) = M_A\left[\frac{A_{(i,j+1)} - A_{(i,j-1)}}{2h}\boldsymbol{i} - \frac{A_{(i+1,j)} - A_{(i-1,j)}}{2h}\boldsymbol{j}\right]$$
$$(6-123)$$

式中M_A是向量磁位函数的标度,它定义为向量磁位函数的实际值与相对值的比值。

$$M_A = \frac{B_0 \times \overline{AB}}{100}$$

当各节点的向量磁位的数值求出后,可利用式(6-122)、式(6-123)及M_A值求出在一定的磁化磁场B_0下各节点上相应的B_x、B_y和B值。

图6-6表示截面积为150 μm×50 μm的钢毛周围二分之一场域磁感应强度B的分布。

由图中数据可知,钢毛角点上B值最大,介质垂直于B_0的宽度边的区域,B值较大,是磁性颗粒的有效捕集区。

图6-7表示矩形介质角点上的B值与介质截面长宽比(L/W)的关系。角点上的B值与介质截面的长宽比$(L/W>1$时)近似线性关系。L/W值越大、B值越大。当B_0一定时,欲得到较大的磁捕集力,需采用L/W值大的介质。

在背景场强B_0方向(即y方向)上距各种L/W介质端面不同

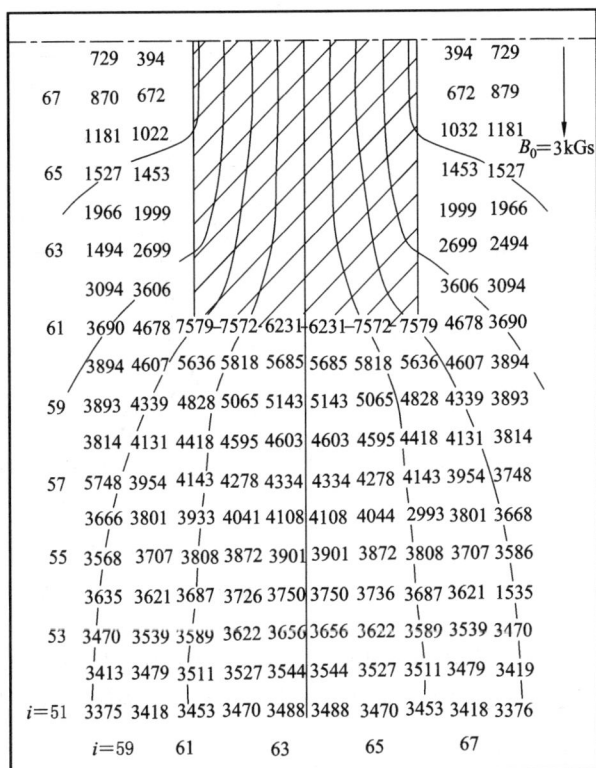

```
          729  394                              394  729
     67   870  672                              672  879
         1181 1022                             1032 1181     ↓
     65  1527 1453                             1453 1527   B₀=3kGs
         1966 1999                             1999 1966
     63  1494 2699                             2699 2494
         3094 3606                             3606 3094
     61  3690 4678 7579 7572 6231 6231 7572 7579 4678 3690
         3894 4607 5636 5818 5685 5685 5818 5636 4607 3894
     59  3893 4339 4828 5065 5143 5143 5065 4828 4339 3893
         3814 4131 4418 4595 4603 4603 4595 4418 4131 3814
     57  5748 3954 4143 4278 4334 4334 4278 4143 3954 3748
         3666 3801 3933 4041 4108 4108 4044 2993 3801 3668
     55  3568 3707 3808 3872 3901 3901 3872 3808 3707 3586
         3635 3621 3687 3726 3750 3750 3736 3687 3621 1535
     53  3470 3539 3589 3622 3656 3656 3622 3589 3539 3470
         3413 3479 3511 3527 3544 3544 3527 3511 3479 3419
   i=51  3375 3418 3453 3470 3488 3488 3470 3453 3418 3376
          i=59   61    63    65    67
```

图 6-6　150×50 μm 钢毛周围 B(Gs) 值分布图

（$i=59\sim68$，$j=51\sim68$ 部分）

距离处的磁场磁力 $B_y \dfrac{\mathrm{d}B_y}{\mathrm{d}y}$（取图 6-6 网格线 $i=62$ 上各点的 $B_y \dfrac{\mathrm{d}B_y}{\mathrm{d}y}$ 为代表）示于图 6-8。

随着离介质表面距离的增大，磁场磁力先是急剧下降，而后缓慢下降。介质长宽比越大，相应点的磁场磁力越大，长宽比为 7 的介质表面的磁力是长宽比为 1 的 4.7 倍。

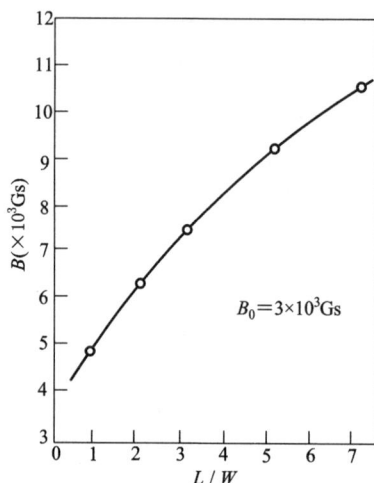

图 6 – 7　介质角点 B 值
与 L/W 的关系曲线

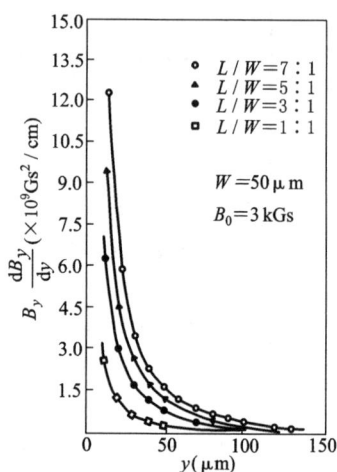

图 6 – 8　距各种 L/W 介质
端面不同距离 y 处的磁场磁力

长宽比为 3 而宽各不相同的介质的磁场磁力与距介质端面距离的关系示于图 6 – 9。对于宽度小的介质，表面附近的磁场磁力较大，但其作用深度较小。

具有相同截面积的四种介质的场强变化（介质形状效应）示于图 6 – 10。由图中曲线看出，$L/W > 3$ 的矩形介质周围的 B_y 值均大于圆形介质相应点的 B_y 值，而且 B_y 的跌落较快，所以梯度较大，因而能提供较大的磁力。经计算表明，$L/W = 7$ 的介质表面的磁力是圆形介质的 3.2 倍。

对于多根介质，介质间互相影响，使介质周围的磁场特性发生变化。图 6 – 11 表示两根介质在 B_0 方向相距 1 μm 时，其间 $B_y \dfrac{\mathrm{d}B_y}{\mathrm{d}y}$ 的变化。由曲线看出，当 $l = 100$ μm 时，介质表面的磁力

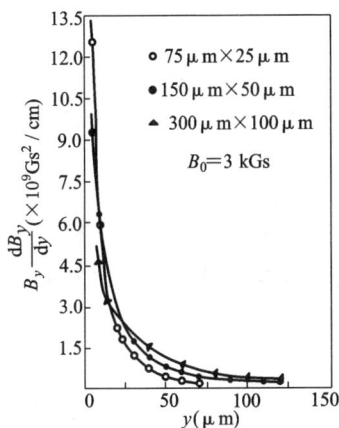

图 6 – 9　距各种宽度的介质端面
不同距离 y 处的磁场磁力

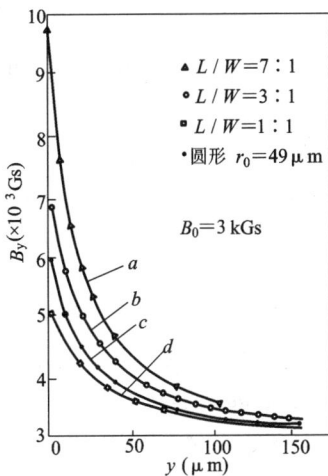

图 6 – 10　介质截面的形状效应

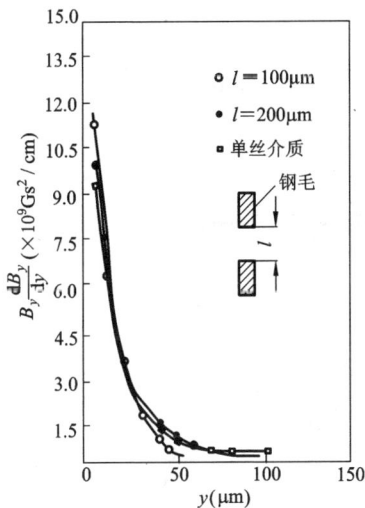

图 6 – 11　两根介质间的磁场磁力与距介质表面距离的关系

较大，而在两根钢毛之间的区域磁力较小。当 $l = 200\ \mu m$ 时，其效应基本与单根介质相同，即介质间的相互影响已可忽略。$l = 200\ \mu m$ 这一距离恰好是介质等值直径的 2 倍。这说明介质周围的磁场约在其等值直径的距离处跌落到背景场强。

当介质在垂直于 B_0 方向作"一字"形排列时，设侧面间距为 s，计算表明，s 过小时，会在介质的侧面形成"低磁场区"。图 6 - 12 中，阴影Ⅰ表示图例中 $S = 300\ \mu m$ 时，$OACD$ 区域内各点的 B 值域。OA 线上的 B 值与阴影Ⅰ中的 $O'A'$ 相对应，OD 和 AC 上 B 值的变化由阴影Ⅰ中的曲线 a 和 b 表示。由图中曲线看出，钢毛侧面为一低磁场区，即低于 B_0 的区域，尤以 DD' 附近的磁场最低，阴影Ⅱ表示 $S = 1200\ \mu m$ 时，介质侧面区域各点的 B 值域，图中曲线显示，在 AA' 附近宽度约 $600\ \mu m$ 的中间区域各点 B 值均接近 B_0 值。低磁场

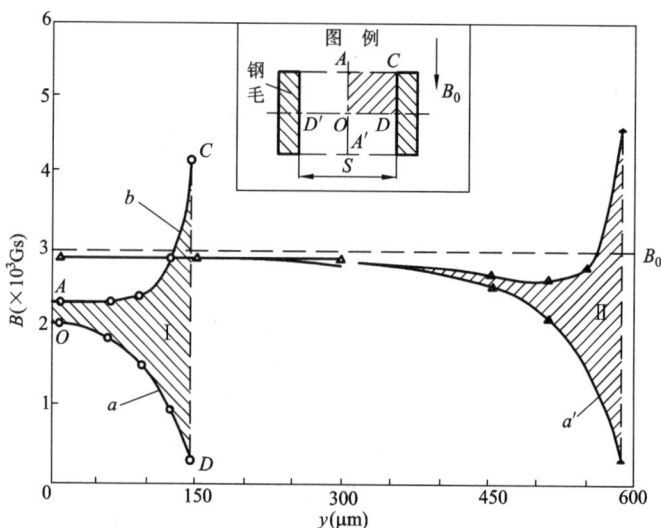

图 6 - 12　介质侧面间的"低磁场区"

Ⅰ - $S = 300\ \mu m$　　Ⅱ - $S = 1200\ \mu m$

区的存在对颗粒的磁化是不利的,应设法提高低磁场区的场强。

6.4　多边形磁介质的磁场特性

在 6.3 节中,我们已经介绍了用有限差分法求矩柱形磁介质磁场特性的方法,对于求解边界形状和不同介质分界面形状复杂的边值问题,常用有限元法,它是以变分原理和剖分插值为基础的一种数值计算法。

本节将利用有限元法来确定多边形磁介质的磁场特性。

6.4.1　场域和边界条件的确定

图 6-13 为八边形钢毛介质的截面,其任意两边的夹角为 135°,B_0 为均匀的背景场强,同前节所述的矩柱形磁介质一样,要求其轴向垂直于背景场强放置。由于其轴向线度也远远大于其横截面方向的线度,因此在研究钢毛中间区段的磁场分布特性时,同样可以忽略两端的边缘效应而把问题理想化为两维场。此外,根据国内外学者的研究,在距钢毛表面等值直径处,磁场强度便已接近背景场强,因此只要将场域取得足够大,使场域边界上及以外区域的磁场强度等于背景场强,从而将无穷大非闭合区域的问题理想化为有界的闭合区域的问题。

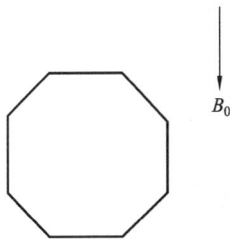

图 6-13　磁介质截面形状示意图

图 6 - 14 所示即为所论平面的闭合区域。*ABCD* 为场域边界，*abcdefgh* 为场域内两种介质的分界面。

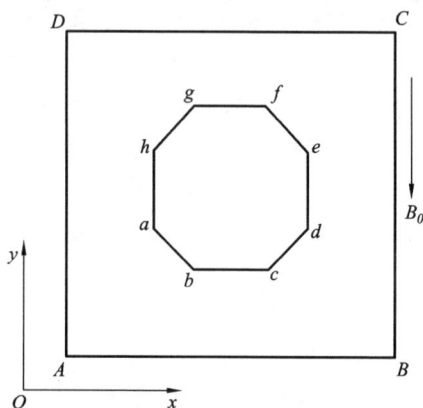

图 6 – 14　场域边界示意图

与确定圆柱形介质边界条件的方法相似，八边形介质的边界条件为

$$\begin{cases} A\mid_{DA} = 0 \\ A\mid_{CB} = 100 \\ A\mid_{DC} = A\mid_{AB} = \dfrac{100}{AB}X \\ A_1 = A_2 \\ \dfrac{1}{\mu_1}\dfrac{\partial A_1}{\partial n} = \dfrac{1}{\mu_2}\dfrac{\partial A_2}{\partial n} \end{cases} \left. \right\} (\text{在介质分界线上}) \qquad (6-124)$$

6.4.2　边值问题的变分离散

运用有限元法解边值问题的基本原理和步骤是：首先利用变分原理把所求解的边值问题转化为相应的变分问题，即泛函极值

问题，然后利用剖分插值化变分问题为普通的多元函数极值问题，从而获得待求边值问题的数值解。剖分插值是将所论场域剖分为若干个三角元，在每一个三角元上以待求函数的节点值作为待求函数的插值，并用此分片插值函数近似替代待求的函数，从而把泛函化为依赖于这些未知节点值的普通函数，通常归结为一个多元线性方程组，采用适当的代数方法，通过计算机运算便可解得各节点上待求函数的数值解。

众所周知，在两维场中静磁场的能量密度为

$$W = \frac{B^2}{2\mu} = \frac{1}{2\mu}\left[\left(\frac{\partial A}{\partial x}\right)^2 + \left(\frac{\partial A}{\partial y}\right)^2\right] \qquad (6-125)$$

由变分法可以推得与边界条件所对应的变分问题，即泛函极值问题为

$$\left\{\begin{array}{l} J(A) = \displaystyle\iint_D \frac{1}{2\mu}\left[\left(\frac{\partial A}{\partial x}\right)^2 + \left(\frac{\partial A}{\partial y}\right)^2\right]\mathrm{d}x\mathrm{d}y \text{ 为极小值} \\[2mm] A\mid_{DA} = 0 \\[1mm] A\mid_{CB} = 100 \\[1mm] A\mid_{DC} = A\mid_{AB} = \dfrac{100}{\overline{AB}}X \end{array}\right.$$

$$(6-126)$$

可以看出，泛函 $J(A)$ 呈能量积分的形式，可以证明，边值问题[式(6-124)]与变分问题[式(6-126)]等价。等价就是指边值问题[式(6-124)]的解一定使泛函[式(6-126)]达到极小值；反之，使泛函[式(6-126)]达到极小值的磁位函数 A 一定是边值问题[式(6-126)]的解。从物理意义上说，当所论场域 D（见图6-15）中总磁场能量达到极小值时，磁位函数 A 即满足拉普拉斯方程。

边值问题转化为相应的变分问题后，便可进行剖分插值，将变分问题再化为普通的多元函数极值问题。

如图 6 – 15 所示，将所论场
域 D 剖分为若干个互不重叠的
三角形单元(三角元)，三角形两
直角边取 10 μm，场域 D 为边长
1000 μm 的正方形。选取三角元
的顶点作为节点；将所有节点和
三角元逐个按一定顺序编号。
节点和三角元均按照从下至上，
从左至右的顺序编号。对任一
三角元，其三顶点按逆时针顺序

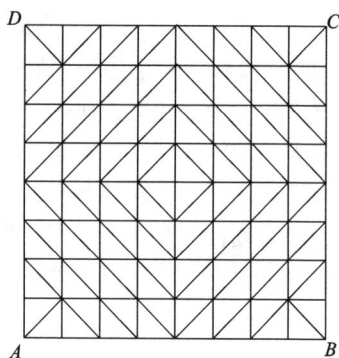

图 6 – 15　场域部分示意图

编号为：i、j、m，三项点的坐标分别为 $P_i(x_i, y_i)$, $P_j(x_j, y_j)$,
$P_m(x_m, y_m)$，未知函数 $A(x, y)$ 在这三顶点的值分别为

$$A_i(x_i, y_i), A_j(x_j, y_j), A_m(x_m, y_m)$$

在三角元 e 上构造线性插值函数 $\tilde{A}(x, y)$，以此替代该三角
元上的待求函数 $A(x, y)$，该三角元 e 上的插值函数是 x, y 的线
性函数，即

$$\tilde{A}(x, y) = \alpha_1 + \alpha_2 x + \alpha_3 y \tag{6-127}$$

设 $\tilde{A}(x, y)$ 在三角元 e 的三顶点 P_i, P_j, P_m 的值分别等于 A_i, A_j,
A_m，即

$$\begin{cases} \alpha_1 + \alpha_2 x_i + \alpha_3 y_i = A_i \\ \alpha_1 + \alpha_2 x_j + \alpha_3 y_j = A_j \\ \alpha_1 + \alpha_2 x_m + \alpha_3 y_m = A_m \end{cases} \tag{6-128}$$

解此线性方程组，可唯一确定 α_1, α_2, α_3

$$\alpha_1 = \frac{1}{2\Delta}(a_i A_i + a_j A_j + a_m A_m)$$

$$\alpha_2 = \frac{1}{2\Delta}(b_i A_i + b_j A_j + b_m A_m) \tag{6-129}$$

$$\alpha_3 = \frac{1}{2\Delta}(c_i A_i + c_j A_j + c_m A_m)$$

式中　$a_i = x_i y_m - x_m y_i$　　$b_i = y_i - y_m$　　$c_i = x_m - x_j$
　　　　$a_j = x_m y_i - x_i y_m$　　$b_j = y_m - y_i$　　$c_j = x_i - x_m$
　　　　$a_m = x_i y_j - x_j y_i$　　$b_m = y_i - y_j$　　$c_m = x_j - x_i$

而 $\Delta = \dfrac{1}{2}(b_i c_j - b_j c_i)$ 表示三角元 e 的面积。

将式(6-129)代入式(6-127)，整理后可得

$$\tilde{A}(x, y) = \frac{1}{2\Delta}(a_i + b_i x + c_i y)A_i + \frac{1}{2\Delta}(a_j + b_j x + c_j y)A_j +$$

$$\frac{1}{2\Delta}(a_m + b_m x + c_m y)A_m \qquad (6-130)$$

上式可用矩阵形式写成

$$\tilde{A}(x, y) = \begin{bmatrix} N_i^e & N_j^e & N_m^e \end{bmatrix} \begin{pmatrix} A_i \\ A_j \\ A_m \end{pmatrix} = [N]_e [A]_e \qquad (6-131)$$

式中

$$\left.\begin{array}{l} N_i^e = \dfrac{1}{2\Delta}(a_i + h_i x + c_i y) \\[2mm] N_j^e = \dfrac{1}{2\Delta}(a_j + b_j x + c_j y) \\[2mm] N_m^e = \dfrac{1}{2\Delta}(a_m + b_m x + c_m y) \end{array}\right\} \qquad (6-132)$$

将每一个三角元上构造的函数 $\tilde{A}(x, y)$ 合并起来，就得到待求函数 $A(x, y)$ 在整个 D 域上的分块近似函数

$$\tilde{A}e_0(x, y) = \tilde{A}(x, y) = N_i A_i + N_j A_j + N_m A_m$$

在上述三角剖分线性插值的基础上，进一步说明变分问题的离散化。根据三角剖分，全部单元能量积分的总和为

$$J(A) = \sum_{e=1}^{e_0} J_e(A) \qquad (6-133)$$

$$J_e(A) = \iint_D \frac{1}{2\mu}\left[\left(\frac{\partial A}{\partial x}\right)^2 + \left(\frac{\partial A}{\partial y}\right)^2\right]\mathrm{d}x\mathrm{d}y = \min$$

所以

$$J(A) \approx J(\tilde{A}e_0) \sum_{e=1}^{e_0} \iint_{\Delta e} \frac{1}{2\mu} \Big[\Big(\frac{\partial A}{\partial x} \Big)^2 + \Big(\frac{\partial A}{\partial y} \Big)^2 \Big] dx dy = \text{极小值}$$

$$(6-134)$$

式中　e_0——三角元的总数。

下面，推导 $J(\tilde{A}e_0)$ 的具体表达式，在每个三角元 e 上有

$$J(\tilde{A}) = \iint_{\Delta e} \frac{1}{2\mu} \Big[\Big(\frac{\partial A}{\partial x} \Big)^2 + \Big(\frac{\partial A}{\partial y} \Big)^2 \Big] dx dy \qquad (6-135)$$

根据式(6-131)则

$$\left. \begin{aligned} \frac{\partial \tilde{A}}{\partial x} &= \Big[\frac{\partial N_i^e}{\partial x} \ \frac{\partial N_j^e}{\partial x} \ \frac{\partial N_m^e}{\partial x} \Big] \begin{bmatrix} A_i \\ A_j \\ A_m \end{bmatrix} = \Big[\frac{\partial N}{\partial x} \Big]_e [A]_e \\ \frac{\partial \tilde{A}}{\partial y} &= \Big[\frac{\partial N_i^e}{\partial y} \ \frac{\partial N_j^e}{\partial y} \ \frac{\partial N_m^e}{\partial y} \Big] \begin{bmatrix} A_i \\ A_j \\ A_m \end{bmatrix} = \Big[\frac{\partial N}{\partial y} \Big]_e [A]_e \end{aligned} \right\} \qquad (6-136)$$

而

$$\frac{\partial N_i^e}{\partial x} = \frac{1}{2\Delta} b_i, \ \frac{\partial N_j^e}{\partial x} = \frac{1}{2\Delta} b_j, \ \frac{\partial N_m^e}{\partial x} = \frac{1}{2\Delta} b_m$$

$$\frac{\partial N_i^e}{\partial y} = \frac{1}{2\Delta} c_i, \ \frac{\partial N_j^e}{\partial y} = \frac{1}{2\Delta} c_j, \ \frac{\partial N_m^e}{\partial y} = \frac{1}{2\Delta} c_m$$

$$(6-137)$$

因此

$$\frac{\partial \tilde{A}}{\partial x} = \frac{1}{2\Delta} \big[b_i b_j b_m \big] \begin{bmatrix} A_i \\ A_j \\ A_m \end{bmatrix}, \ \frac{\partial \tilde{A}}{\partial y} = \frac{1}{2\Delta} \big[c_i c_j c_m \big] \begin{bmatrix} A_i \\ A_j \\ A_m \end{bmatrix} \quad (6-138)$$

令

$$[\nabla \tilde{A}] = \begin{bmatrix} \dfrac{\partial \tilde{A}}{\partial x} \\ \dfrac{\partial \tilde{A}}{\partial y} \end{bmatrix} \quad B_e = \frac{1}{2\Delta} \begin{bmatrix} b_i \ b_j \ b_m \\ c_i \ c_j \ c_m \end{bmatrix}$$

则有

$$[\nabla \tilde{A}] = [B]_e [A]_e \qquad (6-139)$$

这样,式(6-134)可用矩阵表示为

$$J_e \tilde{A} = \iint\limits_{\Delta e} \frac{1}{2\mu} [\nabla \tilde{A}]^{\mathrm{T}} [\nabla \tilde{A}] \mathrm{d}x\mathrm{d}y$$

$$= \frac{1}{2\mu} \iint\limits_{\Delta e} \{[B]_e [A]_e\}^{\mathrm{T}} \{[B]_e [A]_e\} \mathrm{d}x\mathrm{d}y \qquad (6-140)$$

式中　$[\ ]^{\mathrm{T}}$——矩阵的转置。

$$[\nabla \tilde{A}]^{\mathrm{T}} = \left[\frac{\partial \tilde{A}}{\partial x} \quad \frac{\partial \tilde{A}}{\partial y}\right]$$

因$[A]_e$不是坐标的函数,可移出积分号,故有

$$J_e \tilde{A} = \frac{1}{2\mu} [A]_e^{\mathrm{T}} \left\{ \iint\limits_{\Delta e} [B]_e^{\mathrm{T}} [A]_e \mathrm{d}x\mathrm{d}y \right\} [A]_e$$

$$= \frac{1}{2} [A]_e^{\mathrm{T}} [K]_e [A]_e \qquad (6-141)$$

式中

$$[K]_e = \iint\limits_{\Delta e} \frac{1}{\mu} [B]_e^{\mathrm{T}} [B]_e \mathrm{d}x\mathrm{d}y$$

$$= \frac{1}{\mu} [B]_e^{\mathrm{T}} [B]_e \iint\limits_{\Delta e} \mathrm{d}x\mathrm{d}y$$

$$= \frac{1}{4\mu\Delta} \begin{bmatrix} b_i \ c_i \\ b_j \ c_j \\ b_m \ c_m \end{bmatrix} \begin{bmatrix} b_i \ b_j \ b_m \\ c_i \ c_j \ c_m \end{bmatrix}$$

$$= \frac{1}{4\mu\Delta} \begin{bmatrix} b_i^2 + c_i^2 & b_i b_j + c_i c_j & b_i b_m + c_i c_m \\ b_i b_j + c_i c_j & b_j^2 + c_j^2 & b_j b_m + c_j c_m \\ b_m b_i + c_m c_i & b_m b_j + c_m c_j & b_m^2 + c_m^2 \end{bmatrix}$$

$$= \frac{1}{4\mu\Delta} \begin{bmatrix} K_{ii}^e & K_{ij}^e & K_{im}^e \\ K_{ji}^e & K_{jj}^e & K_{jm}^e \\ K_{mi}^e & K_{mj}^e & K_{mm}^e \end{bmatrix} \qquad (6-142)$$

由式(6-142)可见，$[K]^e$ 是单元磁场能的离散矩阵。它通常被称为单元系数矩阵。显而易见，它是一个对称矩阵，其中各元素都由三角元顶点坐标确定，其一般表达式为

$$K_{rs}^e = K_{sr}^e = \frac{1}{4\mu\Delta}(b_r b_s + c_r c_s)(r, s = i, j, m) \quad (6-143)$$

将全部三角元的单元系数矩阵综合起来，便可得到总系数矩阵。在综合之前，必须将各单元系数矩阵扩展成总系数矩阵的形式。

设三角剖分共有 m 个节点，则全体节点的磁位值可以记为一个 m 阶列阵

$$A = \begin{pmatrix} A_1 \\ A_2 \\ \vdots \\ A_m \end{pmatrix}$$

对于给定的三角元 e，将由式(6-142)确定的单元系数矩阵 $[K]^e$ 加以扩展并改写成下述形式的 m 阶方阵

$$[K]_e = \begin{pmatrix} \cdots i\text{列} \cdots j\text{列} \cdots m\text{列} \cdots \\ \cdots\cdots \\ \cdots K_{ii}^e \cdots K_{ij}^e \cdots K_{im}^e \cdots \\ \cdots\cdots \\ \cdots K_{ji}^e \cdots K_{jj}^e \cdots K_{jm}^e \cdots \\ \cdots\cdots \\ \cdots K_{mi}^e \cdots K_{mj}^e \cdots K_{mm}^e \cdots \\ \cdots\cdots \end{pmatrix} \begin{matrix} \\ \\ i\text{行} \\ \\ j\text{行} \\ \\ m\text{行} \\ \end{matrix} \quad (6-144)$$

其中虚点处的元素均为 0，这里假设行与列的 i、j、m 的顺序恰与给定的三角元 e 的三顶点编号的顺序对应，即它们从小到大的顺序是一致的。否则式(6-144)右端的元素排列形式要作相应的

调整。显然，扩展后的矩阵$[K]^e$仍是一个对称矩阵。

经上述处理后，三角元e上的泛函表达式(6-141)可改写为

$$J_e(\tilde{A}) = \frac{1}{2}\{A\}^{\mathrm{T}}[\bar{K}]^e\{A\} \qquad (6-145)$$

这样便得到总体泛涵$J(\tilde{A}e_0)$的具体表达式

$$J(\tilde{A}e_0) = \sum_{e=1}^{e_0} J(\tilde{A}) = \frac{1}{2}\{A\}^{\mathrm{T}}(\sum_{e=1}^{e_0}[\bar{K}]^e)\{A\}$$

$$= \frac{1}{2}\{A\}^{\mathrm{T}}[K]\{A\} \qquad (6-146)$$

式中$[K]$称为总系数矩阵，由于

$$[K] = \sum_{e=1}^{e_0}[\bar{K}]_e$$

根据矩阵运算法则，总系数矩阵的元素为

$$K_{ij} = \sum_{e=1}^{e_0} K_{ij}^e \quad (i, j = 1, 2, \cdots, m)$$

也就是说，在总体节点编号下，总体下标相同的单元系数矩阵的元素都应予以相加合并，形成总系数矩阵中同一总休下标的元素。

至此，泛函$J(A)$已离散化为多元二次函数

$$J(A) = J(A_1, A_2, \cdots, A_m) = \frac{1}{2}\{A\}^{\mathrm{T}}[K]\{A\}$$

$$= \frac{1}{2}\sum_{i,j=1}^{m} K_{ij}A_iA_j \qquad (6-147)$$

变分问题[式(6-134)]相应的离散化为多元二次函数的极值问题，即

$$J(A_1, A_2, \cdots, A_m) = 极小值 \qquad (6-148)$$

根据函数极值理论，极值存在的必要条件为

$$\frac{\partial J}{\partial A_i} = 0 \quad (i = 1, 2, \cdots, m) \qquad (6-149)$$

由式(6-147)便得

$$\sum_{j=1}^{m} K_{ij} A_j = 0 \quad (i = 1, 2, \cdots, m) \qquad (6-150)$$

写成矩阵形式则为

$$[K]A = 0 \qquad\qquad (6-151)$$

这样边值问题最终转化成为 A 为未知数的一个线性方程组，解此方程组，便可得场域内各节点矢量磁位 A 值的数值解。

6.4.3 线性方程组的电子计算机求解

采用超松弛迭代法解式 $(6-151)$ 的线性方程组，其一般迭代公式为

$$A_i^{(m+1)} = (1 - \alpha) A_j^m + \alpha \left[\left(-\sum_{j=1}^{i-1} K_{i,j} A_j^{(m+1)} - \right.\right.$$

$$\left.\left. \sum_{j=i+1}^{m} K_{i,j} A_j^{(m)} \right) / K_{i,j} \right] \qquad (6-152)$$

式中 m 为节点总数，α 为加速收敛因子，α 的取值范围为 $1 \leqslant \alpha < 2$。因采用迭代法解方程组，故对于边界条件无需特别处理，只要将边界上各点按边界条件赋值后，不参与迭代过程即可。

从理论上说，形成总系数矩阵 $[K]$ 以后，便可按式 $(6-152)$ 编制程序，用电子计算机求解，然而实际上却很难办到。按本例，场域长宽均为 1000 μm，步长为 10 μm，这样便有 $100 \times 100 = 10000$ 个节点，即有一万个未知数，$[K]$ 矩阵实为一万阶的方阵，有元素 10^8 个。一般中小型电子计算机，由于内存单元限制，若按式 $(6-152)$，则无法解如此高阶的线性方程组。因此必须根据 $[K]$ 矩阵的特点，剔除其中 0 元素，找到简便可行的迭代公式，才能解出上述线性方程组。

通过对总系数矩阵 $[K]$ 的分析，可以找出它有如下几个特点：

（1）它是一个对称矩阵，由于各单元系数矩阵 $[K]_e$ 是对称矩阵，所以 $[K]$ 必然也是对称矩阵。

（2）它是一个稀疏矩阵，总系数矩阵中各元素是由各单元系数矩阵中总体下标相同的元素相加而形成的，若一个节点与 n 个三角元有关，则在 $[K]$ 矩阵中的某一行或某一列中，最多只有 n 个元素不为 0。按本例场域剖分，$n=6$，因任一行或一列中最多只有 6 个元素不为 0，其余 9994 个均为 0 元素，对总体而言，10^8 个元素中最多只有 6 万个元素不为 0，可见此矩阵非常稀疏，正因为如此，采用通常的等带宽贮存或变带宽贮存等稀疏矩阵技术仍不能有效地解决本问题。

（3）总系数矩阵中对角线元素 K_{ii} 都不为 0，且 K_{ii} 由节点 i 决定，如果节点 i 与 n 个三角元相连，则有 n 项单元系数矩阵的 K_{ii}^e 相加形成 K_{ii}。

（4）总系数矩阵中不为 0 的非对角线元素 K_{ij} 由两节点 i、j 的连线决定。如果此连线为两个三角元共有，则有两项单元系数矩阵的 K_{ij}^e 相加形成 K_{ij}。

根据总系数矩阵以上几个特点，将场域内各节点按其所在位置的行、列重新编号，如某节点位于 i 行 j 列，则记该节点的矢量磁位值为 A_{ij}，再经简单的推导和简化，便可得到如下的迭代公式

$$A_{i,j}^{(m+1)} = (1-\alpha)A_{i,j}^{(m)} + \alpha[-(K_1 A_{i-1,j}^{(m+1)} + K_2 A_{i,j-1}^{(m+1)} + K_3 A_{i+1,j}^{(m)} + K_4 A_{i,j+1}^{(m)})/K_0] \tag{6-153}$$

式中

$$K_0 = \sum_{n=1}^{6} \frac{1}{4\mu_n \Delta_n}(b_{i,j}^2 + c_{i,j}^2) \tag{6-154}$$

$$K_1 = \sum_{n=1}^{2} \frac{1}{4\mu_n \Delta_n}(b_{i,j}b_{i-1,j} + c_{i,j}c_{i-1,j}) \tag{6-155}$$

$$K_2 = \sum_{n=1}^{2} \frac{1}{4\mu_n \Delta_n}(b_{i,j}b_{i,j-1} + c_{i,j}c_{i,j-1}) \tag{6-156}$$

$$K_3 = \sum_{n=1}^{2} \frac{1}{4\mu_n \Delta_n}(b_{i,j}b_{i+1,j} + c_{i,j}c_{i+1,j}) \tag{6-157}$$

$$K_4 = \sum_{n=1}^{2} \frac{1}{4\mu_n \Delta_n} (b_{i,j} b_{i,j+1} + c_{i,j} c_{i,j+1}) \qquad (6-158)$$

式中 b、c 的意义如前述，Δ_n、μ_n 分别为相关联的 n 个三角元中第 n 个三角元的面积和介质磁导率。空气介质的 μ 值为1，钢毛介质的磁导率在此视为无穷大。

运用式(6-154)~式(6-158)计算各非0元素，并采用简化后的迭代公式(6-153)来解线性方程组，由于几乎没有0元素参入运算，因而极大地减少了电子计算机所需的内存单元，同时也简化了形成总系数矩阵[K]的计算过程，从而使本问题的计算求解可以在微型电子计算机上进行。

本问题计算程序用 FORTRAN 算法语言编写，所编程序框图如图6-16所示。

求得所论场域内各节点的矢量磁位后，利用矢量磁位与磁感应强度之间的关系，可继续用电子计算机求得场域内各节点的 B_x、B_y 和 B 值。由式(6-82)和式(6-83)可知

$$B_x = \frac{\partial A}{\partial y} \qquad B_y = -\frac{\partial A}{\partial x}$$

又由式(6-127)知

$$A = \alpha_1 + \alpha_2 x + \alpha_3 y$$

因而

$$\frac{\partial A}{\partial y} = \alpha_3 \qquad \frac{\partial A}{\partial x} = \alpha_2$$

由式(6-129)有

$$\alpha_3 = \frac{1}{2\Delta} (c_i A_i + c_j A_j + c_m A_m)$$

$$\alpha_2 = \frac{1}{2\Delta} (b_i A_i + b_j A_j + b_m A_m)$$

所以在每个三角元上有

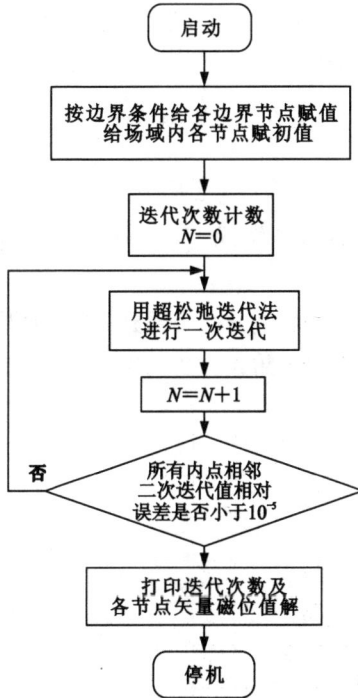

图 6 – 16　计算程序框图

$$B_x = \frac{1}{2\Delta}(c_i A_i + c_j A_j + c_m A_m)$$

$$B_y = -\frac{1}{2\Delta}(b_i A_i + b_j A_j + b_m A_m)$$ 　　(6 – 159)

$$B = \sqrt{B_x^2 + B_y^2}$$

式(6 – 159)表明，在每个三角元中各节点的 B_x，B_y 值分别相等，即在每个三角元内部磁感应强度 B 为一常数。但是，位于三角元边界上的节点一般与相邻的几个三角元发生联系，因此，如何综合有关单元的场强而计算出该节点的场强是值得考虑的问题。采用目前常用的方法，即分别对有关单元的 B_x 和 B_y 值求解，然后取其算术平均值作为该点的场强值，即

$$\left.\begin{aligned}B_x &= (\sum_{i=1}^{n} Bx_i)/n\\B_y &= (\sum_{i=1}^{n} By_i)/n\end{aligned}\right\} \qquad (6-160)$$

考虑到本场域剖分的具体情况，可以推导出某节点 (i, j) 的场强值的计算公式。

图 6-17 所示为场域剖分的一部分；节点 P 位于 i 行，j 列，与该节点相关联的有 6 个三角元。在三角元 1 上按式 (6-159) 有

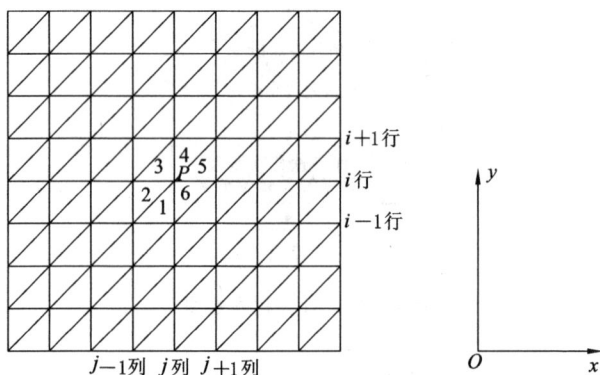

图 6-17　B 值计算的场域剖分示意图

$$B_x^{(1)} = \frac{1}{2\Delta}(c_{i,j}A_{i,j} + c_{i-1,j-1}A_{i-1,j-1} + c_{i-1,j}A_{i-1,j}) \qquad (6-161)$$

由前述可知

$$c_{i,j} = x_{i-1,j} - x_{i-1,j-1} = h_x$$

$$c_{i-1,j-1} = x_{i,j} - x_{i-1,j} = 0$$

$$c_{i-1,j} = x_{i-1,j-1} - x_{i,j} = -h_x$$

式中 h_x 为 x 方向步长，亦即三角元边长，将此结果代入式 (6 - 161) 有

$$B_x^{(1)} = \frac{h_x}{2\Delta}(A_{i,j} - A_{i-1,j-1})$$

类似有

$$B_x^{(2)} = \frac{h_x}{2\Delta}(A_{i,j} - A_{i-1,j})$$

$$B_x^{(3)} = \frac{h_x}{2\Delta}(A_{i+1,j} - A_{i,j})$$

$$B_x^{(4)} = \frac{h_x}{2\Delta}(A_{i+1,j} - A_{i,j})$$

$$B_x^{(5)} = \frac{h_x}{2\Delta}(A_{i+1,j+1} - A_{i,j+1})$$

$$B_x^{(6)} = \frac{h_x}{2\Delta}(A_{i,j} - A_{i-1,j})$$

依式(6 - 160)，节点(i,j)上场强为

$$
\begin{aligned}
B_x &= (B_x^{(1)} + B_x^{(2)} + B_x^{(3)} + B_x^{(4)} + B_x^{(5)} + B_x^{(6)})/6 \\
&= \frac{h_x}{12\Delta}(-2A_{i-1,j} - A_{i-1,j-1} + A_{i,j-1} + 2A_{i+1,j} + \\
&\quad A_{i+1,j+1} - A_{i,j+1})
\end{aligned}
\tag{6-162}
$$

同样可以推得节点 $P(i,j)$ 上 B_y 的计算公式为

$$
\begin{aligned}
B_y &= \frac{h_x}{12\Delta}(A_{i-1,j} - A_{i-1,j-1} - 2A_{i,j-1} - A_{i+1,j} + \\
&\quad A_{i+1,j+1} + 2A_{i,j+1})
\end{aligned}
\tag{6-163}
$$

6.4.4 理论数据分析

1. 单根聚磁介质

对于单根钢毛介质，考虑了截面形状为三角形、矩形、六边形和八边形 4 种情况，分别进行了求解运算，借以考虑介质截面形状对磁场分布特性的影响。各种形状截面面积近似相等，约为 7200 μm^2。三角形为等边三角形，夹角为 60°，边长为 129 μm；矩形长 120 μm，宽 60 μm；六边形为正六边形，夹角为 120°，边长为 52.6 μm；八边形上下边长与左右边长相等，为 45.5 μm，斜边长为 16 μm，夹角为 135°。

图 6 - 18 和图 6 - 19 是根据电子计算机计算结果绘出的八边形和矩形介质磁化后的矢量磁位 A 分布图。图中各节点上的数值为矢量磁位 A，图中曲线是按矢量磁位差 $\Delta A = 2$（相对值）所绘出的等矢量磁位线，即磁感应强度 B 线，因此从图上可以清楚地看出钢毛磁化后内部和周围 B 线的分布特性。

分析图 6 - 18 和图 6 - 19 可以发现以下几点：①磁感应强度线经过介质时，向介质弯曲并收缩，介质内部线密度明显大于介质外部；②磁感应强度线进入介质内部时，与介质表面垂直，这一点与计算中设介质磁导率 μ 趋于无穷大相吻合；③在 B_0 方向上距介质表面一段距离后，磁感应强度线趋于平直，场强基本恢复到背景场强 B_0。

根据各节点的矢量磁位值，按式（6 - 162）和式（6 - 163）可求得各节点的 B_x、B_y 和 B。图 6 - 20 和图 6 - 21 为八边形和矩形介质磁化后磁感应强度 B 分布图。图中曲线同为等矢量磁位线。各节点上 B 的方向为通过该点 B 线的切线方向。

根据 B 分布图，首先考察各种形状截面角部角点的场强。图 6 - 22 所示为角部夹角的大小与角点场强的关系曲线，背景场强 B_0 为 3000 Gs。曲线表明，介质角部夹角越小，角点场强越高。

B_0

图 6-18（八边形截面 A 分布图）

```
4167 4260 4361 4108 4573 4679 4785 4692
4152 4255 4359 4164 4569 4676 4785 4891
4116 4219 4353 4458 4565 4672 4780 4889
4139 4212 4316 4462 4559 4667 4777 4888
4130 4233 4337 4444 4551 4661 4773 4885
4124 4223 4327 4434 4542 4654 4767 4882
4114 4211 4313 4421 4531 4644 4760 4879
4997 4497 4300 4106 4516 4631 4750 4873
4082 4481 4281 4386 4196 4613 4737 4666
4064 4163 4269 4361 4170 4588 4717 4856
4019 4440 4233 4329 4334 4552 4668 4611
4040 4446 4202 4290 4385 4496 4640 4832
4023 4092 4169 4244 4320 4408
3993 4022 4439 4457 4244
3988 4057 4116 4161 4183
3983 4052 4108 4140 4166
3988 4057 4116 4161 4783
3998 4072 4139 4197 4241
4013 4002 4169 4244 4230 4408
4030 4116 4202 4290 4385 4196 4640 4832
4049 4140 4233 4329 4134 4552 4680 4841
4066 4161 4259 4361 4470 4588 4717 4856
4062 4181 4281 4386 4496 4613 4737 4866
4097 4197 4300 4406 4516 4631 4750 4873
4110 4211 4315 4121 4531 4644 4760 4879
4121 4223 4327 4434 4542 4654 4767 3882
4130 4233 4337 4444 4551 4661 4772 4885
4139 4242 4340 4452 4559 4667 4777 4888
4146 4249 4353 4458 4565 4672 4780 4889
4152 4255 4359 4464 4569 4676 4789 4981
4157 4260 4364 4468 4573 4678 4785 4892
```

图 6-19（矩形截面介质 A 分布图）

```
4026 4128 4232 4327 4444 4553 4663 4774 4886
4013 4117 4221 4327 4434 4544 4656 4769 4884
4003 4104 4308 4314 4422 4533 4647 4763 4881
3989 4030 4193 4299 4408 4520 4636 4755 4877
3973 4072 4175 4280 4390 4504 4623 4746 4872
3955 4053 4153 4258 4367 4453 4605 4733 4865
3935 4030 4128 4231 4339 4455 4581 4716 4656
3913 4055 4009 4198 4302 4416 4547 4694 4846
3590 3977 4066 4158 4256 4365 4497 4667 4835
3866 3948 4030 4113 4198 4291 4408 4643 4828
3843 3919 3993 4064 4132 4192 4231
3821 3892 3959 4020 4073 4114 4132
3903 3870 3961 3984 4028 4058 4069
3790 3853 3909 3956 3996 4020 4029
3782 3842 3896 3942 3977 3999 4066
3779 3839 3892 3936 3970 3992 3999
3782 3812 3896 3942 3977 3999 4006
3790 3853 3909 3958 3996 4020 4029
3843 3870 3931 3984 4038 4058 4069
3821 3892 3959 4020 4073 4114 4132
3803 3919 3993 4644 4132 4192 4231
3866 3848 4080 4113 4108 4291 4008 4643 4828
3890 3977 4066 4158 4256 4363 4497 4667 4835
3913 4005 4099 4198 4202 4418 4547 4694 4846
3835 4030 4128 4231 4339 4455 4581 4716 4856
3953 4053 4153 4258 4867 4153 1605 1733 1865
3973 4072 4175 4280 4390 4504 4623 4746 4671
3989 4090 4193 4299 4408 4720 4636 4755 4877
4003 4104 4208 4314 4422 4533 4647 4763 4881
4015 4117 4221 4327 4434 4544 4656 4769 4884
4025 4128 4232 4337 4444 4553 4663 4774 4886
```

·图中各数均乘以 10^{-2}　　　　·图中各数均乘以 10^{-2}

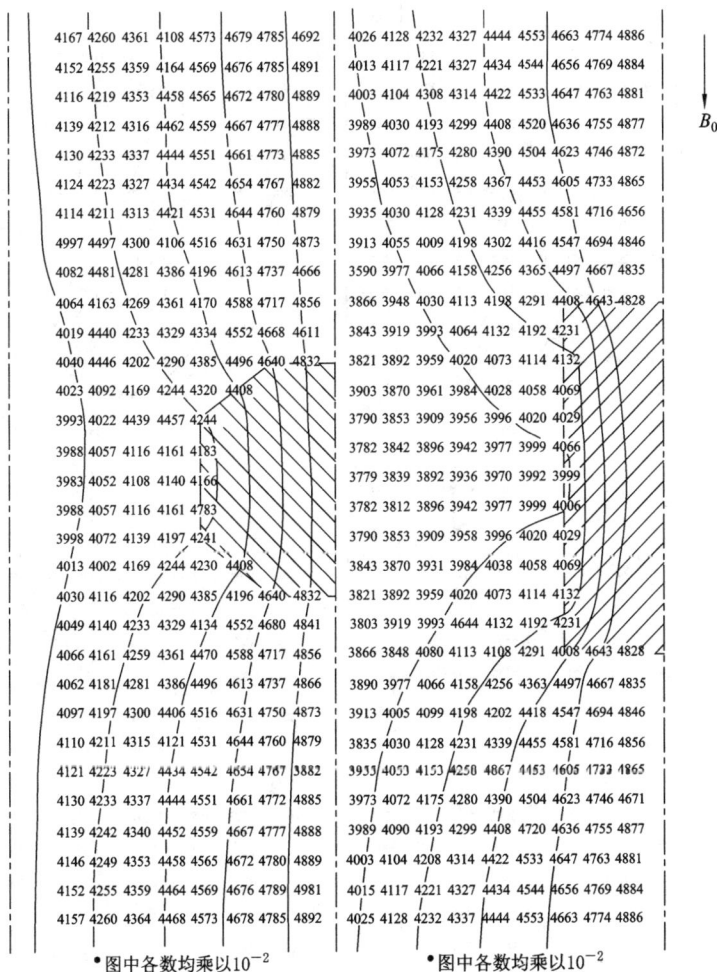

图 6-18　八边形截面 A 分布图　图 6-19　矩形截面介质 A 分布图

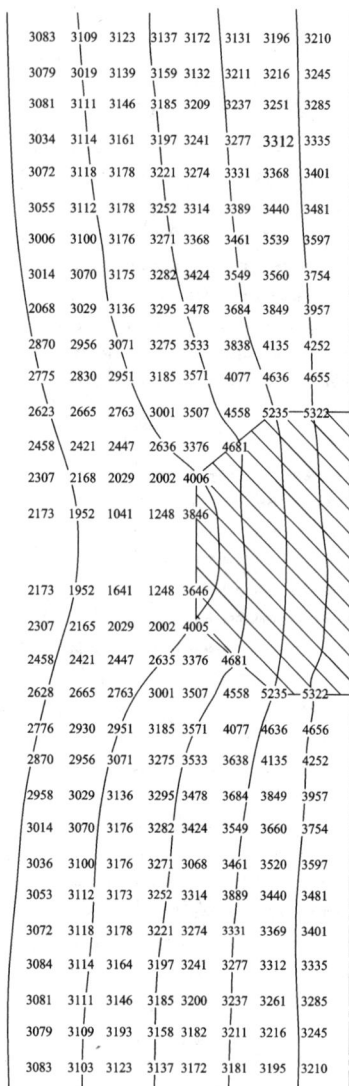

图 6-20（八边形截面介质 B 分布图）：

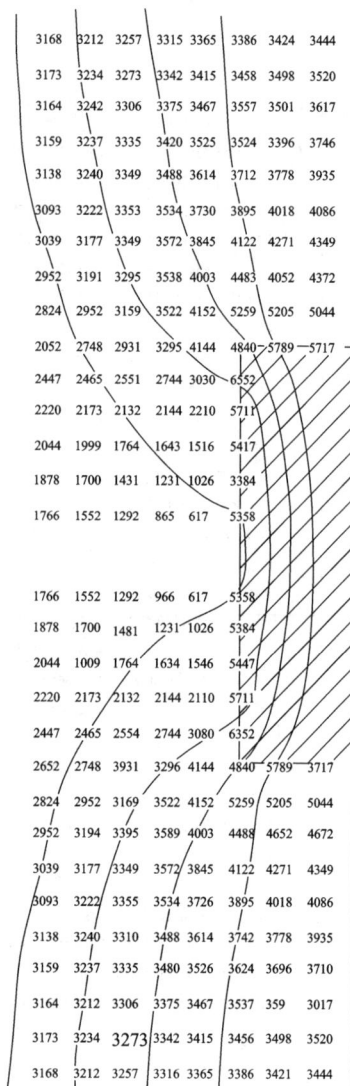

```
3083  3109  3123  3137  3172  3131  3196  3210
3079  3019  3139  3159  3132  3211  3216  3245
3081  3111  3146  3185  3209  3237  3251  3285
3034  3114  3161  3197  3241  3277  3312  3335
3072  3118  3178  3221  3274  3331  3368  3401
3055  3112  3178  3252  3314  3389  3440  3481
3006  3100  3176  3271  3368  3461  3539  3597
3014  3070  3175  3282  3424  3549  3560  3754
2068  3029  3136  3295  3478  3684  3849  3957
2870  2956  3071  3275  3533  3838  4135  4252
2775  2830  2951  3185  3571  4077  4636  4655
2623  2665  2763  3001  3507  4558  5235  5323
2458  2421  2447  2636  3376  4681
2307  2168  2029  2002  4006
2173  1952  1041  1248  3846

2173  1952  1641  1248  3646
2307  2165  2029  2002  4005
2458  2421  2447  2635  3376  4681
2628  2665  2763  3001  3507  4558  5235  5322
2776  2930  2951  3185  3571  4077  4636  4656
2870  2956  3071  3275  3533  3638  4135  4252
2958  3029  3136  3295  3478  3684  3849  3957
3014  3070  3176  3282  3424  3549  3660  3754
3036  3100  3176  3271  3068  3461  3520  3597
3053  3112  3173  3252  3314  3889  3440  3481
3072  3118  3178  3221  3274  3331  3369  3401
3084  3114  3164  3197  3241  3277  3312  3335
3081  3111  3146  3185  3200  3237  3261  3285
3079  3109  3193  3158  3182  3211  3216  3245
3083  3103  3123  3137  3172  3181  3195  3210
```

图 6-21（矩形截面介质 B 分布图）：

```
3168  3212  3257  3315  3365  3386  3424  3444
3173  3234  3273  3342  3415  3458  3498  3520
3164  3242  3306  3375  3467  3557  3501  3617
3159  3237  3335  3420  3525  3524  3396  3746
3138  3240  3349  3488  3614  3712  3778  3935
3093  3222  3353  3534  3730  3895  4018  4086
3039  3177  3349  3572  3845  4122  4271  4349
2952  3191  3295  3538  4003  4483  4052  4372
2824  2952  3159  3522  4152  5259  5205  5044
2052  2748  2931  3295  4144  4840  5789  5717
2447  2465  2551  2744  3030  6552
2220  2173  2132  2144  2210  5711
2044  1999  1764  1643  1516  5417
1878  1700  1431  1231  1026  3384
1766  1552  1292  865   617   5358

1766  1552  1292  966   617   5358
1878  1700  1481  1231  1026  5384
2044  1009  1764  1634  1546  5447
2220  2173  2132  2144  2110  5711
2447  2465  2554  2744  3080  6352
2652  2748  3931  3296  4144  4840  5789  3717
2824  2952  3169  3522  4152  5259  5205  5044
2952  3194  3395  3589  4003  4488  4652  4672
3039  3177  3349  3572  3845  4122  4271  4349
3093  3222  3355  3534  3726  3895  4018  4086
3138  3240  3310  3488  3614  3742  3778  3935
3159  3237  3335  3480  3526  3624  3696  3710
3164  3212  3306  3375  3467  3537  359   3017
3173  3234  3273  3342  3415  3456  3498  3520
3168  3212  3257  3316  3365  3386  3421  3444
```

图 6-20　八边形截面介质 B 分布图　　图 6-21　矩形截面介质 B 分布图

八边形介质角部夹角为 135°，角点场强为 5253 Gs，三角形介质角部夹角为 60°，角点场强达 10061 Gs，可见三角形截面介质能产生很高的局部场强。这种情况，类似于尖缩磁极，在一定范围内，极头的收缩率越大，局部场强就越高。

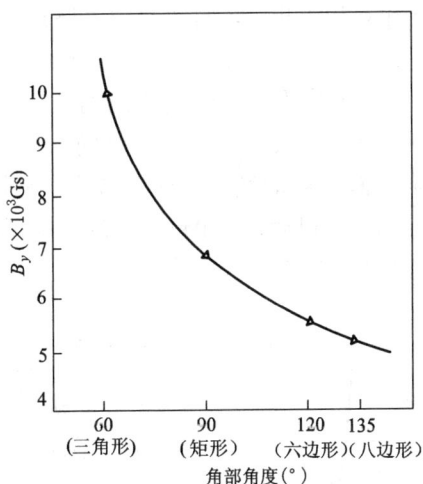

图 6 – 22　角部夹角与场强关系曲线

表 6 – 1 列出各种形状介质的表面最大场强。

表 6 – 1　各种形状介质表面最大场强　　　　　　　　　　　Gs

介质截面形状	三角形	矩形	六边形	八边形
表面最大场强	10061	6840	5864	5322

表 6 – 1 中数据说明，三角形介质表面最大场强远远高出其他截面形状介质。

下面考察各截面形状介质周围沿 B_0 方向的场强 B_y、梯度 $\dfrac{\mathrm{d}B_y}{\mathrm{d}y}$ 及磁力 $B_y\dfrac{\mathrm{d}B_y}{\mathrm{d}y}$ 随距介质表面距离变化的情况。

图 6-23 为 B_0 方向上距介质表面的距离与磁感应强度 B_y 的关系曲线。从图中可以看出，各曲线共同之处是：随着离介质表面距离的增加，B_y 先是急剧下降，而后逐渐平缓并接近背景场强 $B_0(B_0 = 3 \text{ kGs})$。在距介质表面距离相同的点上，B_y 按八边形、六边形、矩形、三角形依次增大。各曲线间的 B_y 差值，开始较大，随着离介质表面距离的增加，逐渐减小。从图中还可以看出，距介质表面 70 μm 以后，三角形介质的磁场深度与矩形介质非常接近，而稍大于六边形和八边形介质。

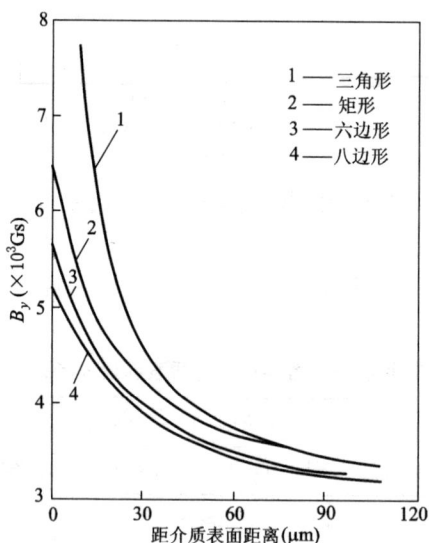

图 6-23　B_y 与介质表面距离关系曲线

图 6 – 24 为在 B_0 方向上, 距介质表面距离与磁场梯度 $\dfrac{\mathrm{d}B_y}{\mathrm{d}y}$ 的关系曲线。与图 6 – 23 类似, 随着离介质表面距离的增大, $\dfrac{\mathrm{d}B_y}{\mathrm{d}y}$ 先是急剧下降, 而后变化渐趋平缓, 在距介质表面距离相同的点上, $\dfrac{\mathrm{d}B_y}{\mathrm{d}y}$ 同样按八边形、六边形、矩形、三角形依次增大, 在一定的范围内, 三角形介质所产生的磁场梯度要比其他形状介质大得多, 这说明介质角部角度的缩小, 不仅产生很高的场强, 同时也产生很大的梯度。在距介质表面 10 μm 处, 三角形介质产生的梯度为 3.00×10^3 Gs/cm, 为矩形介质的 2.40 倍、六边形介质的 3.25 倍、八边形介质的 5.19 倍。

图 6 – 25 为在 B_0 方向上, 磁力 $B_y \dfrac{\mathrm{d}B_y}{\mathrm{d}y}$ 与距介质表面距离的关系曲线。可以看出, 磁力也随着距介质表面的增加起初下降很快, 而后缓慢下降。在距介质表面相同距离的点上磁力按八边形、六边形、矩形、三角形依次增大。在靠近介质表面的一定距离内, 三角形介质所产生的磁力大大超过其他形状介质。从图中还可以看出, 三角形介质的磁力作用深度和矩形介质相近, 而稍大于六边形和八边形介质。

由以上分析可知, 角状聚磁介质的几何形状与其磁场分布特性有密切的关系。反映角状介质几何形状特征最重要的参数是其角部角度的大小, 这个参数对表征磁场分布特性的主要因素, 即介质周围的场强、梯度、磁力等有着决定性的意义。在一定范围内, 角部角度越小, 介质所产生的局部场强、梯度和磁力越高。角部角度的大小对磁力作用深度虽有类似的作用, 但影响不是很大。角部角度为 60° 的三角形介质能产生很高的场强和梯度, 因而能提供很大的磁捕集力。例如在距介质表面距离 10 μm 处, 三

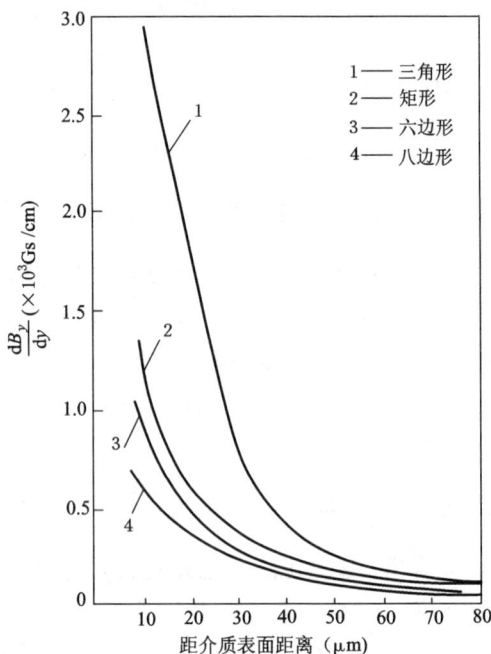

图 6 - 24　磁场梯度与距介质表面距离的关系曲线

角形介质所产生的磁力为 2.119×10^{10} Gs^2/cm, 而截面面积相同的矩形介质仅为 6.529×10^9 Gs^2/cm。前者为后者的 3.25 倍, 显然这是很可观的。对于磁性较弱的顺磁性矿物及微细粒矿物的捕收, 无疑是很有利的。此外三角形介质两边有一定的坡度, 相对于矩形等其他形状介质, 非磁性矿粒更不容易附着, 从而提高分选效率。然而, 从 B 分布图可以看出, 三角形介质表面的高场强, 主要集中于三角形上半部, 显然, 其有效捕获面积要少于其他形状介质。这就是说, 三角形介质的高场强、高梯度和高磁力的获得, 总是以减少有效捕获面积为代价的。

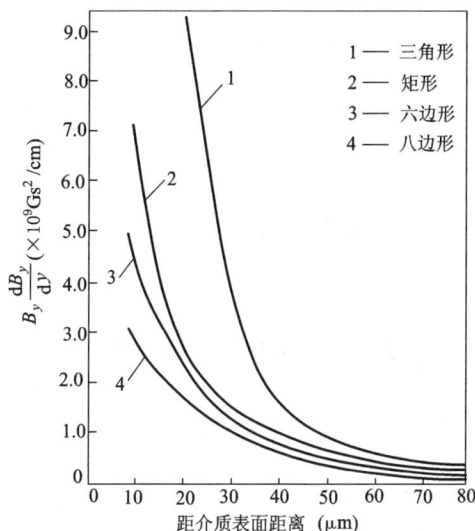

图 6-25　磁力与距介质表面距离关系曲线

2. 多根聚磁介质

对于多根钢毛介质情况，主要考虑了如图 6-26、6-27、6-28 所示的三种排列形式，介质截面形状为矩形。由于相邻两钢毛介质在 B_0 方向上间距的大小和在垂直于 B_0 方向上间距的大小对场强分布的影响在 6.3 节已做了叙述，因此在此处所考虑的三种排列形式下，钢毛介质在水平方向和垂直方向的间距均保持不变，只考虑两钢毛介质中心连线与水平方向夹角 θ 的变化对磁场分布的影响。当介质中心水平间距最大为 210 μm，垂直间距最大为 120 μm 时，θ 的变化范围仅为 0°～30°。这里对 θ 为 0°、16°、30°三种情况分别进行了求解运算。

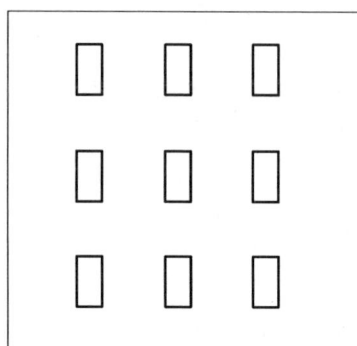

图 6 – 26　多根介质排列形式 1

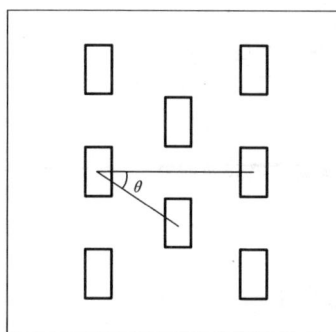

图 6 – 27　多根介质排列形式 2

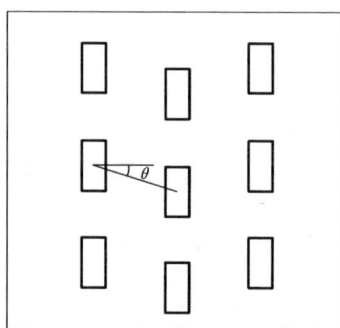

图 6 – 28　多根介质排列形式 3

　　图 6 – 29 和图 6 – 30 分别为按计算结果绘出的 $\theta = 0$ 时的矢量磁位 A 分布图和磁感应强度 B 分布图。通过对图中 B 分布情况的分析可以发现，在多根介质按一定规则排列时，每一介质周围的 B 分布，大致可以分为三个区域，如图 6 – 31 所示。"高场强区"，该区域内的场强最高，平均场强为背景场强的 1.2 ~ 1.5 倍；"中场强区"，其平均场强接近背景场强；"低场强区"，其平均场强为背景场强的二分之一左右。下面分别讨论三个区域的磁场分布特性和 θ

角的变化对三个区域磁场分布的影响。

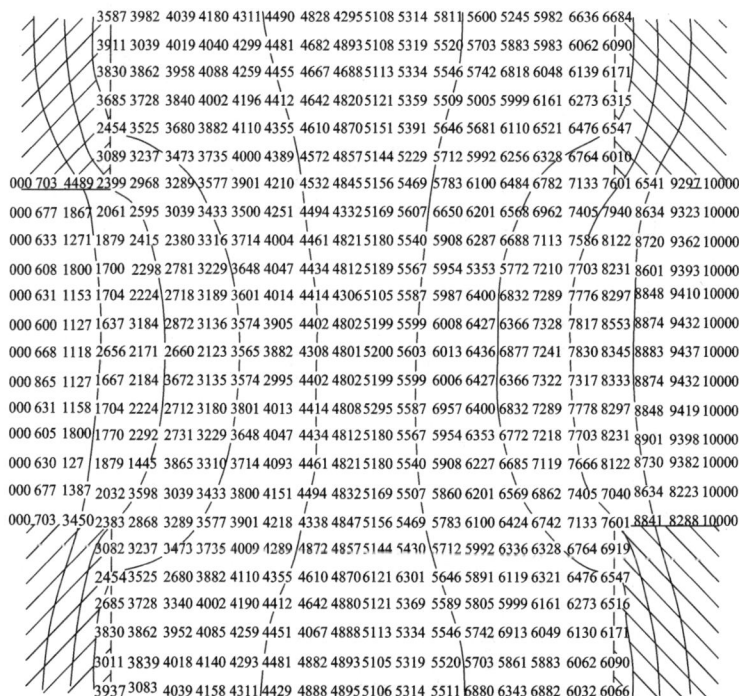

3587 3982 4039 4180 4311 4490 4828 4295 5108 5314 5811 5600 5245 5982 6636 6684
3911 3039 4019 4040 4299 4481 4682 4893 5108 5319 5520 5703 5883 5983 6062 6090
3830 3862 3958 4088 4259 4455 4667 4688 5113 5334 5546 5742 6818 6048 6139 6171
3685 3728 3840 4002 4196 4412 4642 4820 5121 5359 5509 5005 5999 6161 6273 6315
2454 3525 3680 3882 4110 4355 4610 4870 5151 5391 5646 5681 6110 6521 6476 6547
3089 3237 3473 3735 4000 4389 4572 4857 5144 5229 5712 5992 6256 6328 6764 6010
000 703 4489 2399 2968 3289 3577 3901 4210 4532 4845 5156 5469 5783 6100 6484 6782 7133 7601 6541 9292 10000
000 677 1867 2061 2595 3039 3433 3500 4251 4494 4332 5169 5607 6650 6201 6568 6962 7405 7940 8634 9323 10000
000 633 1271 1879 2415 2380 3316 3714 4004 4461 4821 5180 5540 5908 6287 6688 7113 7586 8122 8720 9362 10000
000 608 1800 1700 2298 2781 3229 3648 4047 4481 4812 5189 5567 5954 5353 5772 7210 7703 8231 8601 9393 10000
000 631 1153 1704 2224 2718 3189 3601 4014 4306 5105 5587 5987 6400 6832 7289 7776 8297 8841 9410 10000
000 600 1127 1637 3184 2872 3136 3574 3905 4402 4802 5199 5599 6008 6427 6366 7328 7817 8553 8874 9432 10000
000 668 1118 2656 2171 2660 2123 3565 3882 4400 5200 5603 6013 6436 6877 7241 7830 8345 8883 9437 10000
000 865 1127 1667 2184 3672 3135 3574 2995 4402 4802 5199 5599 6006 6427 6366 7322 7317 8333 8874 9432 10000
000 631 1158 1704 2224 2712 4180 3801 4013 4414 4808 5295 5587 6957 6400 6832 7289 7778 8297 8848 9419 10000
000 605 1800 1770 2292 2731 3229 3648 4047 4481 4812 5180 5567 5954 6353 6772 7218 7703 8231 8901 9398 10000
000 630 127 1879 1445 3865 3310 3714 4093 4481 4821 5180 5540 5908 6227 6685 7119 7666 8122 8730 9382 10000
000 677 1387 2032 3598 3039 3433 3800 4151 4494 4332 5169 5507 5860 6201 6569 6862 7405 7040 8634 8223 10000
000 703 3450 2383 2868 3289 3577 3901 4218 4338 4847 5156 5469 5783 6100 6424 6742 7133 7601 8841 8288 10000
3082 3237 3473 3735 4009 4289 4872 4857 5144 5430 5712 5992 6336 6328 6764 6919
2454 3525 2680 3882 4110 4355 4610 4870 6121 6301 5646 5891 6119 6321 6476 6547
2685 3728 3340 4002 4190 4412 4642 4880 5121 5369 5589 5805 5999 6161 6273 6516
3830 3862 3952 4085 4259 4451 4067 4888 5113 5334 5546 5742 6913 6049 6130 6171
3011 3839 4018 4140 4293 4481 4882 4893 5105 5319 5520 5703 5861 5883 6062 6090
3937 3083 4039 4158 4311 4429 4888 4895 5106 5314 5511 6880 6343 6882 6032 6066

图 6 - 29　多根钢毛介质间矢量磁位 A 分布图
（介质排列形式 1）

首先讨论"高场强区"，图 6 - 32、6 - 33、6 - 34 分别为该区内沿 B_0 方向的场强 B_y、梯度 $\dfrac{\mathrm{d}B_y}{\mathrm{d}y}$ 和磁力 $B_y\dfrac{\mathrm{d}B_y}{\mathrm{d}y}$ 与距介质表面距离的关系曲线。从图中可以看出，各曲线形状与单根钢毛介质的曲线形状类似。B_y、$\dfrac{\mathrm{d}B_y}{\mathrm{d}y}$、$B_y\dfrac{\mathrm{d}B_y}{\mathrm{d}y}$ 均随着距介质表面距离的增加，开

```
328  623  272   1065 1004 1293 1337 1337 1272 1281 1063 572  635  32
458  698  902   1099 1233 1314 1356 1356 1314 1230 1099 902  858  458
754  905  1068  1208 1313 1383 1418 1418 1383 1313 1108 1086 905  756
1150 1213 1299  1381 1448 1494 1519 1519 1494 1448 1331 1299 1313 1150
1673 1612 1596  1605 1624 1641 1651 1651 1641 1024 1806 1566 1612 1673
2387 2004 1038  1861 1825 1810 1806 1806 1810 1825 1862 2938 2094 2357
3206 2593 2276  2115 2030 1986 1968 1988 1986 2030 2115 2276 2383 3298
0 4278 4377 4352 3376 2839 2519 2328 2215 2152 2125 2125 2152 2215 2328 2519 2239 3376 4352 377  4278 0
0 4009 3060 3776 3319 2943 2672 2487 2367 2296 2263 2263 2296 2367 2487 2672 2843 3310 3776 3960 4009 0
0 3701 3705 3529 3251 2983 2763 2597 2482 2410 3375 2375 2410 2482 2597 2763 3989 3251 3520 3705 3781 0
0 3643 3555 3404 3203 2997 2814 2663 2560 2491 2456 2456 2491 2560 2658 2814 2907 3203 3404 3355 3643 0
0 2558 2475 3342 3175 3000 2840 2707 6206 2639 2505 2505 2539 3606 2707 2840 3000 3175 3342 2475 2558 0
0 3531 3449 3321 3164 2999 2847 2718 2620 2654 2521 2521 2554 3520 2718 2847 2999 3181 3321 3449 2531 0
0 3558 3476 3342 3175 3000 2340 2707 2606 2539 2605 2605 2539 2606 2707 2840 3000 3175 3342 3479 3558 0
0 3643 3555 3404 3203 2997 2814 2668 2560 2401 2456 2456 2491 2560 2668 2814 2997 3203 3404 3555 3645 0
0 3792 3705 3529 3251 2983 2763 2597 2432 2410 2375 2375 2410 2482 2597 2763 2983 3251 3529 3705 3702 0
0 4000 3960 3776 3319 2943 2672 2487 2367 2298 2263 2263 2296 3267 2487 2672 2493 3310 3775 3960 4008 0
0 4273 4377 4352 3376 2239 2519 2328 2215 2152 2125 2125 2152 2215 2328 2519 2839 3376 4352 4377 4278 0
3290 2594 2276  2115 2030 1986 1968 1965 1986 2030 2115 2276 2394 3296
2387 2024 1938  1861 1825 1810 1806 1806 1810 1825 1861 1938 2094 2387
1673 1612 1598  1606 1624 1641 1651 1651 1641 1624 1606 1506 1612 1673
1150 1213 1299  1381 1413 1494 1519 1519 1494 1381 1299 1215 1130
754  905  1063  1208 1313 1383 1418 1418 1383 1313 1208 1068 505  754
458  698  920   1099 1230 1314 1356 1356 1314 1230 1099 920  698  458
328  625  372   1065 1204 1294 1337 1337 1294 1204 1065 872  625  328
```

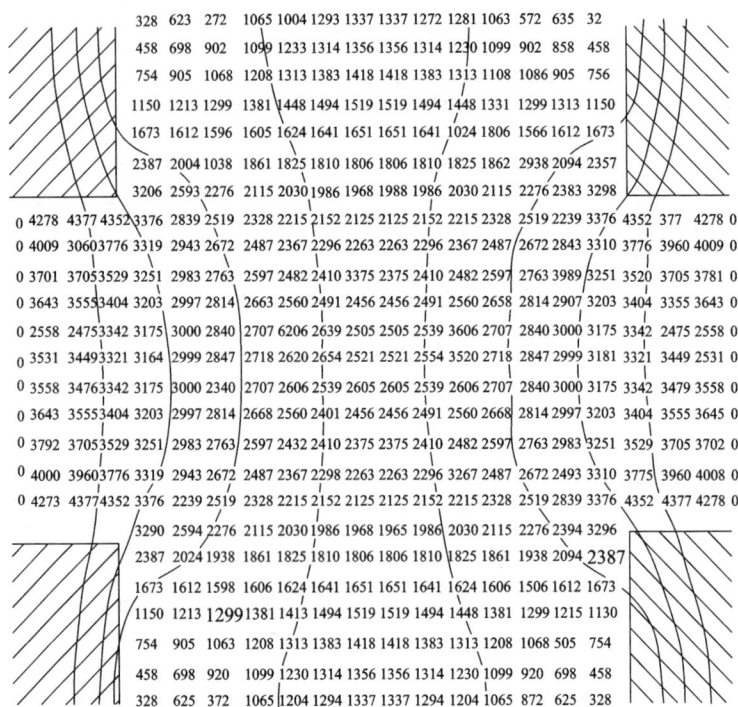

图 6 – 30　多根钢毛介质间磁感应强度 *B* 分布图
（介质排列形式 1）

始跌落很大，然后则逐渐变小，在两介质间距的中心点达最小值。与单根介质周围的磁场分布相比，在相同位置的节点上，B_y、$\dfrac{\mathrm{d}B_y}{\mathrm{d}y}$、$B_y\dfrac{\mathrm{d}B_y}{\mathrm{d}y}$均略低一些。以 $\theta = 0°$ 为例，在距介质表面距离为 10 μm 的节点上，单根介质的 B_y 为 5141 Gs，$\dfrac{\mathrm{d}B_y}{\mathrm{d}y}$为 1.27×10^6 Gs/cm，$B_y\dfrac{\mathrm{d}B_y}{\mathrm{d}y}$为 6.53×10^9 Gs²/cm；多根介质在相同节点上的 B_y

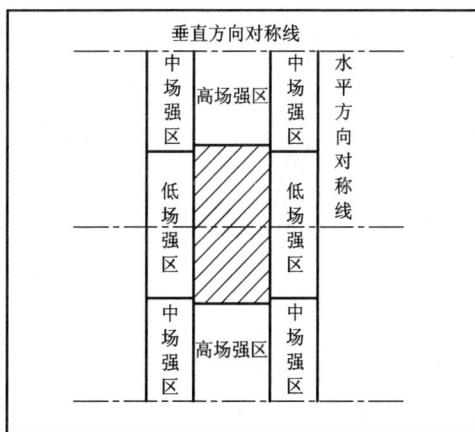

图 6 − 31　介质周围场域分区图

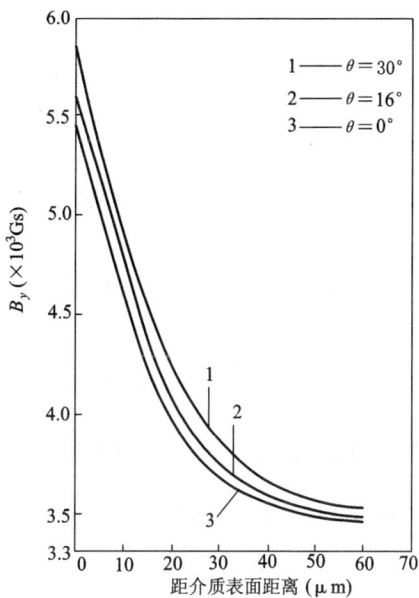

图 6 − 32　B_y 与距介质表面距离关系曲线

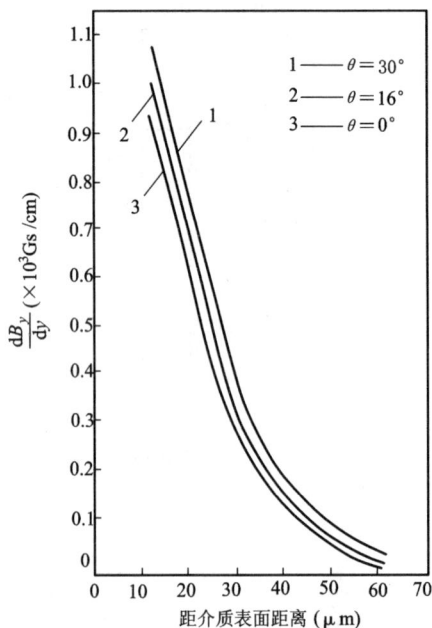

图 6 - 33   梯度与距介质表面距离关系曲线

为 4556 Gs，$\dfrac{\mathrm{d}B_y}{\mathrm{d}y}$ 为 0.95×10^6 Gs/cm，$B_y\dfrac{\mathrm{d}B_y}{\mathrm{d}y}$ 为 4.33×10^9 Gs²/cm。

从图中可以看出，在距介质表面距离相同的节点上 B_y、$\dfrac{\mathrm{d}B_y}{\mathrm{d}y}$、$B_y$

$\dfrac{\mathrm{d}B_y}{\mathrm{d}y}$ 均按 $\theta = 0°$、$\theta = 16°$、$\theta = 30°$ 的顺序增大，说明 θ 角越大，相同

节点上的场强、梯度、磁力值就越大。以距介质表面 10 μm 的节

点为例，$\theta = 0°$ 时，B_y 为 4556 Gs，$\dfrac{\mathrm{d}B_y}{\mathrm{d}y}$ 为 0.95×10^6 Gs/cm，$B_y\dfrac{\mathrm{d}B_y}{\mathrm{d}y}$

为 4.33×10^9 Gs²/cm，而 $\theta = 30°$ 时，B_y 为 4640 Gs，$\dfrac{\mathrm{d}B_y}{\mathrm{d}y}$ 为 $1.0 \times$

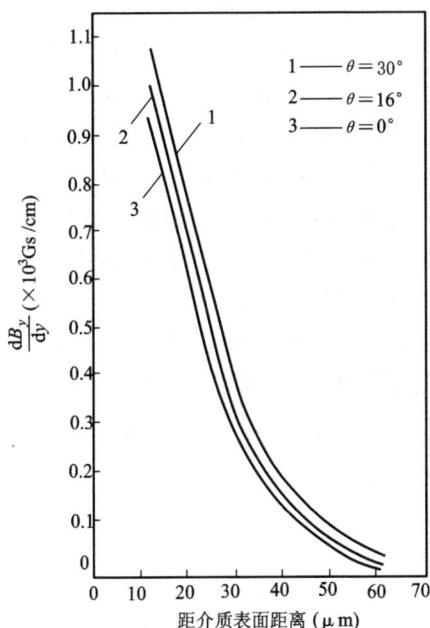

图 6 – 34　磁力与距介质表面距离关系曲线

10^6 Gs/cm, $B_y \dfrac{\mathrm{d}B_y}{\mathrm{d}y}$ 为 4.64×10^9 Gs^2/cm，两者虽存在一定的差别，但差别并不是很大。

"中场强区"磁场分布的特点是各节点的场强值比较接近，因而磁场梯度很小，平均场强接近背景场强。在垂直方向对称线和水平方向对称线上的场强最低，随着离对称线距离的增加，场强逐渐增加，但增加的幅度不大。$\theta = 0°$时，"中场强区"平均场强为 2794 Gs，$\theta = 16°$时，平均场强为 2712 Gs，$\theta = 30°$时，平均场强为 2682 Gs。以上数据说明，θ 小者，"中场强区"的平均场强则较高。

　　"低场强区"的磁场分布也有一定的规律性。在水平方向上离介质侧面越近,场强越低;在垂直方向上与"中场强区"相同,离垂直方向对称线越近,场强越低,"低场强区"场强虽较其他两区域要低得多,但是区域内场强变化幅度较大,特别是磁感应强度在 x 方向上的分量 B_x 在该区域经历了由正到负的变化。此区域的存在无疑对于磁性颗粒的磁化和捕收是不利的,但由于该区域内场强强弱和方向的剧烈变化,有可能对经过该区域的矿粒团产生一种类似"磁翻滚"的作用,而有利于松散那些由于磁团聚而形成的矿粒团,减少磁性矿粒和非磁性矿粒的相互夹杂。当 $\theta = 0°$时,"低场强区"的平均场强为 1431 Gs, $\theta = 16°$时,为 1495 Gs, $\theta = 30°$时,为 1622 Gs,这正好与"中场强区"相反,θ 角越小者,平均场强越低。

第 7 章

磁路计算

7.1　磁路计算基础

7.1.1　磁路欧姆定律

在进行磁选机的磁系设计时，要进行磁路计算。计算的主要任务是确定磁系的磁势，计算的依据是磁路欧姆定律，即

$$\sum \phi R_{Fe} + \sum \phi R_g = IN \qquad (7-1)$$

式中　ϕ——磁通；

　　　R_{Fe}——某一段磁导体的磁阻；

　　　R_g——某一段空气隙的磁阻；

　　　IN——磁系的安匝数，即磁势。

式(7-1)的磁阻如用磁导表示，则为

$$\sum \phi \frac{1}{G_{Fe}} + \sum \phi \frac{1}{G_g} = IN \qquad (7-2)$$

式中　G_{Fe}——某一段磁导体的磁导；

　　　G_g——某一段空气隙的磁导。

7.1.2　气隙磁导的计算

在计算各种磁路时，正确地进行磁导计算是磁路计算中的关

键问题。由于磁极面上的磁通分布往往不均匀和存在边缘磁通，常常使磁导的计算复杂化。现只介绍常用磁路的理论计算法。

此法是根据磁场理论得出磁导的数学公式，利用公式进行磁导的计算。当磁极间气隙较小，利用公式直接计算磁导可得出准确的结果；当磁极气隙较大时，由于有边缘磁通，此时应将磁极间包括边缘磁通的整个磁场沿磁通路径分割成若干个具有简单几何形状的磁通管，先分别算出它们的磁导，然后再计算这些并联着的磁通管的磁导总和。下面计算几种简单磁极形状的磁导，其他形状的磁导见《磁电选矿》（王常任编，冶金工业出版社，1976年）。

1）两平行磁极端面的磁导

（1）磁极端面为矩形

如图 7 - 1 所示，设磁极端面尺寸为 $a \times b$，磁极间的气隙长度为 l_g，当 a/l_g（或 b/l_g）= 10 ~ 20 时，可以忽略边缘磁通，此时气隙磁导为

$$G_g = \mu_0 \frac{S}{l_g} = \mu_0 \frac{ab}{l_g} \qquad (7-3)$$

如果气隙较大必须考虑边缘磁通时，可在式（7-3）中引入修正系数 K，则

$$G_g = \mu_0 \frac{(a + Kl_g)(b + Kl_g)}{l_g} \qquad (7-4)$$

式中 $K = \dfrac{0.307}{\pi}$。

（2）磁极端面为圆形

如图 7 - 2 所示，圆形端面磁极，当 $l_g < 0.4r$ 时，可忽略边缘磁通，气隙磁导为

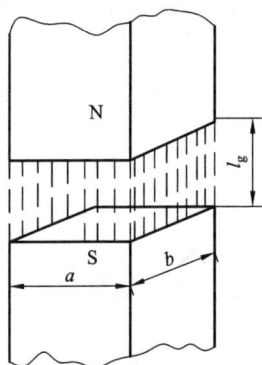

图 7 - 1　端面平行的矩柱形磁极　　**图 7 - 2　端面平行的圆柱形磁极**

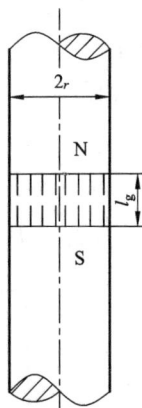

$$G_g = \frac{\mu_0 \pi r^2}{l_g} \qquad (7-5)$$

如 $l_g > 0.4r$ 时，须考虑边缘磁通，这时可用等面积的正方形平面来代替圆形平面以计算磁导，即

$$a^2 = \pi r^2$$

将此值代入式(7-4)。

$$G_g = \frac{\mu_0 (\sqrt{\pi} r + K l_g)^2}{l_g}$$

或

$$G_g = \frac{\mu_0 (1.77r + 0.0977 l_g)^2}{l_g} \qquad (7-6)$$

2）两不平行磁极端面的磁导

对于图 7 - 3 所示的磁极在忽略边缘磁通时，磁极间的气隙磁导为

$$G_g = \int_{r_1}^{r_2} \mathrm{d}G_g = \mu_0 \int_{r_1}^{r_2} \frac{\mathrm{d}s}{l_g} = \mu_0 \int_{r_1}^{r_2} \frac{b \mathrm{d}s}{x\theta} = \mu_0 \frac{b}{\theta} \ln \frac{r_2}{r_1} \qquad (7-7)$$

式中 θ——磁极夹角,弧度计。

利用上式很容易近似计算出磁极端面为尖齿形(图7-4)的磁极的气隙磁导。

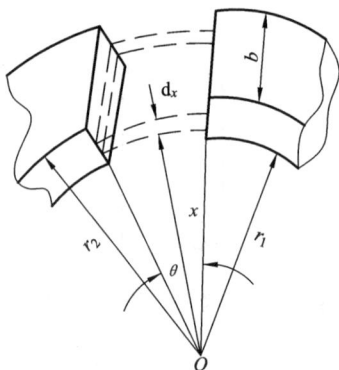

图7-3 端面不平行的磁极   图7-4 磁极端面为尖齿形的磁极

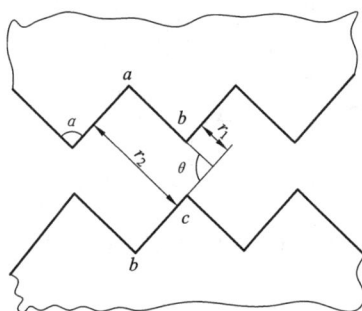

$abcd$ 场域的磁导为

$$G_{g_1} = \mu_0 \frac{b}{\theta} \ln \frac{r_2}{r_1}$$

如果每个磁极端面有 N 个齿,则气隙总磁导为

$$G_g = 2NG_{g_1} \tag{7-8}$$

磁极的等效间隙 $l_{等效}$ 可由下式求出:

令

$$G_{g_1} = \mu_0 \frac{s}{l_{等效}}$$

所以

$$l_{等效} = \mu_0 \frac{s}{G_{g_1}} \tag{7-9}$$

3)两平行圆柱体间的磁导

如图7-5所示,设两个圆柱体的半径为 r_1 和 r_2,长度为 l,间距为 b,根据电磁场的基本理论推出圆柱体侧表面的磁导为

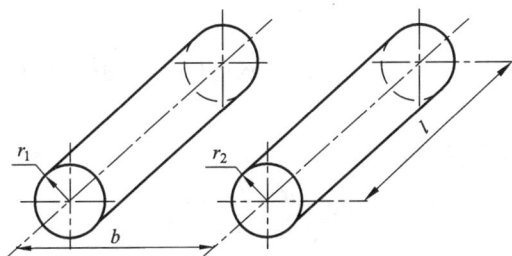

图 7 – 5　轴线平行的圆柱形磁极

$$G_g = \mu_0 \frac{2\pi l}{\ln(K + \sqrt{K^2 - 1})} \qquad (7 - 10)$$

（1）$r_1 \neq r_2$ 时，

$$K = \frac{b^2 - r_1^2 - r_2^2}{2r_1 r_2} \qquad (7 - 11)$$

（2）当 $r_1 = r_2 = r$ 时，

$$K = \frac{b^2 - 2r^2}{2r^2} \qquad (7 - 12)$$

（3）当 $r_1 = r_2$ 且 $b > 8r$ 时，

$$G_g = \mu_0 \frac{\pi l}{\ln \dfrac{b}{r}} \qquad (7 - 13)$$

7.2　永磁系磁路计算

7.2.1　开放磁系磁路计算

1. 磁系主要结构参数的确定

开放磁系主要结构参数包括极距、极宽与极隙宽的比值，磁系高度、宽度、半径和极数等。

1)极距

根据理论推导,常用的筒式磁选机适宜的极距与给矿方式和矿石粒度有关。

上面给矿时,极距为

$$l = \frac{\pi R_1 (d + 2\Delta)}{R_1 - (d + 2\Delta)} \qquad (7-14)$$

下面给矿时,极距为

$$l = \frac{2\pi R_1 (h + 2\Delta)}{R_1 - 2(h + 2\Delta)} \qquad (7-15)$$

式中　　d——被选矿石粒度上限;

　　　　h——矿浆层厚度;

　　　　Δ——圆筒表面到磁极表面的距离;

　　　　R_1——磁极表面的曲率半径。

对于大块矿石按式(7-14)算出的极距值偏高,因为在计算矿粒重心处的磁场力时,假定场强和梯度按直线规律变化,实际是按指数规律变化,考虑这一因素后式(7-14)改为如下形式:

$$l \approx \frac{2\pi R_1 d}{R_1 \ln(1 + \dfrac{d}{\Delta}) - 2d} \qquad (7-16)$$

2)极面宽与极隙宽的比值

在磁选过程中,一般要求磁性矿粒在随运输装置移动过程中受到较均匀的磁力,这就要求有适宜的极面宽 b 和极隙宽 a 的比值。对于电磁系和具有剩余磁感大而矫顽力较小的铝镍钴磁系,$b/a \approx 1.2 \sim 1.5$,而对于各向异性的具有较小的剩余磁感和矫顽力大的锶(钡)铁氧体磁系,b/a 又和极宽有关,其对应关系如表7-1所示。

表 7 - 1　*b* 与 *b/a* 的关系表

b/cm	6.5	13	19.5	26
b/a	1.3	2	3	3

上述比值适用于筒式磁选机。对于干选离心筒式磁选机 b/a 可达 5。

3）磁系高度、宽度、半径和极数

在磁极截面一定时，磁极表面的平均场强随磁极高度增加而增加，但磁极高度增大到一定值时，场强增加幅度减小。磁极适宜高度定为

$$h = (0.7 \sim 0.8)\sqrt{S} \qquad (7-17)$$

式中　S——磁极截面积。

磁系宽度是指磁系沿圆筒轴向的长度。一般宽度小的磁系，越靠近磁系边缘，场强越低；而宽度大的磁系，在很大的范围内磁场是均匀的，因此，磁系宽度在可能的条件下，应尽可能选宽些。

磁系半径的大小对磁选机单位筒长的处理能力有很大影响。随着磁系半径的加大，分选区加长，在磁系内也可多装磁极，可以提高精矿品位和回收率。

磁系的极数可用下式计算：

$$n = \frac{L}{l} + 1 \qquad (7-18)$$

而　　　　　　　$L = R_1\alpha, \ R_1 = R - \Delta$

式中　L——磁系长度；

　　　l——磁系极距；

　　　R_1——磁系半径；

　　　R——圆筒半径；

α——磁系包角；

Δ——圆筒外表面到磁系表面的距离。

干选块矿磁滑轮的磁系包角为 360°，筒式磁选机为 90° ~ 180°，当选出非磁性尾矿时，用小包角，而选出磁性精矿时，用大包角。

干选细粒矿石用的筒式磁选机的磁系包角对同心圆缺磁系为 $(\frac{2}{3} \sim \frac{3}{4}) \times 360°$，对于同心磁系和偏心磁系为 360°。湿选筒式磁选机的磁系包角一般为 106° ~ 128°。

2. 磁系磁路的计算

以永磁筒式磁选机为例进行磁路计算，磁系的结构及尺寸如图 7 - 6 所示，磁系磁铁为 LNG - 4 合金，工作空间的场图用作图法做出。其单元磁通管的平均长度和平均宽度相等。由于磁轭的尺寸不大和磁感应很小，故其磁阻忽略不计。

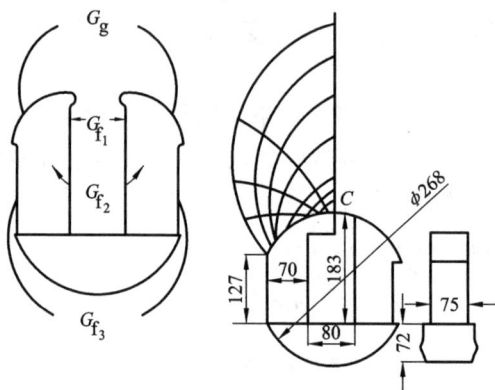

图 7 - 6　磁系尺寸和空气磁导的分配图

1) 磁导计算

（1）工作空间的磁导

$$G_g = \frac{m}{n}b$$

式中　m——磁通管的数量；

　　　n——每个磁通管所取的单元数；

　　　b——磁铁的宽度，cm。

$$G_g = \frac{7}{8} \times 7.5 = 6.56(\text{H})$$

（2）磁铁内侧表面的漏磁导

$$G_{f_1} = \frac{(b + ka)(h_1 + ka)}{a}$$

式中　a——两磁铁内侧表面间的距离，cm；

　　　b——磁铁的宽度，cm；

　　　h_1——磁铁的内侧高度，cm；

　　　k——修正系数，$k = 0.307/\pi$。

在所研究的图中磁铁边缘漏磁通仅在磁铁宽度 b 方向扩散，在高度方向没有扩散，因此上式可简化为

$$G_{f_1} = \frac{(b + ka)h_1}{a} = \frac{\left(7.5 + \dfrac{0.307}{\pi} \times 8\right) \times 18.3}{8} \approx 18.945(\text{H})$$

考虑到沿着磁铁高度磁位的下降及漏磁通沿着磁铁高度的变化，应当取等效磁导，即

$$G_{(f_1)} = \frac{1}{2}G_{f_1} \approx 9.473(\text{H})$$

（3）磁极外侧端面的漏磁导

$$G_{f_2} = \frac{h_1 + h_2}{2} \frac{1}{2\pi} \ln\left(2m^2 - 1 + 2m\sqrt{m^2 - 1}\right) \quad \left(m = \frac{2a_1 + a}{a}\right)$$

式中　a_1——磁铁的厚度，$a_1 = 7$ cm；

　　　h_2——磁铁的外侧高度，cm。

$$G_{f_2} = \frac{18.3 + 12.7}{2} \times \frac{1}{2 \times 3.14} \ln (2 \times 2.75^2 - 1 + 2 \times 2.75$$

$$\sqrt{2.75^2 - 1}) = 2.47\ln 28.22 \approx 8.25 (H)$$

由于上述同样的原因，应当取等效磁导，即

$$G_{f_2} = \frac{1}{2} G_{f_2} \approx 4.13 (H)$$

（4）磁铁外侧表面的漏磁导

已知

$$m' = \frac{2b + a}{a} = \frac{2 \times 7.5 + 8}{8} \approx 2.88$$

$$n = \frac{h_2}{a} = \frac{12.5}{8} \approx 1.56$$

由图 7 - 7 曲线确定比漏磁导为

$$G_{f_3} = 0.14$$

等效磁导为

$$G_{(f_3)} = \frac{1}{2} b G_{f_3} = \frac{1}{2} \times 7.5 \times 0.14 \approx 0.53 (H)$$

（5）磁系的全部几何磁导

$$G = G_g + G_{(f_1)} + G_{(f_2)} + G_{(f_3)}$$
$$= 6.56 + 9.473 + 2 \times 4.13 + 2 \times 0.53 \approx 25.35 (H)$$

2）经过工作空间闭合的有效磁通所产生的磁感的计算

LNG - 4 磁性合金的退磁曲线见图 7 - 8。

由 $B_d S_m = H_d l_m G$，得

$$\frac{B_d}{H_d} = \frac{l_m}{S_m} G = \tan\theta \qquad (7 - 19)$$

式中　B_d——磁铁中性面处的视在剩余磁感应强度，Gs；

　　　　H_d——磁铁的退磁场强，Oe；

　　　　l_m——磁铁的总长度，cm；

S_m——磁铁的截面积，cm^2；

G——磁铁的磁导，cm。

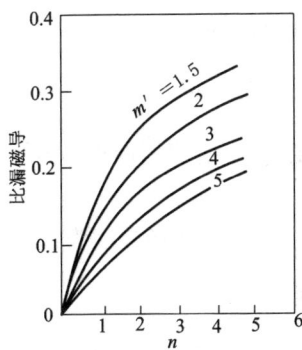

图7-7　磁铁两个外侧的相同
矩形平面间的磁导曲线

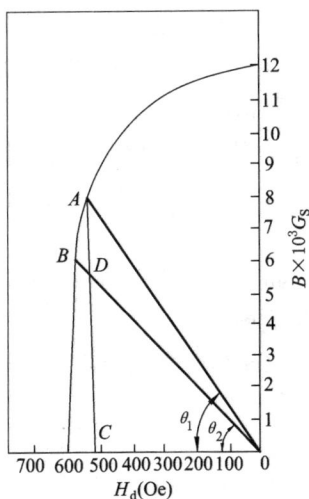

图7-8　LNG-4磁性合金退磁曲线

在退磁曲线上引出切角为 θ_1 的斜线 OA，令

$$\tan\theta_1 = \frac{l_m}{S_m}G = \frac{2\times\left(\dfrac{18.3+12.7}{2}\right)}{7.5\times7.0}\times25.20\approx14.88$$

整个磁系充磁，因而 A 点是磁系的工作点。继续在退磁曲线上引出切角为 θ_2 的斜线 OB，令

$$\tan\theta_2 = \frac{l_m}{S_m}G_{(f)}$$

$$= \frac{2\times\left(\dfrac{18.3+12.7}{2}\right)}{7.5\times7.0}\times(9.473+2\times4.13+2\times0.53)$$

$$= 11.10$$

斜线 OB 和纵坐标 AC 的交点为 D, D 点将纵坐标分成两部分; CD 为和漏磁通成比例的磁感,而 AD 为和有效磁通成比例的磁感。显而易见,循环于磁系中的有效磁通可由下式确定:

$$\Phi_{有效} = (B_A - B_D)S_m = 1950 \times 7.5 \times 7.00 = 102375 \text{(Wb)}$$

磁极间的工作空间分为 $m = 7$ 个磁通管,其中每个磁通管的磁通又都取为常数,所以每个磁通管的磁通量为

$$\Phi_m = \frac{\Phi_{有效}}{m} = \frac{102375}{7} = 14625 \text{(Wb)}$$

将每个磁通管的磁通除以该管的截面积,我们便得到管中的平均磁场强度。

对于位于第四个磁通管中心的计算点 C,磁场强度为

$$H = \frac{14625}{8.5 \times 2.0} \approx 860 \text{(Oe)}$$

表 7-2 列出各磁通管中心处磁场强度的计算值和测量值,结果表明,计算值接近测量值。

表 7-2 磁场强度计算值和测量值

管号	1	2	3	4	5	6	7
计算值	1782	1620	1485	860	445	223	100
测量值	1760	1670	1500	950	500	170	—

7.2.2 闭合磁系磁路计算

以日字形永磁系为例进行场强的计算。

日字形永磁系的结构见图 7-9,现介绍这种磁系工作隙中场强的计算方法。影响磁极工作隙磁场强度的因素有磁铁尺寸、极头尺寸、极距、磁铁之间距离以及磁路闭合情况等。在一定范围内增

加磁铁高度、减少极头厚度和极距，采用闭合磁路，可以提高磁极工作隙的磁场强度。

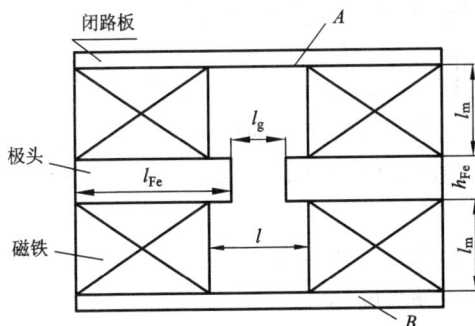

图 7-9　日字形永磁系

由磁通连续性原理知，

$$\int_S \boldsymbol{B} \cdot \mathrm{d}\boldsymbol{S} = 0 \qquad (7-20)$$

在理想状态下，对于日字形永磁路，上式可写成

$$2B_\mathrm{d}S_\mathrm{m} = B_\mathrm{g}S_\mathrm{g} \qquad (7-21)$$

式中　B_d——磁铁的工作点，Gs；

　　　S_m——磁铁的截面积，cm^2；

　　　B_g——磁极工作隙中的磁感应强度，Gs；

　　　S_g——磁极工作隙的截面积，cm^2。

考虑到磁路漏磁和磁铁长宽比的影响，上式应写成

$$2B_\mathrm{d}S_\mathrm{m} = KfB_\mathrm{g}S_\mathrm{g} = KfH_0S_\mathrm{g}$$

$$H_0 = \frac{2B_\mathrm{d}S_\mathrm{m}}{KfS_\mathrm{g}} \qquad (7-22)$$

式中　H_0——磁极工作隙中的背景磁场强度，Oe；

　　　K——和磁铁长宽比有关的常数，即

　　　磁铁长宽比 $a/b \geqslant 1.31$ 时，$K = 0.89$；

磁铁长宽比 $a/b = 1$ 时, $K = 1$;

磁铁长宽比 $a/b < 1.31$ 时, $K = 1.12$

f——漏磁系数, 它可用下式计算:

$$f = 1 + \frac{l_g}{S_g}\left[1.7P_1\frac{l_{Fe}}{l_{Fe} + l_g} + 0.63l_m\sqrt{\frac{P_2}{l} + 0.25}\right] \qquad (7-23)$$

式中　P_1——磁极头的断面周长, cm;

　　　P_2——磁铁的断面周长, cm;

　　　l_g——极距, cm;

　　　l_{Fe}——磁极头长度, cm;

　　　l_m——磁铁高度, cm;

　　　l——磁铁之间距离, cm。

利用式(7-22)进行下列实际计算。

(1) 有一日字形闭路磁系, 计算该磁系工作隙中的背景磁场强度。已知:

$l_g = 11.5$ cm, $l_m = 25.2$ cm, $l_{Fe} = 58.75$ cm,

$l = 22.5$ cm, $S_g = 12 \times 105$ cm^2, $S_m = 5591.25$ cm^2,

$P_1 = 240$ cm, $P_2 = 316$ cm。

磁系为闭路状态时, 磁铁上下均有闭路板, 磁极工作隙中的背景磁场强度的计算如下:

已知:

$$f = 1 + \frac{l_g}{S_g}\left[1.7P_1\frac{l_{Fe}}{l_{Fe} + l_g} + 0.63l_m\sqrt{\frac{P_2}{l} + 0.25}\right]$$

$$= 1 + \frac{11.5}{1260} \times \left[1.7 \times 240 \times \frac{58.75}{58.75 + 11.5} + \right.$$

$$\left. 0.63 \times 25.2\sqrt{\frac{316}{22.5} + 0.25}\right]$$

$$\approx 4.66$$

$a/b = 1.97$, $K = 0.89$;

$$L/\sqrt{S} = 2l_m/\sqrt{S_m} = \frac{2 \times 25.2}{\sqrt{5591.25}} \approx 0.67$$

磁铁退磁系数的回归方程为

$$N = -1.94 + \frac{3.41}{L/\sqrt{S}} - \frac{0.34}{L/\sqrt{S}} + \frac{9.83}{a/b} - \frac{21.69}{(a/b)^2} + \frac{16.08}{(a/b)^3}$$

$$= -1.94 + 5.09 - 0.76 + 4.99 - 5.59 + 2.10$$

$$= 3.89$$

因为

$$B_d = 4\pi M - H_d = 4\pi \frac{H_d}{N} - H_d \quad (H_d = NM)$$

所以

$$\frac{B_d}{H_d} = \frac{4\pi}{N} - 1 = \frac{4 \times 3.14}{3.89} - 1 \approx 2.23$$

磁铁的退磁曲线如图 7 - 10 所示,利用 B_d/H_d 由图 7 - 12 查出

$$B_d \approx 2550 \text{ Gs}$$

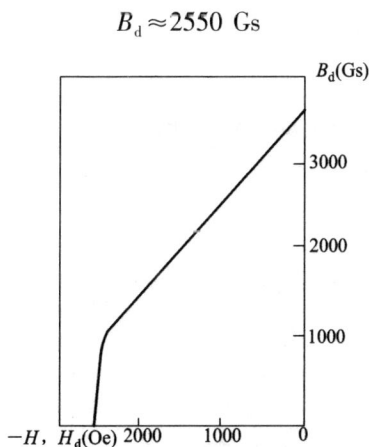

图 7 - 10　退磁曲线

将有关数值代入式(7-30)中,得出

$$H_0 = \frac{2 \times 2550 \times 5591.25}{0.89 \times 4.66 \times 12 \times 105} \approx 5457 \ (\text{Oe})$$

根据实验资料,磁系的闭路状态改为开路状态时,磁极工作隙中背景磁场强度下降24%左右。因此,开路磁系工作隙中的背景磁场强度的计算值为

$$H_0 = 5457 - 5457 \times 0.24 \approx 4147 \ (\text{Oe})$$

H_0 的实测值平均为 4000 Oe,可见,H_0 的计算值符合实际。

(2)已知极距 $l_g = 1.5 \text{ cm}$,磁极工作隙的截面积 $S_g = 1.2 \times 5.5 = 6.6 \text{ cm}^2$,确定在气隙中能产生 $\geqslant 5000$ Oe 磁场强度的磁路各部分尺寸。

采用闭路磁系结构,磁铁的退磁曲线见图 7-12。

采用前述的计算方法,选择不同参数进行试算,最后定为

$l_g = 1.5 \text{ cm}, l_m = 3.2 \text{ cm}, l_{Fe} = 9.0 \text{ cm}, l = 2.5 \text{ cm}$

$P_1 = 19.4 \text{ cm}, P_2 = 34 \text{ cm}$

$a/b = 8.5/6.5 = 1.31$。

此时,

$L/\sqrt{S} = 2l_m/\sqrt{S} = 0.86, N = 3.61$

$\dfrac{B_d}{H_d} = \dfrac{4\pi - 3.61}{3.61} \approx 2.5$

$B_d = 2650 \text{ Gs}$

$H_0 = \dfrac{2 \times 2650 \times 8.5 \times 6.5}{0.89 \times 9.17 \times 6.6} \approx 5436 > 5000 \text{ Oe}$

说明磁路各部分尺寸满足要求。

如果磁铁尺寸不变。可以通过第一次计算出的磁极工作隙中的背景磁场强度,推算出改变磁路某一几何尺寸后的磁极工作隙中的背景磁场强度。

假设第一次的磁极工作隙中的背景磁场强度计算值为

$$H_0 = \frac{2B_d S_m}{KfS_g} \qquad (7-24)$$

而第二次的磁极工作隙中的背景磁场强度计算值为

$$H_0' = \frac{2B_d' S_m'}{K'f'S_g'} \qquad (7-25)$$

将式(7-25)除以式(7-24)得

$$H_0' = \frac{\dfrac{B_d' S_m' H_0}{K'f'S_g'}}{\dfrac{B_d S_m}{KfS_g}}$$

已知　$B_d' = B_d$，$S_m' = S_m$ 和 $K' = K$。

所以上式可写成

$$H_0' = \frac{fH_0 S_g}{f'S_g'} \qquad (7-26)$$

式中　f、H_0 和 S_g 已知。

现有一磁路的 $l_g = 1.5$ cm，$l_m = 3.2$ cm，$l_{Fe} = 7.2$ cm，$l = 2.9$ cm，$P_2 = 30$ cm；

磁铁的尺寸：$a \times b = 8.5$ cm $\times 6.5$ cm，$S_g = 5 \times h_{Fe}$ cm^2（h_{Fe} 为极头厚度）

计算 $h_{Fe} = 1.5$ cm 和 2.0 cm 时的磁极工作隙中的背景磁场强度。

首先利用已知条件计算 $h_{Fe} = 1$ cm 时的磁极隙中的磁场强度 H_0，然后再用式(7-26)计算 $h_{Fe} = 1.5$ cm 和 2.0 cm 时的磁极隙中的磁场强度 H_0'。

经过计算，$h_{Fe} = 1$ cm，磁路为闭路时，$H_0 = 6540$ Oe，磁路为半闭路时（磁场强度下降按 11% 计），$H_0 = 5820$ Oe，磁路为开路时（磁场强度下降按 24% 计），$H_0 = 4970$ Oe。

用式(7-26)计算 $h_{Fe} = 1.5$ cm 和 2.0 cm 时的磁极隙中的磁场强度, H_0' 值见表 7-3。磁场强度计算值接近实际值。

表 7-3 磁场强度计算值和实测值

h_{Fe}/cm	磁路形式	H_0 计算值/Oe	H_0 实测值/Oe	计算误差/%
1.5	开　路	4600	4360	5.5
	半闭路	5385	5200	3.6
	闭　路	6050	5775	4.8
2.0	开　路	4260	3900	9.2
	半闭路	4980	4740	5.1
	闭　路	5600	5355	4.8

7.3　电磁系磁路计算

目前采用电磁系的主要是强磁选机,弱磁选机多用永磁系。强磁选机都用闭合磁系,所以本章主要介绍电磁闭合磁系的磁路计算。

7.3.1　磁系结构参数的确定

强磁场磁选机的磁系包括磁极头、铁芯、聚磁介质、磁轭和激磁线圈等部分。

良好的磁系结构须满足以下三个基本条件:

(1)当铁芯和磁极头接近磁饱和时,应能在磁极工作隙或磁介质间产生符合要求的磁场强度;不满足这一条件,常常是因为空气隙过大,极头面积太小以及铁芯截面积不足等引起的。

(2)铁磁导体磁饱和出现的位置应尽可能地靠近磁极头。如果要求的磁场强度较高,磁饱和出现的先后顺序应当是:磁极头—铁芯—磁轭。通常是铁芯—磁极头—磁轭。如果磁轭先饱和，则磁势会有较大的浪费。

（3）激磁线圈应尽可能地靠近磁极工作隙。这样，一方面可使磁路中磁感应强度的最大值向工作隙靠近；另一方面当铁芯中磁感应强度较大时，可减少一些偏离铁芯轴向的磁通，以减少漏磁。

下面介绍磁系结构参数的确定和选择。

1. 磁极面尺寸的确定

为了提高磁极工作隙或磁介质中的磁场强度，磁极头面积收缩是有利的，而且还可以避免铁芯先饱和。极面高度大高，磁介质的高度就高，对增加选分时间有利，而极面宽度大，将有助于提高磁选设备的处理能力。为保证磁极或磁介质气隙中的磁场强度，磁极面尺寸还应满足以下条件，即

$$H \leqslant B_s (1 - l_g \sqrt{r^2 + l_g^2}) \tag{7-27}$$

式中　H——设计时在磁极工作隙或磁介质中应达到的磁场强度，Oe；

　　　B_s——饱和磁感应强度，纯铁 $B_s = 20 \sim 21.4$ kGs；

　　　l_g——工作隙或等效工作隙长度之半，cm；

　　　r——磁极面的等效半径 $r = \sqrt{\dfrac{S}{\pi}}$（$S$ 为极面的截面积），cm。

2. 工作隙或等效工作隙的选择

磁选设备的处理能力与磁极间的空气隙有关，一般空气隙大，处理能力大，但实际表明，在磁场强度大体相同时，同样类型的磁选设备的重量大致和 $(2l_g)^2$ 成正比，因此，磁极间空气隙大的磁选设备，其单位重量的处理能力较之空气隙小的磁选设备的处理能力低，为了提高处理能力，磁选设备采用数个小气隙要比采用单一大气隙优越得多。

3. 铁芯等效直径的确定

一般说来，铁芯等效直径越大，单位安匝数所能提供的磁通就越多。如铁芯长度为 l，设计时应尽可能使 $l/2\sqrt{\dfrac{S}{\pi}} \leqslant 1$（$S$ 为铁芯的截面积），以便在磁极间的气隙内得到高的磁场强度，如 $l/2\sqrt{\dfrac{S}{\pi}} > 1.5$ 时，一般将会引起工作隙内的磁场强度有较大幅度的下降。

4. 磁轭截面积的选择

强磁场磁选机的磁轭所用材料为工业纯铁，工业纯铁的磁化曲线的膝点在 $M/M_s = 70\%$ 左右处，超过这一点，磁感应强度随磁场强度的增加而缓慢地增加。一般选取磁轭的截面积为铁芯截面积的 1.4 倍左右。但如果要求设备达到的磁场强度不很高（如为 10000 ~ 12000 Gs），也可以不考虑磁轭截面积的增加，而对于采用低碳钢的磁轭，适当增加磁轭的截面积是必要的。

7.3.2 闭合磁系磁路计算

对于闭合磁系的磁路计算可以用等效磁路法，它是基于磁路和电路之间的相似性，用类似于电路的网络来模拟和等效于所计算的磁路。

1. U 形磁路的计算

闭合磁系常用 U 形磁路。这种磁路的计算，一般是将磁通连续变化的铁磁体分成相等或不相等的数段，计算各段的磁位降和磁通，最终确定磁路的磁势。

琼斯型强磁选机的磁路属 U 形磁路，现以它为例介绍 U 形磁路的计算方法。

磁路及分段情况如图 7-11 所示。由于磁路左右对称，故只画出一半。

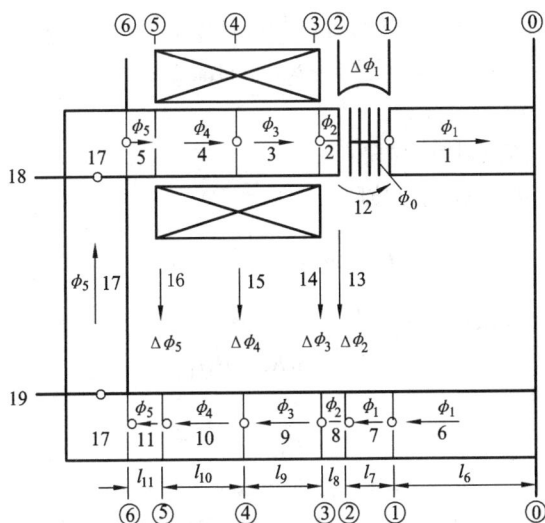

图 7-11　琼斯型强磁选机的磁路示意图

计算的任务是在已知选别空间磁场强度 H_0 或磁通 Φ_0 时，求所需要的磁势，即安匝数 IN。

计算时假定铁磁导体的截面积相同，分选腔中的磁介质（齿板）和压盖的尺寸较小，其磁阻忽略不计。

计算中采用的符号如下：

R_0——工作气隙的磁阻；

R_1——旋转铁盘的磁阻；

R_2、R_5——未绕线部分的铁芯磁阻；

R_3、R_4——绕线部分的铁芯磁阻；

$R_6 \sim R_{11}$——和 $R_1 \sim R_5$ 对应的下磁轭的磁阻；

R_{12}——磁极头和铁盘之间的漏磁阻；

$R_{13} \sim R_{16}$——铁芯和下磁轭之间的漏磁阻；

R_{17}——侧磁轭的磁阻；

R_{18}、R_{19}——磁轭接合处的气隙磁阻；

$\Delta\phi_1 \sim \Delta\phi_5$——磁阻 $R_{12} \sim R_{16}$ 上的漏磁通；

F——线圈磁势。

下面计算各段磁位降：

（1）选别空间的磁位降

$$U_0 = \phi_0 R_0 = \frac{\phi_0}{G_0} = H_0 l_0 \qquad (7-28)$$

（2）旋转铁盘的磁位降

$$U_1 = \phi_1 R_1 = H_1 l_1$$

$$\Delta\phi_1 = \frac{U_0}{R_{12}} = U_0 G_{12}$$

$$\phi_1 = \phi_0 + \Delta\phi_1 = \Delta\phi_1 + U_0 G_{12} \qquad (7-29)$$

（3）旋转铁盘和选别空间下部的下磁轭的磁位降

$$U_6 + U_7 = \phi_1(R_6 + R_7) = H_1(l_6 + l_7) \qquad (7-30)$$

（4）断面②—②右边各段总磁位降

$$U_2 = U_0 + U_1 + U_6 + U_7 = H_0 l_0 + H_1(l_1 + l_6 + l_7) \qquad (7-31)$$

（5）断面③—③右边各段总磁位降

$$U_3 = U_2 + \phi_2(R_2 + R_8) = U_2 + H_2(l_2 + l_8) = U_2 + 2H_2 l_2$$

$$\Delta\phi_2 = \frac{U_2}{R_{13}} = U_2 G_{13} = U_2 g l_2$$

$$\phi_2 = \phi_1 + \Delta\phi_2 = \phi_1 + U_2 g l_2 \qquad (7-32)$$

式中　g——单位长度漏磁导。

（6）断面④—④右边各段总磁位降

$$U_4 = U_3 + \phi_3(R_3 + R_9) - fl_3 = U_3 + H_3(l_3 + l_9) - fl_3 = U_3 + 2H_3 l_3 - fl_3$$

式中　f——铁芯单位长度磁势，$f = \dfrac{F}{l} = \dfrac{IN}{l_3 + l_4}$。

$$\Delta\phi_3 = \frac{U_3}{R_{14}} = U_3 G_{14} = U_3 g l_3$$

$$\phi_3 = \phi_2 + \Delta\phi_3 = \phi_2 + U_3 g l_3 \qquad (7-33)$$

(7)断面⑤—⑤右边各段总磁位降

$U_5 = U_4 + \phi_4 (R_4 + R_{10}) - f l_4 = U_4 + H_4 (l_4 + l_{10}) - f l_4 = U_4 + 2H_4 l_4 - f l_4$

$$\Delta\phi_4 = \frac{U_4}{R_{15}} = U_4 G_{15} = U_4 g l_4$$

$$\phi_4 = \phi_3 + \Delta\phi_4 = \phi_3 + U_4 g l_4 \qquad (7-34)$$

(8)断面⑥-⑥右边各级总磁位降

$$U_6 = U_5 + \phi_5 (R_5 + R_{11}) = U_5 + H_5 (l_5 + l_{11})$$
$$= U_5 + 2H_5 l_5$$

$$\Delta\phi_5 = \frac{U_5}{R_{16}} = U_5 G_{16} = U_5 G_{16} = U_5 g L_5$$

$$\phi_5 = \phi_4 + \Delta\phi_5 = \phi_4 + U_5 g L_5$$

至此得到 5 条横向支路磁通的第一次迭代值。H_i 值可根据铁磁导体的材料的 $B = f(H)$ 关系曲线或关系式求出 $(i = 1, 2, \cdots, 11, 17)$。

用试探法先假定一 f 值,按上述过程计算,最后得到 U_5' 值,而

$$U_5 = \phi_5 (R_5 + R_{11} + R_{17} + R_{18} + R_{19}) = H_5 (2l_{11} + l_{17}) + \frac{B_5}{\mu_0} (2l_{18})$$

如 $U_5' \approx U_5$,则说明假定的 f 值即为所求之值,否则,需重新假定 f 值再行计算;如 $U_5' < U_5$,则说明 f 值选择偏低,应增大。

上式中 $\frac{B_5}{\mu_0} (2l_{18})$ 项为磁轭接合处 18、19 的磁位降。B_5 为接合缝中的磁感应强度,它近似等于其附近铁导磁体的磁感应强度。

为了便于假定 f 值，可利用近似的方法先确定 IN 值。

$$IN = (IN)_\delta + (IN)_T + (IN)_F \qquad (7-35)$$

式中　$(IN)_\delta$——分选空间中的磁势；

　　　$(IN)_T$——铁导磁体中的磁势；

　　　$(IN)_F$——非分选空间中的磁势。

根据经验，$(IN)_T$ 和 $(IN)_F$ 之和为 IN 的 $15\% \sim 30\%$，故

$$(IN)_T + (IN)_F = (0.15 \sim 0.30)IN = KIN$$

$$IN = (IN)_\delta + KIN = \frac{(IN)_\delta}{1-K} \qquad (7-36)$$

上式也是经验法计算磁势的公式。

用全回路上的磁势 F 和磁位降 $H_i l_i$ 之差的相对值作为判断计算是否完成的标志，即

$$\begin{aligned}
\frac{\Delta F}{F} &= \{F - [\phi_0 R_0 + \phi_1 R_6 + \sum_{i=1}^{5} \phi_i(R_i + R_{i+6}) + \\
&\quad \phi_5(R_{17} + R_{18} + R_{19})]\}/F \\
&= \{F - [H_0 l_0 + H_1 l_6 + \sum_{i=1}^{5} H_i(l_i + l_{i+6}) + H_5 l_{17} \\
&\quad + \frac{B_5}{u_0}(l_{18} + l_{19})]\}/F \\
&\leqslant \varepsilon \qquad (7-37)
\end{aligned}$$

ε 称为控制变量。ε 值和路磁计算的精度要求有关，而计算精度应根据磁导、$B-H$ 关系的计算和测量精度而定。如果它们的精度不高，把 ε 值定得很小就没有必要。$\varepsilon = 0.001 \sim 0.1$。一般取 $\varepsilon = 0.01$。公式 $(7-37)$ 左边 $\dfrac{\Delta F}{F}$ 应取绝对值。

如果 $\Delta F/F > \varepsilon$，则应重新假定 f 值再计算。

2. 螺线管磁系磁路计算

U 形磁系的计算是将磁路分成数段，在已知分选空间场强的情

况下计算各段的磁位降和磁通,最后求磁势。螺线管磁系的计算可以采用另一种相反的方法,即先给定磁势和磁阻,然后求磁通。

　　下面以周期式高梯度磁分离装置为例介绍这种方法的应用。图 7 – 12 为装置图,图 7 – 13 为等效磁路图。

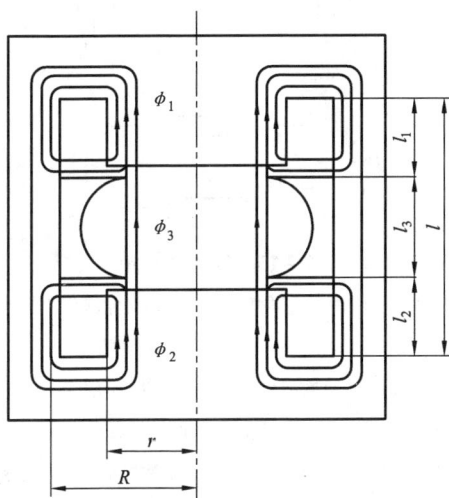

图 7 – 2　高梯度磁分离装置的磁路示意图

已知: IN, $N_1 = l_1 N/l$, $N_2 = l_2 N/l$ 和 $N_3 = l_3 N/l$;
求工作气隙中的磁通 ϕ 值。

根据图 7 – 13 的等效磁路图得:

$$IN_1 = \phi_1 (R_1 + R_{10}) - \phi_3 R_{10}$$

$$\phi_1 = \frac{\phi_3 R_{10}}{R_1 + R_{10}} + \frac{IN_1}{R_1 + R_{10}} \qquad (7-38)$$

$$IN_2 = \phi_2 (R_2 + R_{20}) - \phi_3 R_{20}$$

$$\phi_2 = \frac{\phi_3 R_{20}}{R_2 + R_{20}} + \frac{IN_2}{R_2 + R_{20}} \qquad (7-39)$$

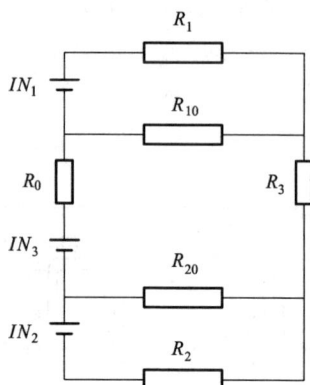

图 7 – 13　等效磁路图

IN_1、IN_2 和 IN_3—上磁级、下磁极和气隙部分的磁势

R_1—上磁极和与它对应部分磁轭的磁阻

R_2—下磁极和与它对应部分磁轭的磁阻

R_3—对应于气隙部分的磁轭磁阻

R_0—气隙磁阻　R_{10}、R_{20}—上磁极、下磁极部分的归化漏磁阻

$$IN = \phi_1 R_1 + \phi_3 R_3 + \phi_2 R_2 + \phi_3 R_0 \qquad (7-40)$$

将式(7 – 38)和式(7 – 39)代入式(7 – 40)，整理后得出：

$$\phi_3 = \frac{IN\left(1 - \dfrac{R_1}{R_1 + R_{10}} \cdot \dfrac{N_1}{N} - \dfrac{R_2}{R_2 + R_{20}} \cdot \dfrac{N_2}{N}\right)}{R_0 + R_3 + \dfrac{R_1 R_{10}}{R_1 + R_{10}} + \dfrac{R_2 R_{20}}{R_2 + R_{20}}} \qquad (7-41)$$

从式(7 – 41)可看出，这个等效磁路的磁阻是由一个串联的磁阻和两个并联的磁阻组合而成。在式(7 – 41)中，IN、N_1/N、N_2/N 是事先给定的，而 R_0、R_{10} 和 R_{20} 在已知磁系各部分几何尺寸时可以计算出。未知的仅仅是和铁磁部分有关的磁阻 R_1、R_2 和 R_3。可先假定铁磁阻为零，这样便可从式(7 – 41)先求出 ϕ_3，而从式(7 – 38)和式(7 – 39)分别求出 ϕ_1 和 ϕ_2。此时的 ϕ_3 值是零次近似值。

根据 $B = \phi/S$ 和 $B = f(H)$ 关系求出相应的 H 值,磁路中的各段铁磁阻便可由下式确定:

$$R = \frac{\sum Hl}{\phi} \qquad (7 – 42)$$

式中 $\sum$ 是对该段中各部分磁阻求和。

算出了 R_1、R_2 和 R_3 之后再将它们代入式(7 – 41)又求出 ϕ_3 值(是一次近似值),而从式(7 – 38)和式(7 – 39)又分别求出 ϕ_1 和 ϕ_2 值。然后用上述相同计算方法循环计算,直到相邻两次近似的 ϕ_3 值接近,计算便可终止,最后一次近似的 ϕ_3 值即为所求的气隙磁通。

3. 螺线管磁系磁路的简易计算

前面介绍了螺线管磁系磁路计算,下面介绍一种简易计算的方法。

铠装螺线管是窗框形磁路,其结构见图 7 – 14。

铠装螺线管磁系的磁势主要由两部分组成,一为空气隙内的磁势,另一为铁铠内的磁势。

空气隙的磁势由下式确定:

$$F_\delta = H_\delta L_\delta \qquad (7 – 43)$$

式中　H_δ——空气隙的磁场强度;

　　　L_δ——空气隙的长度,即分选腔的高度。

铁铠的磁势由下式确定:

$$F_T = H_T L_T \qquad (7 – 44)$$

式中　H_T——铁铠内的磁场强度,在选定铁铠的磁感应强度后,

　　　　　可在铁铠的磁化曲线上查出 H_T;

L_T——铁铠中的磁路长度。

为了确定铁铠中的磁路长度 L_T，需确定铁铠的各部分尺寸。对于图 7-14 所示的圆柱形螺线管，其上盖(或下底)厚度可根据磁通连续性原理确定，即

$$\pi a_1^2 H_\delta + \pi(a_2^2 - a_1^2)H_d = 2\pi a_2 h B_T \qquad (7-45)$$

式中 H_d——导体所占环状空间的磁场强度；

  B_T——铁铠内的磁感应强度，一般按小于材料的饱和值选取；

  h——铁铠上盖(或下底)厚度。

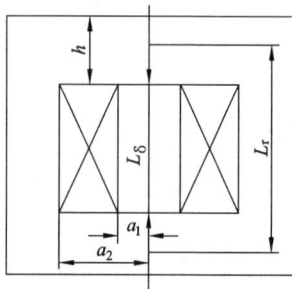

图 7-14 窗框形磁路

H_d 值在环状空间的内缘等于 H_δ，其由内缘到外缘随着线圈匝数的减少而减少，至外缘时 H_d 等于零。

根据场强按直线变化的规律，H_d 可由下式确定，即

$$H_d = \frac{H_\delta + 0}{2} = \frac{H_\delta}{2} \qquad (7-46)$$

此时式(7-45)中的 H_d 用 $\dfrac{H_\delta}{2}$ 代替，则

$$\pi a_1^2 H_\delta + \pi (a_2^2 - a_1^2) \frac{H_\delta}{2} = 2\pi a_2 h B_T \qquad (7-47)$$

所以铁铠厚度为

$$h = \frac{(a_1^2 + a_2^2) H_\delta}{4 a_2 B_T} \qquad (7-48)$$

铁铠圆筒部分的厚度,可按同样方法确定。

对于鞍形铠装螺线管(图 7-15)亦可按磁通连续性原理得到下式:

$$2wlH_\delta + 2blH_d = 2hlB_T \qquad (7-49)$$

式中　l——螺线管内腔长度。

$H_d = \dfrac{H_\delta}{2}$,则铁铠厚度为

$$h = \frac{H_\delta}{2B_T}(2w + b) \qquad (7-50)$$

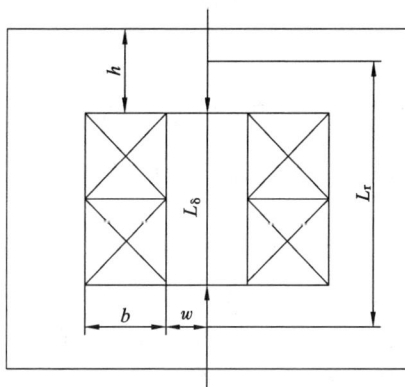

图 7-15　鞍形铠装螺线管剖面图

　　铁铠的尺寸确定之后,铁铠内的磁路长度便容易确定,从而铁铠内的磁势也就可以按式(7-44)进行计算了。

　　上面介绍的是铁铠厚度的近似计算法,下面介绍详细计算方法。

　　1)圆柱筒铁铠厚度的计算

　　圆柱形螺线管磁系及其在 $O \sim R_2$ 间场强的分布规律如图7-16所示。

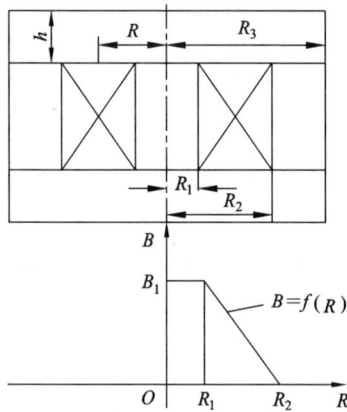

图7-16　螺线管磁系及其在 $O \sim R_2$ 间场强的分布

　　由于分选腔内在径向 $O \sim R_1$ 范围内场强 B_1 是均匀的,所以 $B = f(R)$ 曲线在此段是水平线,在分选腔外导体所占据的空间内,在 $R_1 \sim R_2$ 范围内,随着 R 的增大,由于在 R 处产生磁通的安匝数线性减少,使该处的场强也线性减小,故 $B = f(R)$ 曲线在此段为斜直线。

　　由 $R = R_1$ 时, $B = B_1$; $R = R_2$ 时, $B = O$;得出在 $R_1 \sim R_2$ 之间场强的分布式为

$$B = -\frac{B_1}{R_2 - R_1}R + \frac{B_1}{R_2 - R_1}R_2 \qquad (7-51)$$

欲计算圆柱筒的厚度，需计算进入圆筒中的总磁通量。它包括两部分：一为分选腔内的磁通（可以称为有效磁通）；另一为导体部分的磁通（可以称为无效磁通）。现分别计算：

有效磁通为

$$\phi_1 = B_1 \cdot \pi R_1^2 \qquad (7-52)$$

无效磁通为

$$\phi_2 = \int d\phi = \int_{R_1}^{R_2} B_2 \pi R dR \qquad (7-53)$$

将式(7-51)代入式(7-52)，则

$$\phi_2 = \int_{R_1}^{R_2} B_2 \pi R dR \int_{R_1}^{R_2} \left(-\frac{B_1}{R_2 - R_1}R + \frac{B_1}{R_2 - R_1}R_2 \right) 2\pi R dR$$

$$= \frac{\pi}{3}B_1(R_2^2 + R_1 R_2 - 2R_1^2) \qquad (7-54)$$

总磁通为

$$\phi = \phi_1 + \phi_2 = \pi B_1 R_1^2 + \frac{\pi}{3}B_1(R_2^2 + R_1 R_2 - 2R_1^2)$$

$$= \frac{\pi}{3}B_1(R_2^2 + R_1 R_2 + R_1^2) \qquad (7-55)$$

令 $R_2/R_1 = \alpha$，则

$$\phi = \frac{\pi}{3}B_1 R_1^2(\alpha_2 + \alpha + 1) \qquad (7-56)$$

求出总磁通后，再选定铁铠的磁感应强度，然后确定圆柱筒的横截面积。铁铠的磁感应强度一般是利用铁铠材料的磁化曲线，选取膝点前的数值。

圆柱筒的横截面积为

$$S_c = \frac{\phi}{B_{Fe}} = \frac{\pi}{3} \frac{B_1 R_1^2}{B_{Fe}} (\alpha^2 + \alpha + 1) \qquad (7-57)$$

圆柱筒横截面积又等于:

$$S_c = \pi (R_3^2 - R_2^2) = \pi (R_3^2 - \alpha^2 R_1^2) \qquad (7-58)$$

令式(7-57)等于式(7-58),则可求出 R_3 为

$$R_3 = \left\{ \frac{B_1 R_1^2 (\alpha^2 + \alpha + 1)}{3 B_{Fe}} + \alpha^2 R_1^2 \right\}^{\frac{1}{2}} \qquad (7-59)$$

$R_3 - R_2$ 即为圆柱筒铁铠的厚度。

2)上盖(或下底)厚度的计算

上盖(或下底)磁通的分布比较复杂,在盖或底中,通过以螺线管中心轴线为轴的不同半径圆柱侧面的磁通是不同的,它不按圆柱侧面积成正比增加。比如,对于一定厚度的上盖,不同半径处的磁通密度都不同。在确定它的厚度之前必须找出最大磁通密度处,以此作为确定上盖厚度 h 的依据。

通过上盖中任一半径 R 的圆柱面的总磁通为有效磁通与小于 R 范围内进入上盖部分的无效磁通之和,即

$$\phi = \phi_1 + \phi'_2 = \pi R_1^2 B_1 + \int_{R_1}^{R} B_2 \pi R dR \qquad (7-60)$$

将式(7-51)代入式(7-60),并令 $R_2 = \alpha R_1$,则

$$\phi = \pi R_1^2 B_1 + \int_{R_1}^{R} \left(-\frac{B_1}{R_1(\alpha-1)} R + \frac{\alpha}{\alpha-1} B_1 \right) 2\pi R dR$$

$$= \pi R_1^2 B_1 - \frac{2\pi B_1}{3 R_1(\alpha-1)} (R^3 - R_1^3) + \frac{\pi \alpha B_1}{\alpha-1} (R^2 - R_1^2)$$

$$(7-61)$$

上盖任一半径 R 的圆柱侧面积为 $2\pi R h$,此侧面内的磁通密度为

$$B'_{Fe} = \frac{\phi}{2\pi Rh} = \frac{R_1^2 B_1}{2hR} - \frac{R_1 R^2}{3B_1 h(\alpha - 1)} + \frac{B_1 R_1^2}{3hR(\alpha - 1)}$$

$$+ \frac{\alpha B_1 R}{2h(\alpha - 1)} - \frac{\alpha B_1 R_1^2}{2hR(\alpha - 1)}$$

$$= \frac{\alpha B_1}{2h(\alpha - 1)}R - \frac{B_1 R_1^2}{6h(\alpha - 1)}\frac{1}{R} - \frac{B_1}{3R_1 h(\alpha - 1)}R^2 \qquad (7-62)$$

为了确定最大磁通密度的位置，求 B'_{Fe} 对 R 的导数并令其等于零，即

$$\frac{dB_{Fe}}{dR} = \frac{\alpha B_1}{2h(\alpha - 1)} + \frac{B_1 R_1^2}{6h(\alpha - 1)}\frac{R^1}{R^2} - \frac{2B_1}{3R_1 h(\alpha - 1)}R = 0$$

$$3\alpha R_1 R^2 - 4R^3 + R_1^3 = 0 \qquad (7-63)$$

当 α 不同时，方程(7-63)的解如表7-4及图7-17所示。

表 7-4　α 不同时的 R 值

α	1	2	3	4	5	6	7	8	9
$R \times R_1$	1.0	1.6	2.3	3.0	3.75	4.5	5.25	6.0	6.75

由图7-17看出。α 与 R 基本呈线性关系，可近似用下式表示：

$$R = \frac{3}{4}\alpha R_1 \qquad (7-64)$$

将式(7-64)代入式(7-62)，则

$$B'_{Fe} = \frac{\alpha B_1}{2h(\alpha - 1)} \cdot \frac{3}{4}\alpha R_1 - \frac{B_1^2 R_1^2}{6h(\alpha - 1)}\left(\frac{4}{3\alpha R_1}\right) -$$

$$\frac{B_1}{3R_1 h(\alpha - 1)}\left(\frac{3\alpha R_1}{4}\right)^2$$

$$= \frac{(27\alpha^3 - 32)B_1 R_1}{144h\alpha(\alpha - 1)} \qquad (7-65)$$

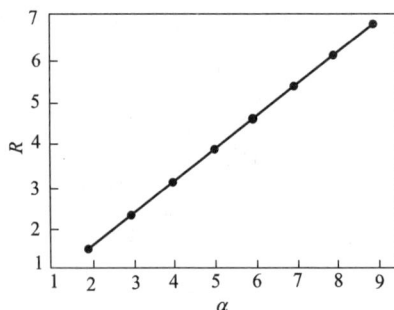

图 7 - 17　α 与 R 关系曲线

所以，上盖厚度 h 可由式(7 - 65)求出为

$$h = \frac{(27\alpha^3 - 32)B_1 R_1}{144\alpha(\alpha - 1)B_{Fe}}$$

(7 - 66)

7.3.3　一种高梯度磁选机的磁系设计及磁路计算

1. 整机结构与工作原理

所设计的样机，为往复式振动高梯度磁选机，整机结构如图 7 - 18所示，主要部件有铠装鞍形线圈、分选槽、振动装置、分选槽驱动机构、冲洗装置和接矿斗等。

分选槽内装有聚磁介质。分选时分选槽沿鞍形线圈分选通道做间歇式往复直线运动，即分选槽先在某一位置上于静止的状态下接矿；一定时间后，再快速移动至下一个位置，如此循环往复。分选槽在振动装置作用下，沿水平方向振动，原矿由给矿斗给入，经上铁铠所开的圆形孔通道流至分选槽。非磁性矿粒穿过分选槽，经下铁铠的圆孔通道进入尾矿斗。磁性矿粒则被吸附在磁介质上，随分选槽运动至中矿冲洗位置，在清洗水作用下，将其

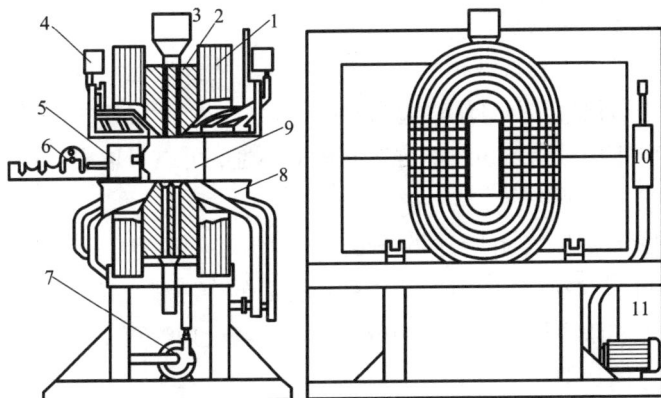

图 7 - 18　CQD - 1 型整机结构图

1—鞍形线圈　2—铁铠　3—给矿斗　4—冲洗水控制阀部件　5—振动器
6—传动部件　7—水泵　8—接矿槽　9—分选槽　10—集水器　11—软水器

中的非磁性夹杂物清洗下来送入中矿斗后，再随分选槽运动至磁场外部的卸矿位置，由冲洗水卸进精矿斗。

2. 磁系设计

由图 7 - 18 及前述工作原理可知，本机的关键部件及设计重点均在磁系部分，特别是鞍形线圈部分。常用下式确定其磁势，即所需安匝数

$$IN = \sigma H \delta / 0.4 \pi \qquad (7 - 67)$$

式中　H——设计要求的场强；

　　　δ——分选空间高度；

　　　σ——漏磁系数。

σ 是磁系设计中非常关键的一个参数，σ 过小，磁系达不到设计场强；σ 过大，则会导致制造成本和能耗的增加。

欲求漏磁系数 σ 可以采用有限元数值方法先计算铠装鞍形线圈分选空间的场强。

在满足工程设计精度要求的条件下，从分选空间中部取一横截面进行研究，并且忽略边缘效应的影响，把所研究的场域简化为二维平面场。又由于场强分布的对称性，可以只取中部横截面的一半进行研究。

图 7-19 表示所述的平面闭合场域，*ABCD* 为场域边界，*AFED* 内为激磁线圈，*BC* 为中部横截面的中心线，*AB*、*CD* 及 *DA* 为气隙和激磁线圈与铁铠的分界线。由场论理论可知，场域内各点均应满足泊松方程

$$\nabla^2 A = j \tag{7-68}$$

式中　A——矢量磁位；

　　　　j——电流密度。

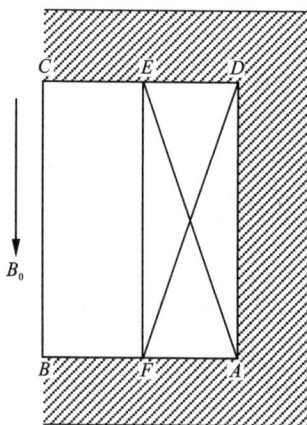

图 7-19　场域及其边界

如前所述，边界 BC 为对称中心线，也是磁感应强度 B 线的一部分。由电磁场理论推知，B 线即为等矢量磁位线，故在 BC 上有 $A=$ 常数；考虑到矢量磁位的相对性，取 $A=0$ 即 $A|_{BC}=0$。边界 AB、CD 和 DA 为空气与铁磁性物——铁铠的交界线，故有

$$\frac{\partial A}{\partial n}|_{AB} = \frac{\partial A}{\partial n}|_{CD} = \frac{\partial A}{\partial n}|_{DA} = 0$$

综上所述，可得如下边值问题

$$\left. \begin{array}{l} \nabla^2 A = j \\ A|_{BC} = 0 \\ \dfrac{\partial A}{\partial n}|_{AB} = \dfrac{\partial A}{\partial n}|_{CD} = \dfrac{\partial A}{\partial n}|_{DA} = 0 \end{array} \right\} \tag{7-69}$$

式中 n——与交界线正交方向的坐标。

上述边值问题可用有限元数值方法求解，基本原理和步骤是：首先，利用变分原理将边值问题转化为相应的变分问题，即所谓泛函极值问题；然后，利用部分插值，化变分问题为普通的多元函数极值问题。剖分插值是这样进行的：将所论场域剖分为若干个三角元，在每个三角元上以待求函数的节点值作为待求函数的插值，并以此分片插值函数近似替代待求函数，从而把泛函化为依赖于这些未知节点值的普通函数。通过剖分插值，泛函极值问题便简化为普通多元函数的极值问题，后者通常归结为一组多元线性方程组，采用适当的代数方法，通过微机运算，便可求得各节点上矢量磁位的数值解。

对于所求解的边值问题，按上述原理和步骤，经过一系列推导、运算，得到如下形式的线性方程组

$$[K][A] = [P] \tag{7-70}$$

式中 $[K]$——M 阶方阵，通常称为总系数矩阵，M 为三角剖分所得节点的总数；

[A]——M 阶列阵, 待求的 M 个节点上的矢量磁位;

[P]——M 阶列阵, 与电流密度有关的已知数。

采用超松弛迭代法解式(7-70)的线性方程组时, 其一般迭代公式为

$$A_i^{(m+1)} = (1-\alpha)A_j^m + \alpha \left[\left(-\sum_{j=1}^{i-1} K_{i,j} A_j^{(m+1)} - \right. \right.$$

$$\left. \left. \sum_{j=i+1}^{m} K_{i,j} A_j^{(m)} \right) / K_{i,j} \right] \tag{7-71}$$

式中　α——加速收敛因子

在场域部分细密和节点数高的情况下, 由于内存单元数量的限制, 一般中小型计算机不能用式(7-71)进行运算, 即使采用等带宽、变带宽等稀疏矩阵处理方法, 也是如此。

通过对总系数矩阵[K]和其中非零元素的分析与推导, 可得到如下的迭代公式:

$$A_{i,j}^{(m+1)} = (1-\alpha)A_{i,j}^{(m)} + \alpha \left[-(K_1 A_{i-1,j}^{(m+1)} + K_2 A_{i,j-1}^{(m+1)} + \right.$$

$$\left. K_3 A_{i+1,j}^{(m)} + K_4 A_{i,j+1}^{(m)}) / K_0 \right] \tag{7-72}$$

$$K_0 = \sum_{n=1}^{6} \frac{1}{4\mu_n \Delta_n} (b_{i,j}^2 + c_{i,j}^2) \tag{7-73}$$

$$K_1 = \sum_{n=1}^{2} \frac{1}{4\mu_n \Delta_n} (b_{i,j} b_{i-1,j} + c_{i,j} c_{i-1,j}) \tag{7-74}$$

$$K_2 = \sum_{n=1}^{2} \frac{1}{4\mu_n \Delta_n} (b_{i,j} b_{i,j-1} + c_{i,j} c_{i,j-1}) \tag{7-75}$$

$$K_3 = \sum_{n=1}^{2} \frac{1}{4\mu_n \Delta_n} (b_{i,j} b_{i+1,j} + c_{i,j} c_{i+1,j}) \tag{7-76}$$

$$K_4 = \sum_{n=1}^{2} \frac{1}{4\mu_n \Delta_n} (b_{i,j} b_{i,j+1} + c_{i,j} c_{i,j+1}) \tag{7-77}$$

式中　i,j——各节点编号, 若某节点位于 i 行 j 列, 则记该节点的矢量磁位为 $A_{i,j}$;

Δ——相关联的 n 个三角中第 n 个三角元的面积和介质导磁率；

b,c——与节点坐标有关的参数，设某三角元三节点记为 i、j、m，则

$$b_i = y_j - y_m \qquad b_j = y_m - y_i \qquad b_m = y_i - y_j$$
$$c_i = x_m - x_j \qquad c_j = x_i - x_m \qquad c_m = x_j - x_i$$

（x、y 为该节点的坐标值）

运用式(7-73)~式(7-77)计算非零元素，采用式(7-72)来解线性方程组。

求出矢量磁位 A 后，根据 A 与场强 B 的关系，即

$$B_x = \frac{\partial A}{\partial y}$$

$$B_y = -\frac{\partial A}{\partial x}$$

$$B = \sqrt{B_x^2 + B_y^2}$$

可继续用电子计算机求得鞍形线圈中部横截面上各节点的场强 B 值。

在上述研究的基础上，采用以下方法和步骤进行 CQD-1 型机的鞍形线圈设计，并称之为预估-反算有限元法。

第一步：预估漏磁系数 σ。σ 的预估，可根据以往的设计经验进行，其值在 1.0 至 1.5 之间，实际上，可在此范围内任取一值。

第二步：用式(7-67)初步计算所需磁势。

第三步：选定导线规格，确定匝数和充填率。

按大于或等于分选空间高度来确定线圈轴向匝数 N_z，选定总匝数 N，径向匝数由 $N_r = N/N_z$ 确定，导线匝间应预留绝缘层厚度

和绕制间隙，由此计算出线圈导线的充填率 λ。

第四步：按 $I = IN/N$ 计算激磁电流。依导线规格，按 $j = I/S_c$ 计算电流密度。S_c 为导线有效截面积。

第五步：根据已知的电流密度 j，线圈的几何尺寸及充填率 λ，用有限元法计算磁系分选空间场强分布和中点场强 H_0。

第六步：按公式 $\sigma = 0.4\pi IN/(H_0\delta)$ 计算磁系的实际漏磁系数。

第七步：根据不同情况，修正原设计参数或者重新计算。

先将算出的实际漏磁系数 σ 代入式（7-67），算出实际所需磁势。若与初步计算磁势相符或相差甚微，则说明预估的漏磁系数与实际情况吻合，此时可直接进行余下的常规磁系设计工作。一般情况是实际所需磁势与初步设计磁势不相符，或有一定差距，此时需按下式修正原设计的电流密度。

$$j = IN/NS_c$$

式中 IN——实际需要的磁势；

N——初步设计的线圈总匝数。

如果修正后电流密度仍在合适的范围内，则可按修正后的电流密度完成余下的常规磁系设计，否则需重新计算。电流密度过大时，可增加线圈匝数或加大导线规格，再确定线圈几何尺寸，按预估-反算法重新计算；电流密度过小时，可减少线圈匝数或减小导线规格，重新计算。

第八步：按照上述方法和步骤，确定本设计磁系鞍形线圈的几何参数和电气参数如下：

（1）所需磁势

用预估-反算有限元法算得本设计磁系的漏磁系数 σ 为 1.15，因此

$$IN = \sigma H\delta/(0.4\pi) = 1.15 \times 20000 \times 20/1.25$$
$$= 368000 \text{ 安匝}$$

（2）导线规格

采用截面尺寸为 $10 \times 10 \times 2$（mm）的空心矩形铜管作导线，其有效截面积为 74 mm^2。

（3）线圈匝数

鞍形线圈的轴向长度，等于轴向每匝导线截面边长之和，加上导线匝间绝缘层厚度及绕制间隙。线圈的轴向匝数应满足线圈轴向长度与分选空间高度及上下磁极厚度之和相等的原则。已知分选高度为 20 cm，上下磁极厚度各为 6.8 cm，绝缘层及绕制间隙预留 0.2 cm，导线截面边长为 1 cm。因此，轴向匝数 N_z 应为 28 匝。线圈总匝数 N 定为 784 匝。故径向匝数 $N_r = N/N_z = 28$ 匝。

（4）激磁电流 I 和电流密度 j

$$I = IN/N = 368000/784 = 469 \text{（A）}$$
$$j = I/S_c = 469/74 = 6.34 \text{（A/mm}^2\text{）}$$

（5）导线总长 L

根据线圈总匝数及其几何形状和绕制方式，算得导线总长 L 为 1706 m。

（6）导线总电阻 R

导线工作温度取 45℃，该温度下，导线电阻率 ρ 为 0.02005 $\Omega \cdot$ mm^2/m

$$R = \rho L/S_c = 0.02005 \times 1706/74 = 0.462 \text{（}\Omega\text{）}$$

（7）激磁功率 W 及电压 V

$$W = I^2 R = 469^2 \times 0.462 = 101.6 \text{（kW）}$$
$$V = W/I = 101.6 \times 10^3/469 = 216.6 \text{（V）}$$

由以上步骤设计而成的铠装鞍形线圈磁系的立体图如图 7 - 20 所示。

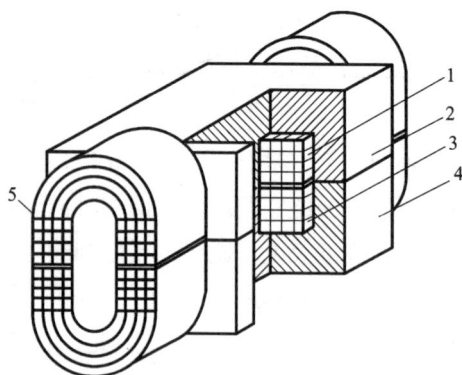

图 7 - 20　磁系立体图

1—上鞍形线圈；2—上铁铠；3—下鞍形线圈；4—下铁铠

第 8 章

磁系磁场的数值模拟

8.1　磁场数值模拟理论基础

在电磁场计算中，对于某些磁体，如通电导体、螺线管等可以进行理论计算，但许多特殊形状磁体的磁场计算很复杂，很难准确描绘其磁场分布特性。

数值模拟是基于电子计算机，通过数值计算和图像显示的方法来研究实际工程问题的一门技术。

数值模拟是以描述电磁场规律的麦克斯韦方程组为基础，利用有限元法对电磁场进行计算。

麦克斯韦方程组实际上是由 4 个定律组成，分别是安培环路定律、法拉第电磁感应定律、高斯电通定律（简称高斯定律）和高斯磁通定律（亦称磁通连续性定律）。

1. 安培环路定律

无论介质和磁场强度 H 的分布如何，磁场中的磁场强度沿任何一条闭合路径的线积分等于穿过该积分路径所确定的曲面 Ω 的电流的总和。这里的电流包括传导电流（自由电荷产生）和位移电流（电场变化产生），用积分表示为：

$$\oint_{\Gamma} H \mathrm{d}l = \iint_{\Omega} \left(J + \frac{\partial D}{\partial t} \right) \mathrm{d}S \qquad (8-1)$$

式中: J 为传导电流密度矢量, A/m^2; $\dfrac{\partial D}{\partial t}$ 为位移电流密度; D 为电通密度, C/m^2, $D = \varepsilon E$, 与磁场中 $B = \mu H$ 相对应。

2. 法拉第电磁感应定律

闭合回路中感应电动势与穿过此回路的磁通量随时间变化率成正比。用积分表示为:

$$\oint_\Gamma E dl = -\iint_\Omega \frac{\partial B}{\partial t} dS \qquad (8-2)$$

式中: E 为电场强度, V/m; B 为磁感应强度, T 或 Wb/m^2。

3. 高斯电通定律

在电场中,不管电介质与电通密度矢量的分布如何,穿出任何一个闭合曲面的电通量等于这已闭合曲面所包围的电荷量,这里电通量也就是电通密度矢量对此闭合曲面的积分,用积分形式表示为:

$$\oiint_s D dS = \iiint_V \rho dV \qquad (8-3)$$

式中: ρ 为电荷体密度, C/m^3; V 为闭合曲面 S 所围成的体积区域。

4. 高斯磁通定律

磁场中,不论磁介质与磁通密度矢量的分布如何,穿出任何一个闭合曲面的磁通量恒等于零,这里磁通量即为磁通量矢量对此闭合曲面的有向积分。用积分形式表示为:

$$\oiint_s B dS = 0 \qquad (8-4)$$

式(8-1)~式(8-4)还分别有自己的微分形式,也就是微分形式的麦克斯韦方程组,它们分别对应式(8-5)~式(8-8)。

$$\nabla \times H = J + \frac{\partial D}{\partial t} \qquad (8-5)$$

$$\nabla \times E = \frac{\partial B}{\partial t} \qquad (8-6)$$

$$\nabla \cdot D = \rho \tag{8-7}$$

$$\nabla \cdot B = 0 \tag{8-8}$$

∇——哈米顿算符，$\nabla = \dfrac{\partial}{\partial x}i + \dfrac{\partial}{\partial y}i + \dfrac{\partial}{\partial z}k$。

电磁场计算中，经常对上述这些偏微分进行简化，以便能够用分离变量法等解得电磁场的解析解，但工程实践中，要精确得到问题的解析解，通常是很困难的。于是只能根据具体情况给定的边界条件和初始条件，用数值解法求其数值解，有限元法就是其中最有效、应用最广的一种数值计算方法。

对于电磁场的计算，为了使问题得到简化，通过定义两个量来把电场和磁场变量分离开来，分别形成一个独立的电场或磁场的偏微分方程，这样便有利于数值求解。这两个量一个是矢量磁势 A（亦称磁矢位），另一个是标量电势 φ，它们的定义如下：

矢量磁势定义：

$$B = \nabla \times A \tag{8-9}$$

也就是说磁势的旋度等于磁通量的密度。而标量电势可定义为：

$$E = -\nabla \varphi \tag{8-10}$$

按式（8-9）和式（8-10）定义的矢量磁势和标量电势能自动满足法拉第电磁感应定律和高斯磁通定律。然后再应用到安培环路定律和高斯电通定律中，经过推导，分别得到了磁场偏微分方程[式（8-11）]和电场偏微分方程[式（8-12）]：

$$\nabla^2 A - \mu\varepsilon\frac{\partial^2 A}{\partial t^2} = -\mu J \tag{8-11}$$

$$\nabla^2 \varphi - \mu\varepsilon\frac{\partial^2 \varphi}{\partial t^2} = -\frac{\rho}{\varepsilon} \tag{8-12}$$

式中：μ 和 ε 分别为介质的磁导率和介电常数；∇^2 为拉普拉斯算子：

$$\nabla^2 = (\frac{\partial^2}{\partial x^2} + \frac{\partial^2}{\partial y^2} + \frac{\partial^2}{\partial z^2}) \qquad (8-13)$$

很显然式(8-11)和式(8-12)具有相同的形式，是彼此对称的，这意味着求解它们的方法相同。至此，可以对式(8-11)和式(8-12)进行数值求解，如采用有限元法，解得磁势和电势的场分布值，再经过转化(即后处理)可得到电磁场的各种物理量，如磁场强度、磁感应强度、磁场力等。

基于有限元法的电磁场数值模拟软件常用的有 ANSYS、Comsol Multiphysics 等。

电磁场数值模拟是将原本连续的场域问题转换成离散系统，并对其求解数值解。通过对场域离散化的模型上求得的各个点上的数值解，近似逼近连续场域的真实解。

8.2　磁场数值模拟的一般步骤

下面以 ANSYS 有限元分析软件为代表介绍磁场数值模拟的主要步骤。

1. 创建物理环境

在建立一个问题的物理模型前，需定义这个问题的物理环境。静态分析的物理环境主要包括定义单元类型、定义单元坐标系、定义单元实常数和单位制以及定义材料属性等。

2. 建模和指定特性

当待分析的物理模型较为简单时，如二维磁场模拟可利用 ANSYS 自带的建模模块来建立物理模型。

根据问题的实际情况指定模型中各区域的特性。

3. 网格划分

指定好模型区域的特性后，可利用 ANSYS 的分网格功能进行网格划分。

4. 施加边界条件和载荷

电磁场数值分析的实质是求解麦克斯韦方程组，微分方程要有定解就要引入定解条件，这些定解条件分为初始条件和边界条件。磁场分析的边界条件有磁力线垂直、磁力线平行、远场等。

5. 求解

设置好边界条件后，可根据所分析问题的类型，选择合适的求解器进行求解运算。

6. 结果后处理

求解后，可使用 ANSYS 的后处理器对运算结果进行处理，可得到各种数据图，如磁力线图、磁场强度图、磁感应强度图和磁场力图等。

8.3　磁场模拟案例

8.3.1　用 ANSYS 模拟磁介质磁场

问题描述：用 ANSYS 模拟在均匀磁场中放置的不同截面形状磁介质周围的磁场分布，以分析介质截面形状对介质磁场特性的影响。

主要步骤：

1. 创建物理环境

设置菜单过滤：首先进入 ANSYS 的操作界面，设置预先过滤掉其他应用的菜单，如图 8 – 1 所示，选中"Magnetic – Nodal"后点击"OK"，这样系统可以自动过滤掉一些与磁场模拟无关的菜单选项，使得后续操作过程中界面较简洁。

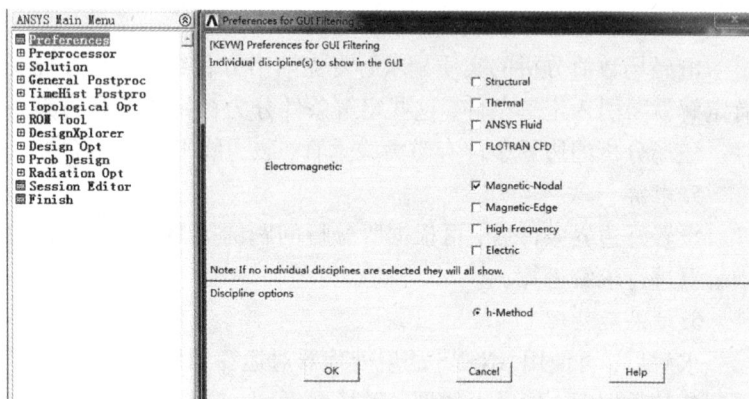

图 8-1 设置菜单过滤

设置单元类型：进入前处理器设置单元类型，"GUI：Main Menu > Preprocessor > Add/Edit/Delete"，定义所有物理区单元类型为"PLANE53"，如图 8-2 所示。

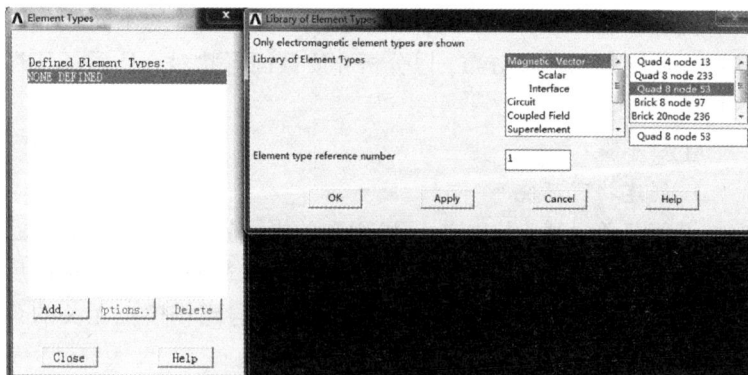

图 8-2 定义单元类型

设置材料属性：在前处理器设置材料属性，"GUI：Main Menu > Preprocessor > Material Props > Material Models"。本分析中主要涉及两种材料属性，分别对应于磁介质和空气区，如图 8 - 3 所示。材料 1 为工业纯铁，材料属性为 B - H 曲线，对应于磁介质，如图 8 - 4 所示；材料 2 的相对磁导率为 1，对应于空气区，如图 8 - 5所示。

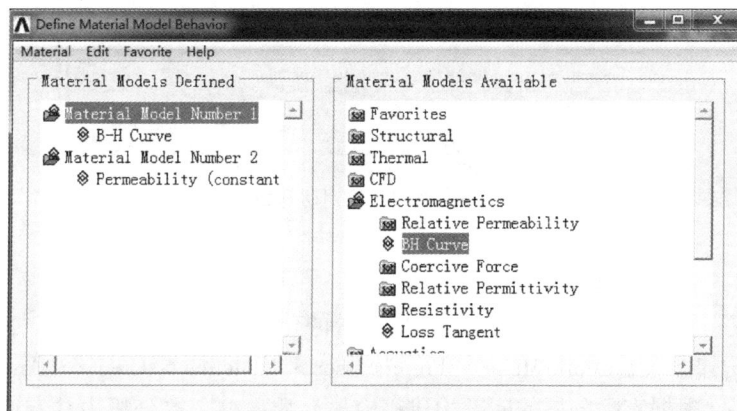

图 8 - 3　定义材料属性

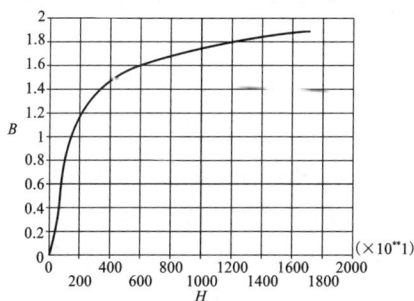

图 8 - 4　材料 1 的 B - H 曲线

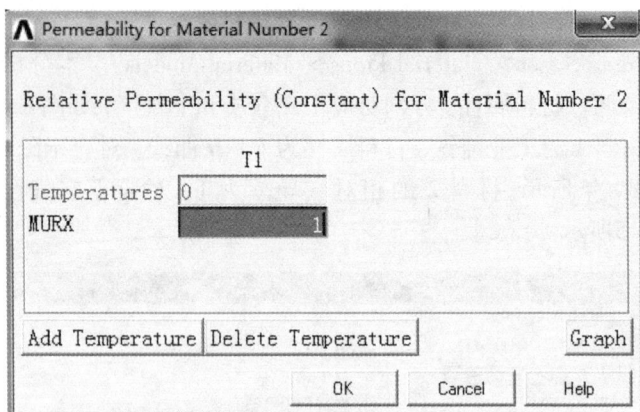

图 8 – 5　材料 2 相对磁导率为 1

2. 建立物理模型

磁介质模型：利用 ANSYS 自带的建模模块进行物理模型的构建，GUI：Main Menu > Preprocessor > Modeling > Create > Areas，根据实际分析的问题构建相应磁介质模型。本分析中共有四种截面形状的磁介质，分别为圆形、椭圆形、正方形和菱形。四种介质的截面面积都为 $\pi \times 1$ mm^2，相邻介质之间的横向和纵向中心距都为 4 mm。下面主要以圆形截面介质为例介绍磁场模拟主要步骤，图 8 – 6 为多根圆形截面介质物理模型。

空气区：定义磁场模拟的区域为一大小为 24×18 mm^2 的矩形区域，在磁介质模型的基础上建立一个长和宽分别为 24 mm 和的 18 mm 矩形模型。由于磁介质模型和空气分别独立建立，两者模型之间有重叠区域，且未进行连接，通过 ANSYS 建模模块中的布尔运算操作进行交叠运算，消去重叠部分并将全部平面连接在一起，"GUI：Main Menu > Preprocessor > Modeling > Operate > Booleans > Overlap"，布尔运算后的物理模型如图 8 – 7 所示。

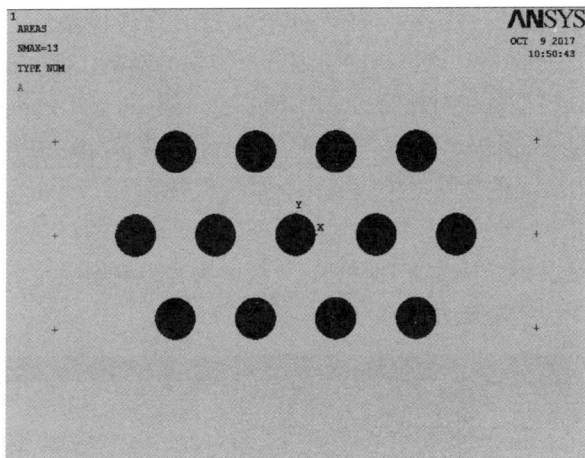

图 8-6 多根圆形截面介质物理模型

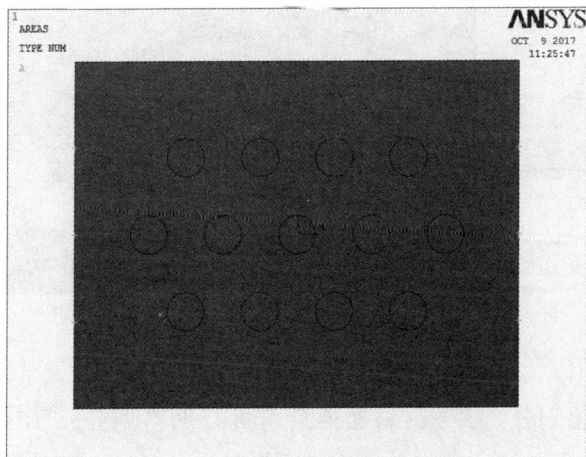

图 8-7 交叠运算后的物理模型

3. 网格划分

赋予材料特性：建立好待分析问题的物理模型后，可利用 ANSYS 的分网格功能进行网格划分。在划分网格之前，需要对各部分物理模型赋予材料特性，"GUI：Main Menu > Preprocessor > Meshing > Mesh Attributes > Picked Areas"，将鼠标选中各物理模型，选中后颜色会发生相应变化，如图 8-8 所示，点击"Apply"，出现图 8-9 所示的材料属性对话框，赋予相应的材料特性。本分析中定义磁介质为 1 号材料，空气区为 2 号材料。空气区材料属性赋予步骤与磁介质相同。

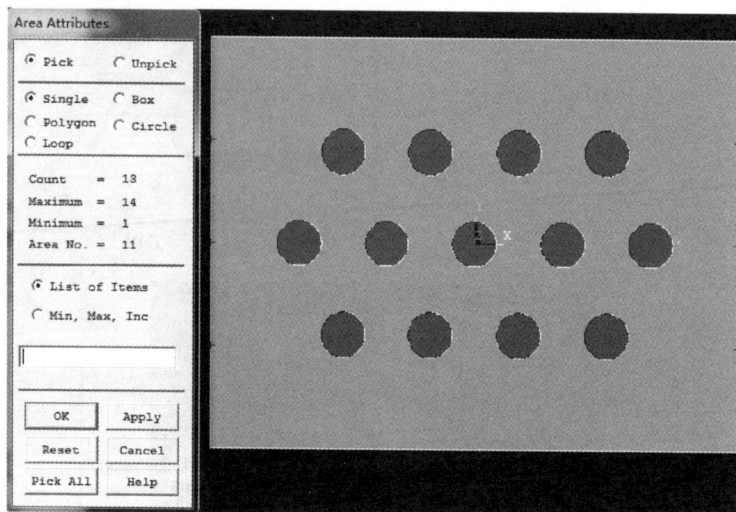

图 8-8　选中磁介质模型

网格划分：赋予材料属性后可进行网格划分，"GUI：Main Menu > Preprocessor > Meshing > Mesh > Areas > Free"，出现图 8-10 的划分网格对话框，点击 Pick All 选中所有区域进行网格划分，完成后的网格如图 8-11 所示。

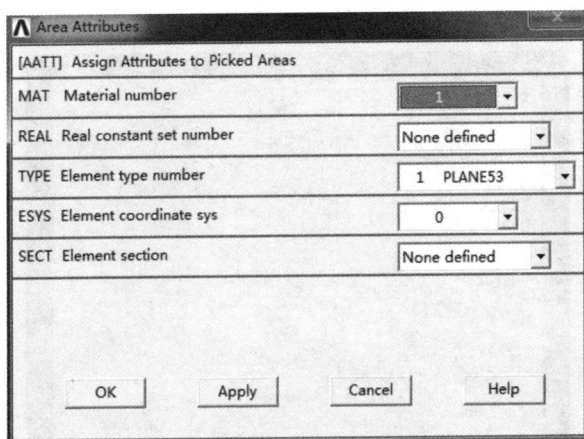

图 8 - 9　定义磁介质模型为 1 号材料

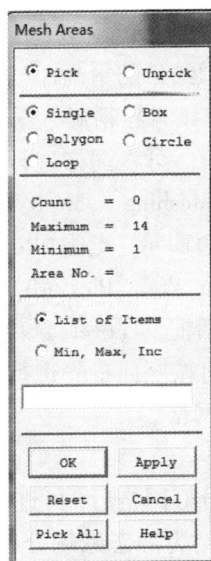

图 8 - 10　网格划分对话框

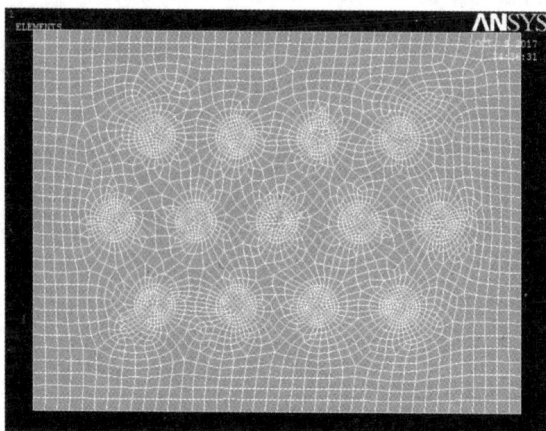

图 8 – 11　划分网格

　　网格细化：数值模拟结果的精确性与网格的疏密程度是直接相关的，网格越密，计算结果越精确。图 8 – 11 中生成的网格数量较少，为提高计算精度，可将网格进行细化处理，"GUI：Main Menu > Preprocessor > Meshing > Mesh Tool"，弹出"Mesh Tool"对话框，如图 8 – 12 左边所示，点击"Refine"按钮，弹出"Refine mesh at elements"对话框，点击"Pick All"，出现图 8 – 12 的"Refine mesh at element"对话框，"Level"选项中选择 1（Minimal），点击 OK 进行网格细化。可按照此步骤进行多次细化，图 8 – 13 是进行两次细化后生成的网格。

　　4. 求解

　　定义分析类型：划分好网格后，可进入 ANSYS 的求解器进行求解，首先定义分析类型为静态磁场分析，"GUI：Main Menu > Solution > Analyze Type > New Analyze"，在弹出的对话框中选择"Static"。

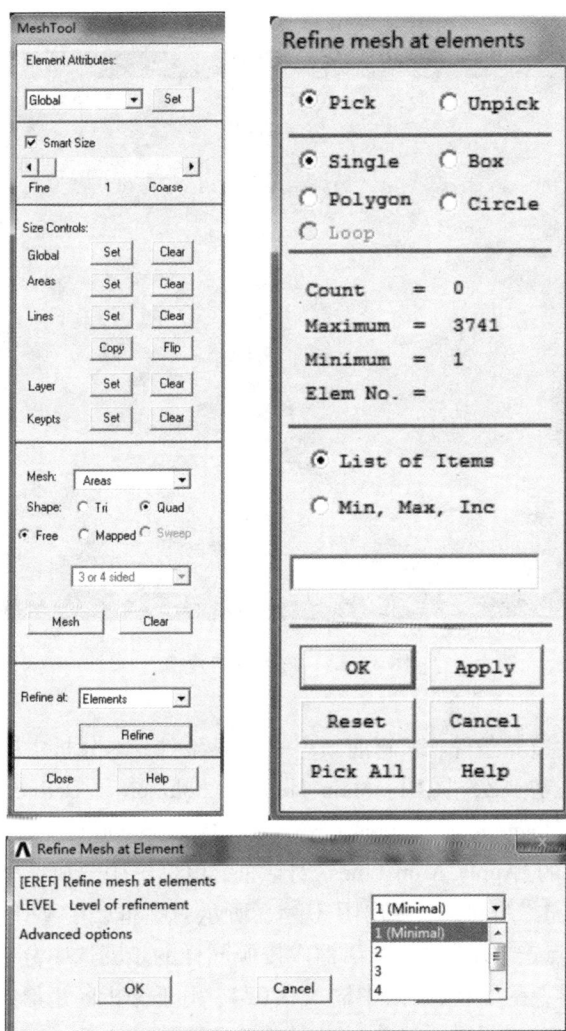

图 8 – 12　网格细化步骤

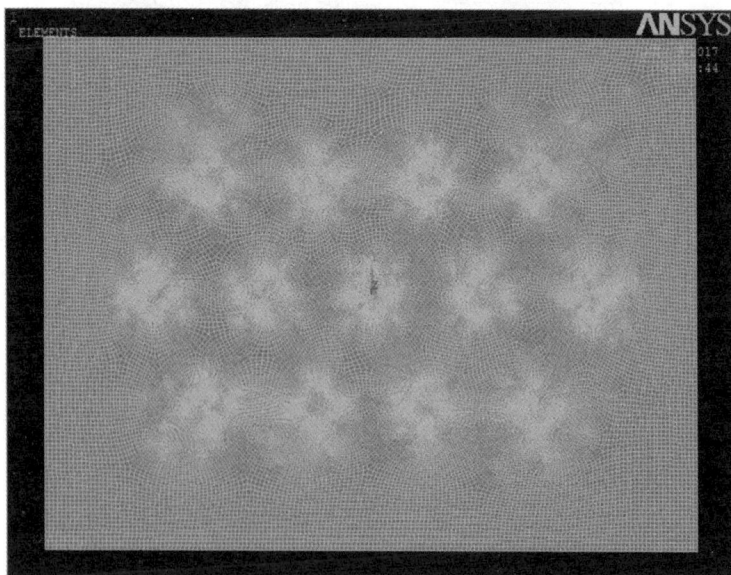

图 8 - 13 细化后的网格

定义边界条件：求解前须定义边界条件，本分析中的边界条件为磁矢势 AZ，"GUI：Main Menu > Solution > Define Loads > Apply > Magnetic > Boundary > Vector Poten > On Lines"，弹出图 8 - 14 中的"Apply A on Lines"对话框，鼠标选中分析区矩形的左边界，点击"Apply"，弹出图 8 - 15 所示对话框，在 VALUE 值中输入 0，点击"OK"关闭对话框。按照同样的步骤选中分析区矩形的右边界，在 VALUE 值中输入 0.024，由于分析区矩形的长度为 0.024m，这样设置后产生的背景磁感应强度为 1 T。

求解：设置好边界条件后，即可进行问题的求解，"GUI：Main Menu > Solution > Solve > Current LS"，完成后弹出求解结束对话框。

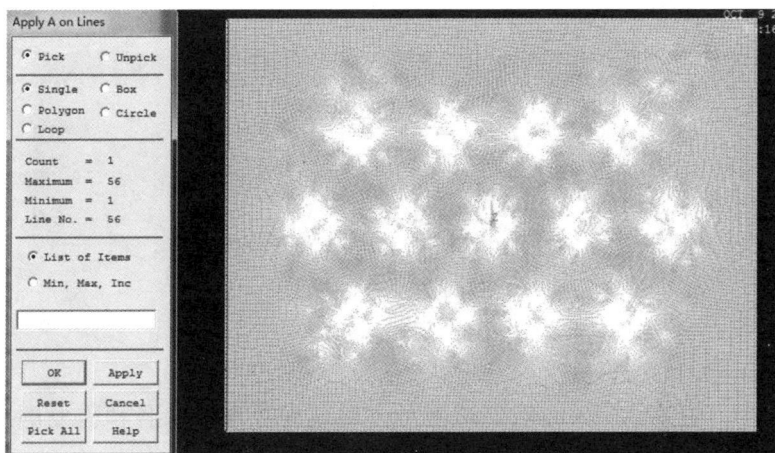

图 8 – 14　施加边界条件

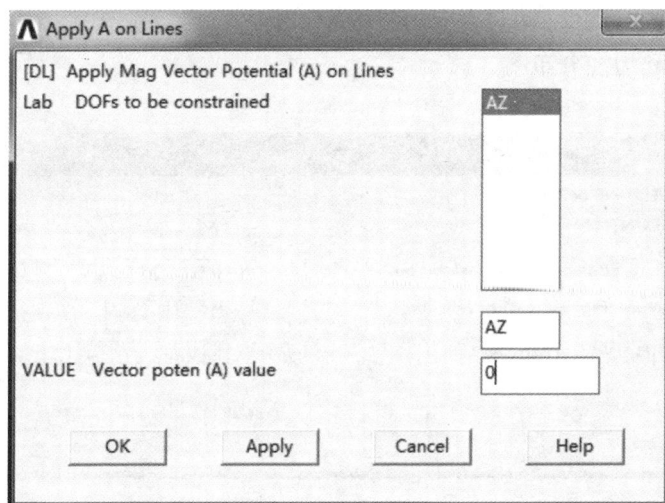

图 8 – 15　磁矢势值

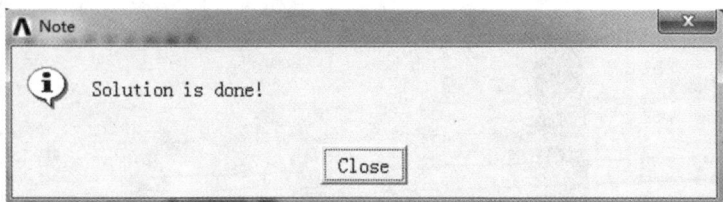

图 8 – 16　求解完成

5. 结果后处理

利用 ANSYS 的后处理器可方便地查看和调取各种需要的结果。

磁力线分布："GUI：Main Menu > General Postproc > Plot Results > Contour Plot > 2 – D Flux Lines"，弹出如图 8 – 17 所示的磁力线对话框，可设置磁力线根数，点击"OK"后显示图 8 – 18 所示的磁力线分布图。

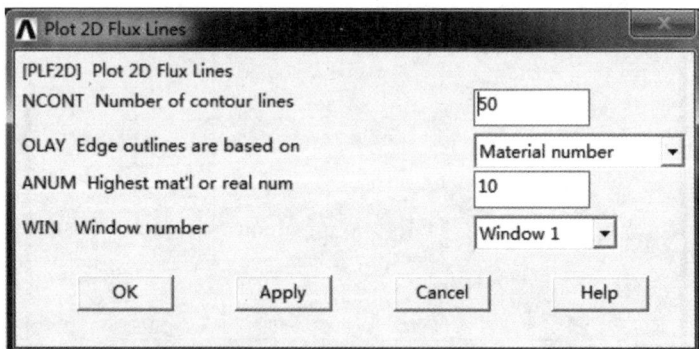

图 8 – 17　磁力线对话框

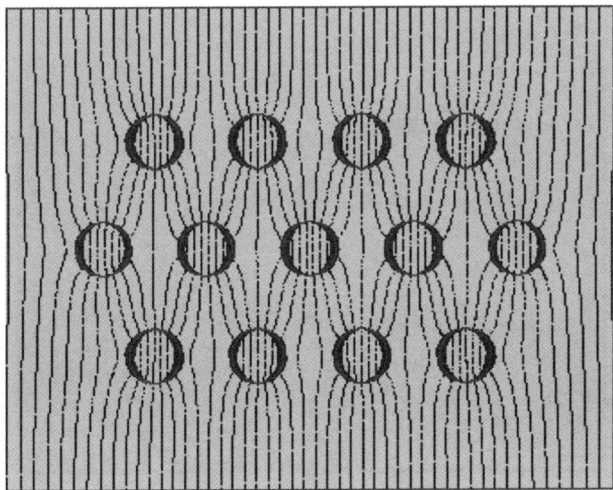

图 8 - 18　磁力线分布图

　　磁场分布云图："GUI：Main Menu > General Postproc > Plot Results > Contour Plot > Nodal Solution"，弹出如图 8 - 19 所示的对话框，可以根据需要选择不同的结果类型，如磁场强度的 X、Y、Z 分量和总量，磁通密度（磁感应强度）的 X、Y、Z 分量和总量。磁场强度和磁感应强度的分布云图如图 8 - 20 和 8 - 21 所示。

　　磁场分布矢量图："GUI：Main Menu > General Postproc > Plot Results > Vector Plot > Predefined"，弹出如图 8 - 22 所示的矢量选择对话框，可选择查看磁场强度和磁感应强度矢量图，如图 8 - 23 和 8 - 24 所示。

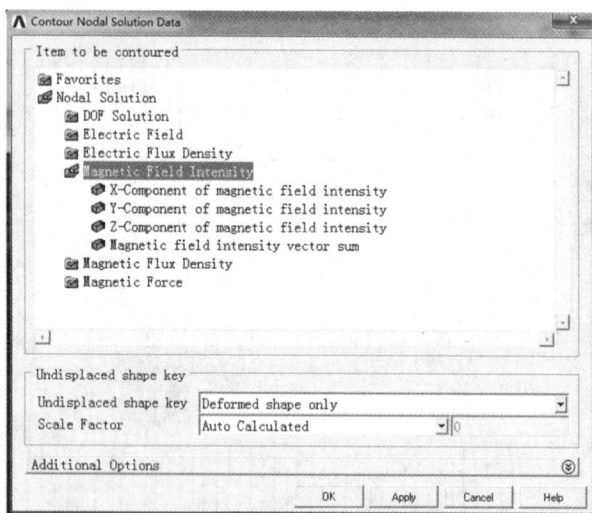

图 8 – 19 节点结果数据

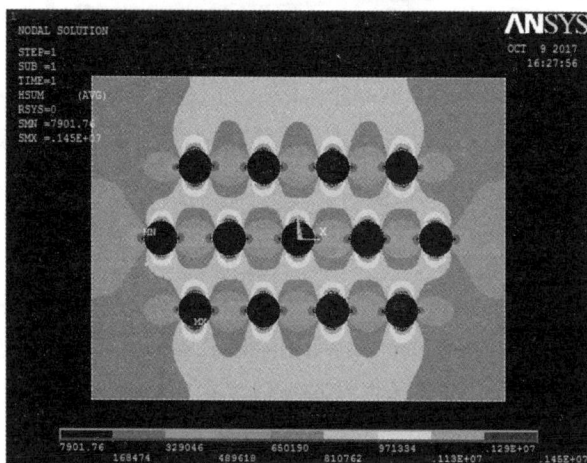

图 8 – 20 磁场强度分布云图

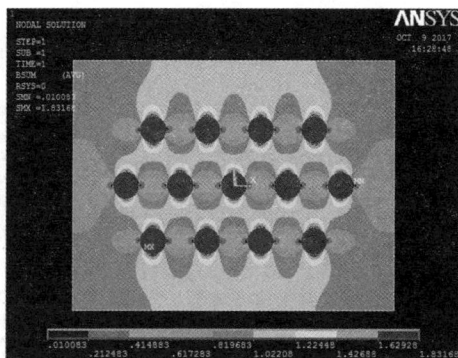

图 8 – 21　磁感应强度分布云图

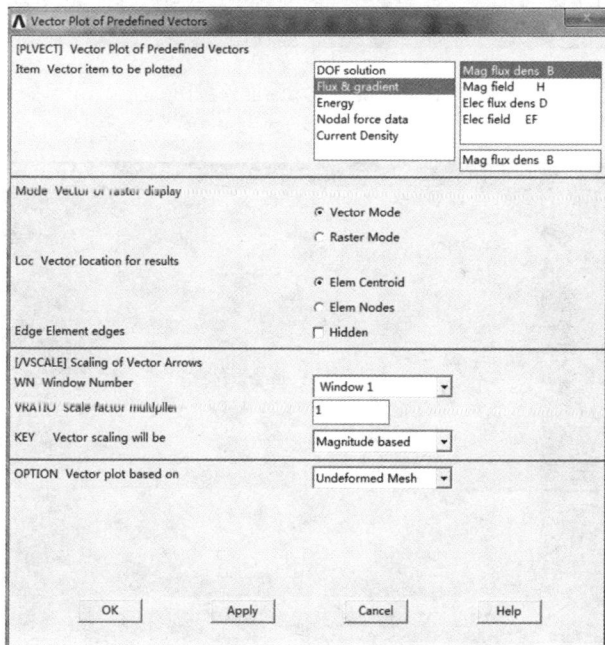

图 8 – 22　磁矢量对话框

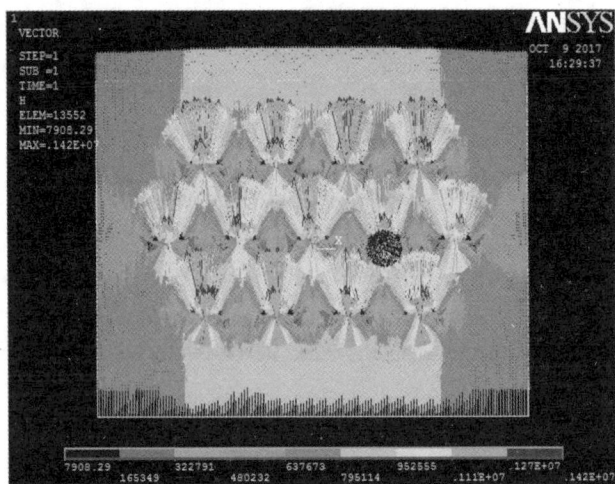

图 8 – 23　磁场强度矢量图

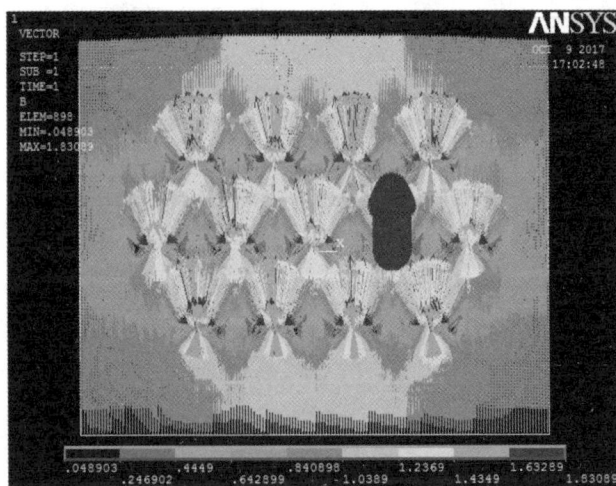

图 8 – 24　磁感应强度矢量图

　　此外，ANSYS 的后处理器还提供了强大的数据提取和查询功能，用户可方便地提取各种所需数据。通过数据查询功能，可快速查询各个点的磁场强度及其分量，GUI："Main Menu > General Postproc > Query Results > Subgrid Solu"。利用 ANSYS 的路径操作功能，用户能够方便地得到某一路径的磁场强度分布，需要先定义一个路径，GUI："Main Menu > General Postproc > Path Operations > Define Path"，然后将结果映射到该路径中，GUI："Main Menu > General Postproc > Path Operations > Map onto Path"，最后通过图形显示出来，GUI："Main Menu > General Postproc > Path Operations > Plot Path Item"。

　　图 8 - 25 是四种截面形状的磁介质周围的磁场分布的对比图。利用 ANSYS 可进行多种电磁场问题的模拟仿真，在电磁场的分析和应用中发挥着越来越重要的作用。

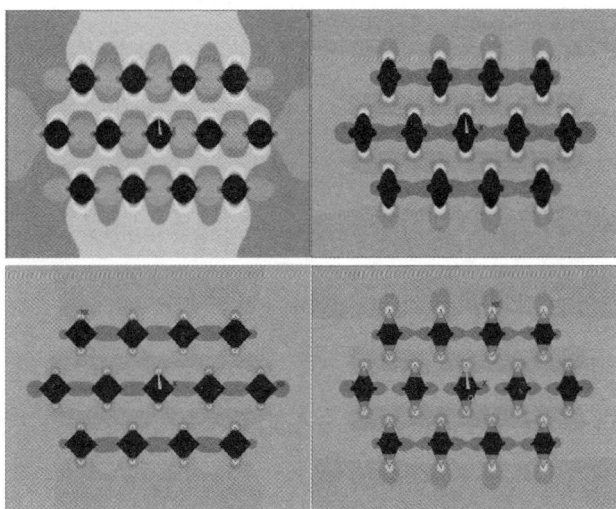

图 8 - 25　四种磁介质二维磁场模拟磁场强度分布图 (背景场强 0.8 T)

8.3.2 用 Comsol Multiphysics 模拟永磁筒式磁选机磁场

问题描述：模拟永磁筒式磁选机磁场，计算磁筒表面磁场的分布。

主要步骤：

1. 项目创建

(1)在空间维度选中 2D。

(2)在应用模式树中，打开"COMSOL Multiphysics > 电磁 > 静磁"。

(3)点击"确定"。

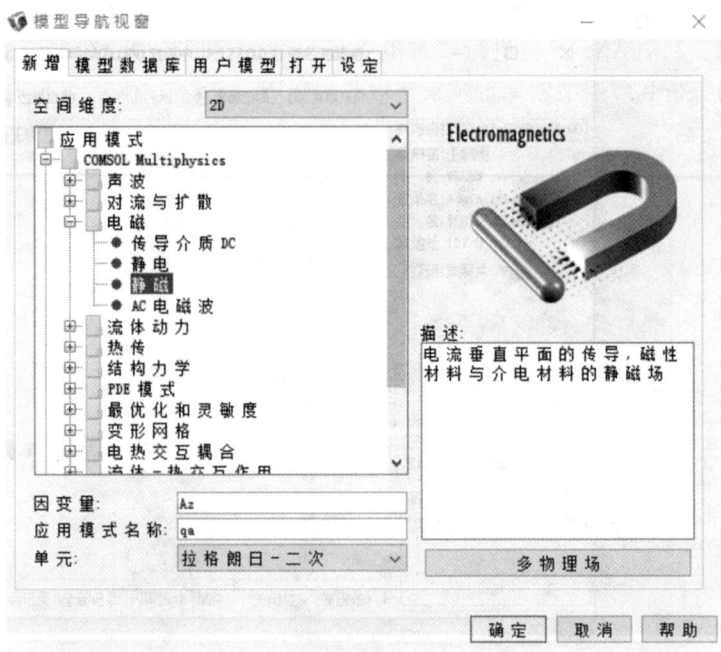

图 8 - 26　模型导航视图

2. 几何建模

在应用模式中选择基础模块中的静磁模块，如图 8 - 27 所示。绘制或导入所需要的几何结构。

3. 物理量设定

将磁极组根据磁路设计要求设定为对应的磁性材料，磁轭材料设定为导磁材料，外部求解域设定为空气。其中磁轭材料可以通过基础材料库中直接调用，磁性材料则需要自行定义，磁化方向也根据需要自行定义。

4. 边界条件设定

点击"物理量" > "边界设定"，按住 Ctrl 键选择磁绝缘。

5. 网格划分

COMSOL 可以生成三角形和四边形(2D)，四面体、六面体、菱柱转换成四面体(3D)，支持自适应网格，还支持网格可视化、装配体的网格剖分等一系列功能。它由网格序列来定义网格剖分过程，网格序列包括操作、属性这两种特征。

(1)点击主工具栏的"初始化网络 > △"来生成网格。

(2)点击主工具栏的"细化网络 > ▲"来加密网格，得到如图 8 -30所示的网格。

6. 求解

点击主工具栏的"求解"按钮，进行求解。

7. 结果后处理

(1)点击工具栏的"后处理 > 绘图参数"，根据参数调整可得到磁场的空间分布图。

(2)点击工具栏的"后处理 > 域图参数"，根据参数调整可得到某些特定区域磁场的分布图。

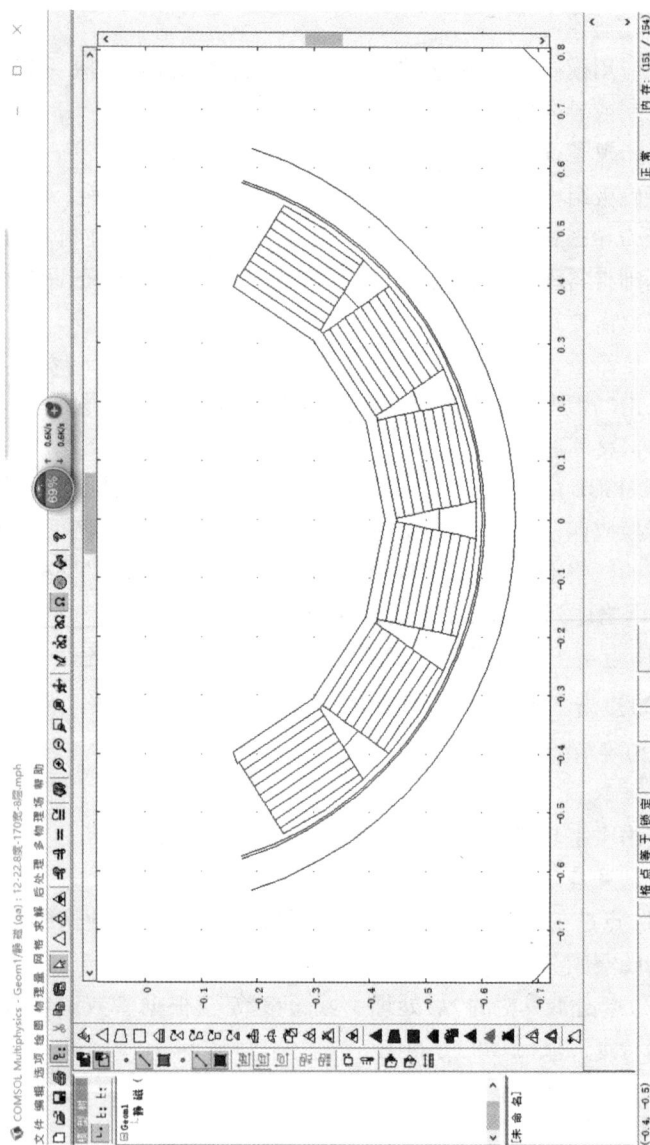

图8-27 导入几何体视图

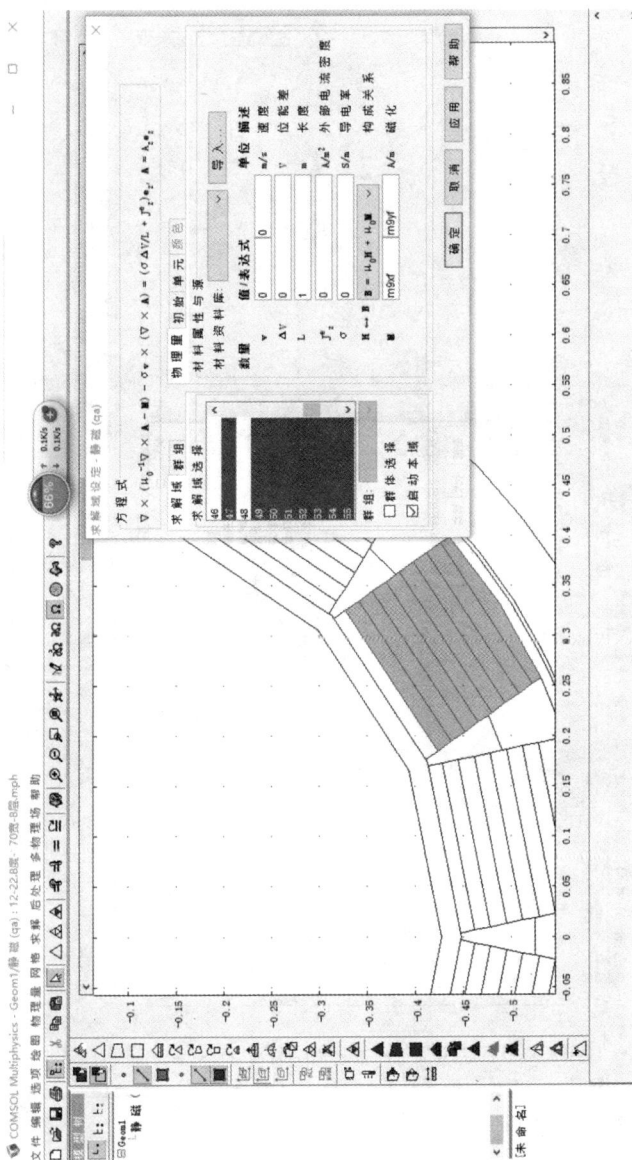

图8-28　材料赋属性图

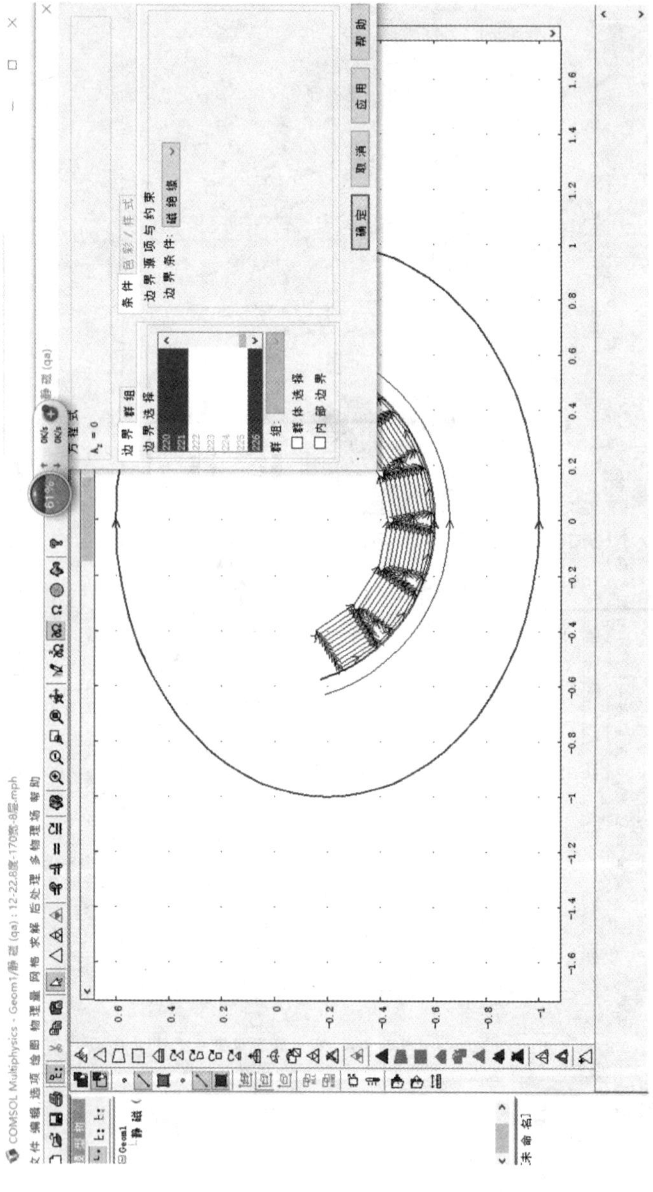
COMSOL Multiphysics - Geom1/静磁 (qa) : 12-22.8宽-170宽-8层.mph
文件 编辑 选项 绘图 物理量 网格 求解 后处理 多物理场 帮助
方程式
A_z = 0
边界
群组
边界选择
群组:
群体选择
内部边界
条件
色彩/样式
边界源项与约束
边界条件:
磁绝缘
确定
取消
应用
帮助
-1.6
-1.4
-1.2
-1
-0.8
-0.6
-0.4
-0.2
0
0.2
0.4
0.6
0.8
1
1.2
1.4
1.6

图8-29 边界设定图

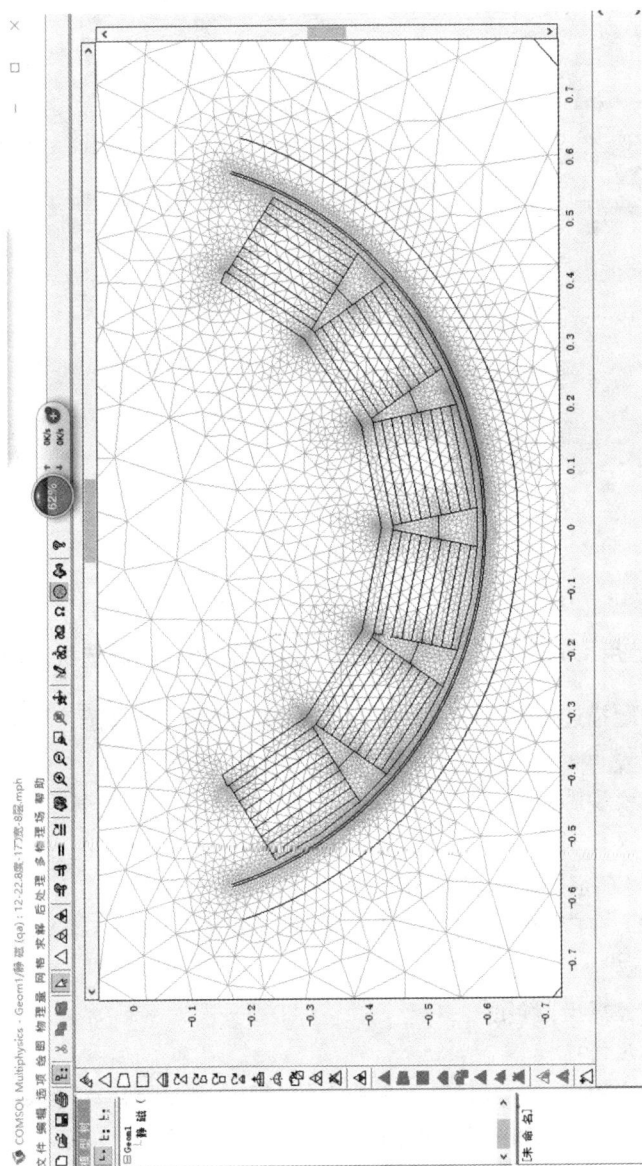

图8-30 二维模型网格剖分图

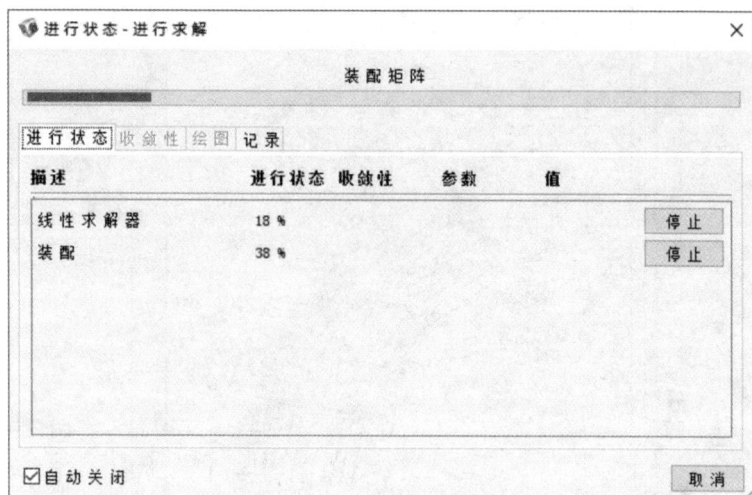

图 8 - 31   求解进度图

8.3.3　用 Comsol Multiphysics 模拟电磁感应辊式磁选机磁场

问题描述：模拟电磁感应辊式磁选机磁场，计算感应辊表面磁场的分布。

主要步骤：

1. 项目创建

（1）在空间维度选中 3D。

（2）在应用模式树中，打开"COMSOL Multiphysics > ACDC > 静态，磁"。

（3）点击"确定"。

2. 几何建模

在应用模式中选择基础模块中的"静磁，向量势"。导入所需要的几何结构，如图 8 - 35 所示。

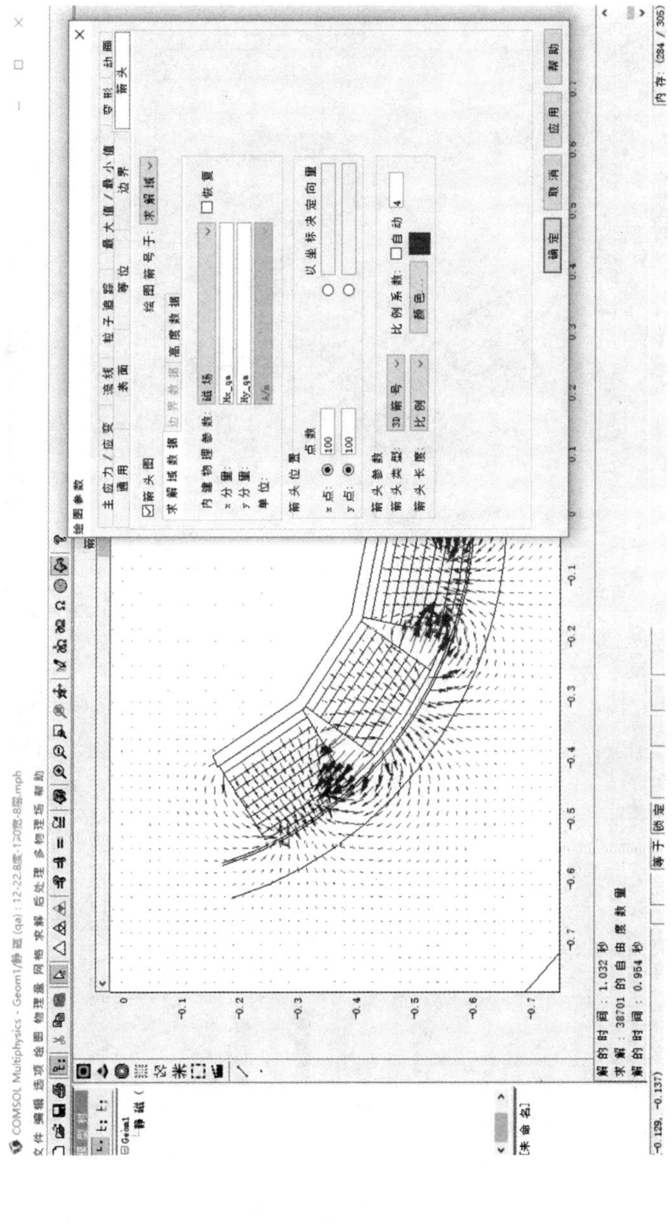

图8-32 后处理磁通密度分布图

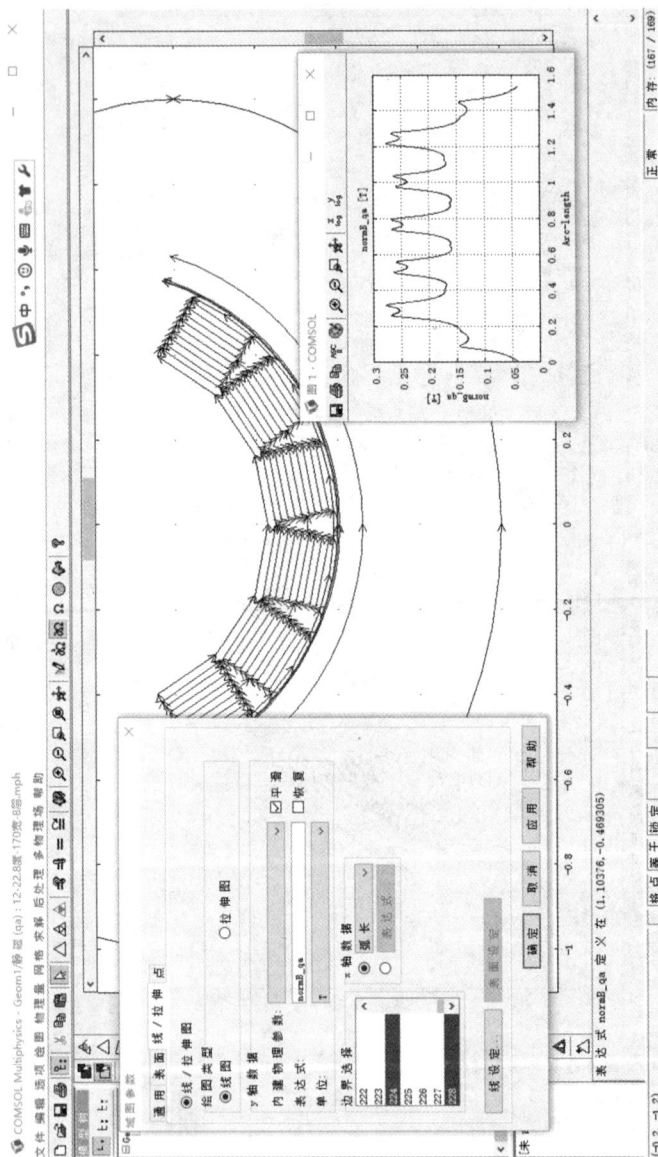

图8-33 磁场表面某高度周向磁场强度分布图

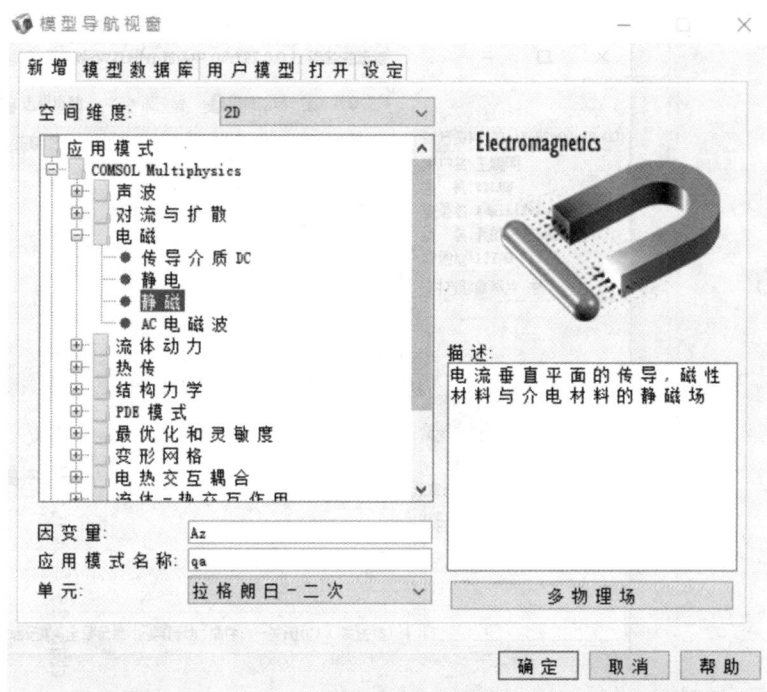

图 8 - 34　模型导航视图

3. 物理量设定

将磁路中的材料根据要求设定，其中磁轭设定为导磁材料，感应辊设定为导磁材料与非导磁材料的组合，同时需要为线圈赋予电流密度。

4. 边界条件

选择"物理量 > 边界设定"，按住"Ctrl"键选择磁绝缘。

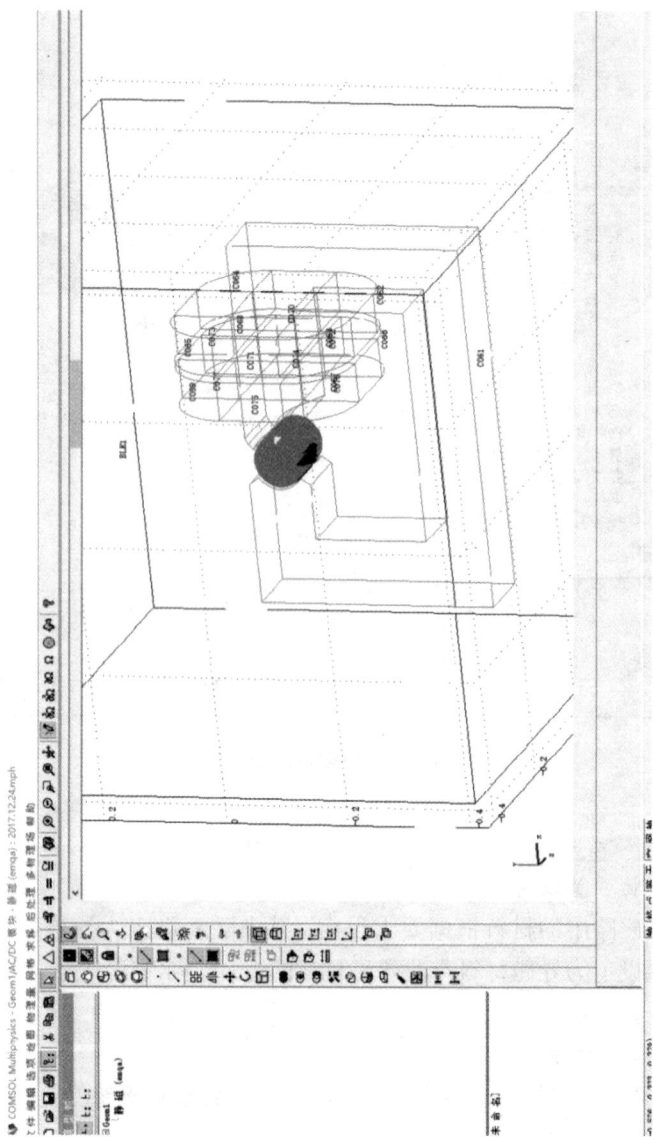

图8-35 导入几何体视图图

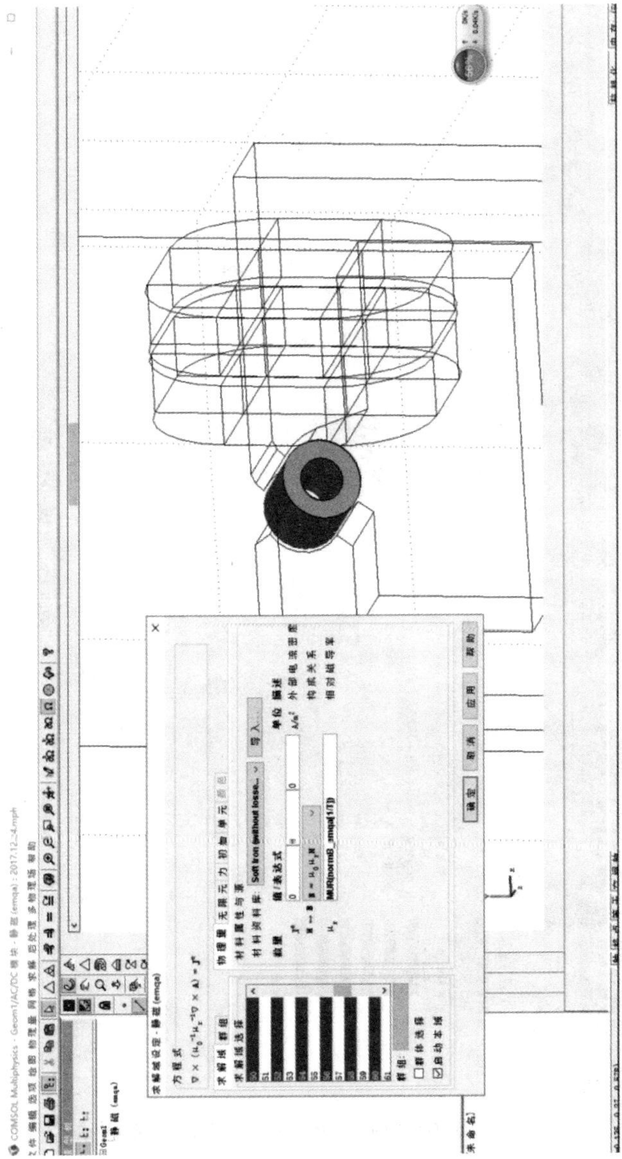

图 8-36　材料赋属性图

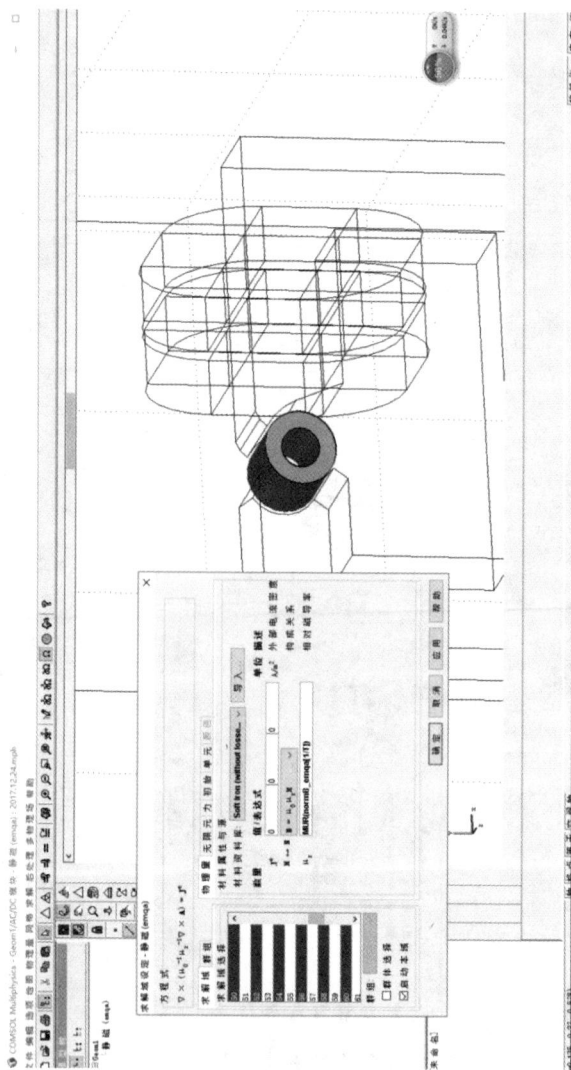

图8-37 边界设定图

5. 网格划分

（1）点击主工具栏的"初始化网络 > △"来生成网格。

（2）点击主工具栏的"细化网络 > △ "来加密网格，得到如图 8 - 38 所示的网格。可通过网格划分的对话框，选择不同部件进行不同细度的划分。

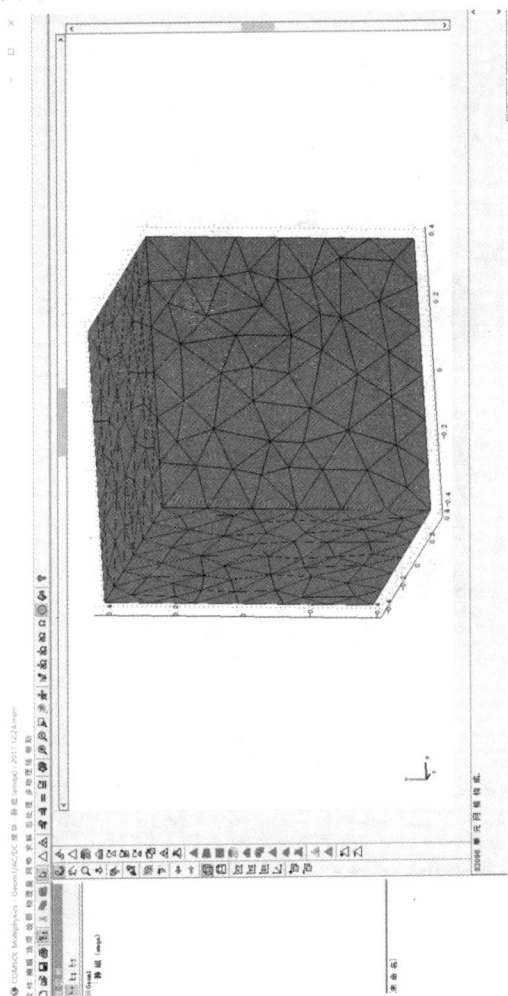

图8-38　三维模型网格剖分图

6. 求解

点击主工具栏的"求解"按钮进行求解。

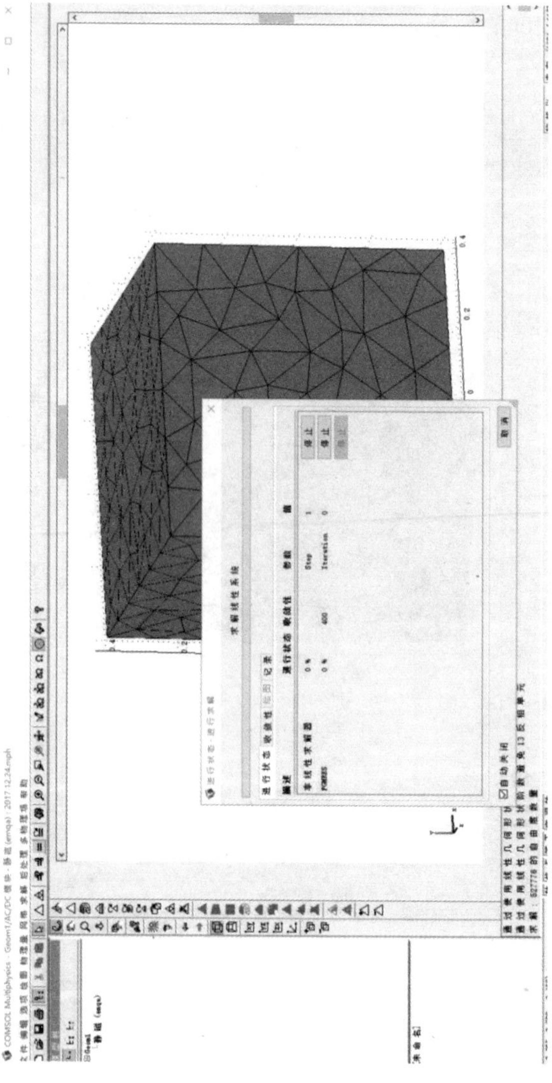

图8-39 求解进度图

7. 后处理和图形化

（1）点击工具栏的"后处理 > 绘图参数"，根据参数调整可得到磁场的空间分布图，如图 8 - 40 所示。

图 8 - 40 后处理磁通密度分布云图

（2）点击工具栏的"后处理 > 域图参数"，根据参数调整可得到距离感应辊不同位置处磁场的空间分布图，如图 8 - 41 所示。

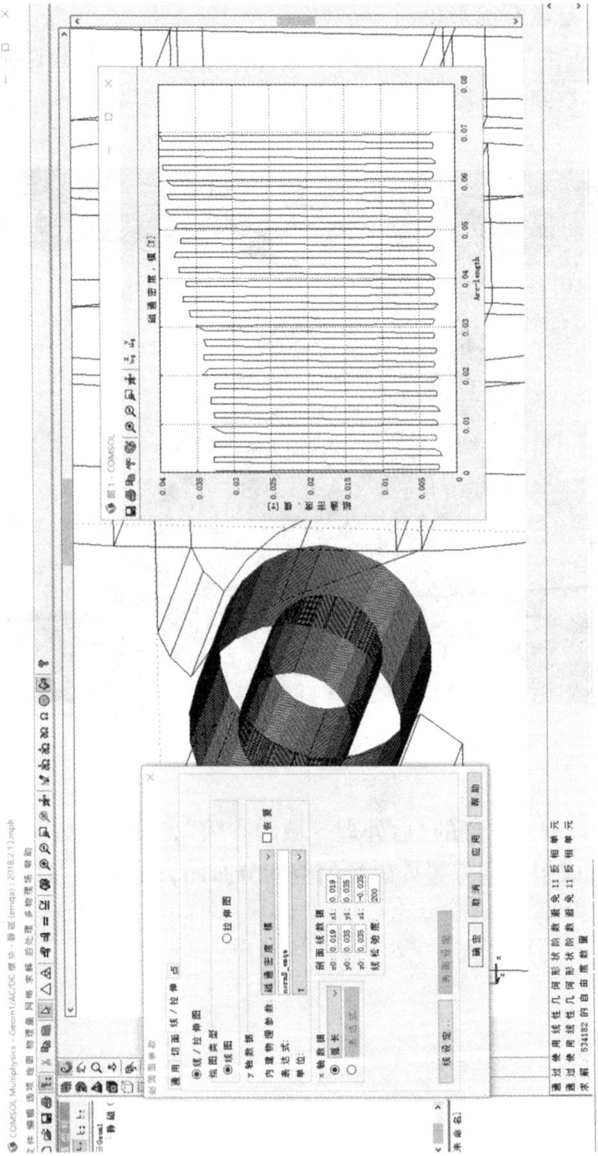

图8-41　距离感应辊某高度轴向磁场分布图

第9章

高梯度磁选的基本理论

9.1 磁力公式推导方法

磁力公式是磁选最基本的公式,有三种推导方法。

9.1.1 磁极强度说

见图9-1,磁性矿粒磁化后出现两极,极性强弱用极化强度 m 表示。矿粒所受磁力为:

$$mH - m\left(H - \frac{\mathrm{d}H}{\mathrm{d}l}l\right) = ml\frac{\mathrm{d}H}{\mathrm{d}l} = P_{\mathrm{m}}\frac{\mathrm{d}H}{\mathrm{d}l} \qquad (9-1)$$

式中: m——磁极强度;

H—— 磁场强度;

l——矿粒沿磁场方向的长度;

$\dfrac{\mathrm{d}H}{\mathrm{d}l}$——磁场梯度;

P_{m}——磁矩, $P_{\mathrm{m}} = kVH$, V 为砂粒体积, k 为砂粒磁化率。

9.1.2 磁化矿粒与载流线圈等效

见图9-2,磁力对线圈所做的功为:

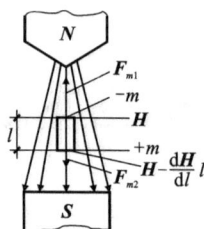

图 9 - 1　矿粒在磁场中的受力

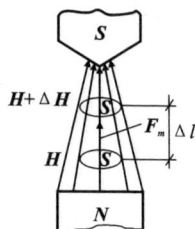

图 9 - 2　线圈在磁场中的受力

$$\Delta A = I\Delta\phi$$
$$= I[(B+\Delta B)S - BS]$$
$$= IS\Delta B = P_m\Delta B \tag{9-2}$$

式中：I——通过线圈的电流；

　　　$\Delta\phi$——通过线圈的磁通的增量；

　　　B——磁场磁感应强度；

　　　S——线圈包围的面积；

　　　IS——线圈磁矩。

磁力所做的功 ΔA 亦可表示为：

$$\Delta A = F_m \cdot \Delta l \tag{9-3}$$

所以　$$F_m = P_m \frac{\Delta B}{\Delta l} \tag{9-4}$$

在微小场域内的磁力为：

$$F_m = \mu k V H \frac{dH}{dl} \tag{9-5}$$

9.1.3　磁化矿粒与载流螺线管等效

在自感系数为 L 的螺线管中，建立电流强度为 I 的电流，其贮存的能量为：

$$W = \frac{1}{2}LI^2 \tag{9-6}$$

$$L = \mu n^2 V \tag{9-7}$$

$$I = \frac{H}{n} \tag{9-8}$$

式中：H——螺线管中的磁场强度；

　　　n——螺线管单位长度匝数。

对于 dV 体积矿粒所获得的磁能为：

$$dW = \frac{1}{2}\mu n^2 dV \cdot \frac{H^2}{n^2} = \frac{1}{2}\mu H^2 dV \tag{9-9}$$

$$\mu = \mu_0(1 + k) \tag{9-10}$$

式中：μ——矿粒磁导率；

　　　μ_0——真空磁导率；

　　　k——矿粒磁化率。

螺线管的总能量为：

$$W - \frac{1}{2}\int_V \mu_0(1 + k)H^2 dV = \frac{1}{2}\int_V \mu_0 H^2 dV + \frac{1}{2}\int_V \mu_0 k H^2 dV \tag{9-11}$$

上式等号右边第一项为真空的磁能，螺线管即矿粒的磁能为：

$$U = \frac{1}{2}\int_V \mu_0 k H^2 dV \tag{9-12}$$

作用于矿粒的磁力可以用磁能梯度负号表示，即：

$$F_m = -\,\mathrm{grad}U = -\,\mathrm{grad}\int_V \frac{1}{2}\mu_0 k H^2 dV \tag{9-13}$$

将 grad 括入积分式中并认为 k 为常数,则磁力绝对值为:

$$F_m = \mu_0 k \int_V H \mathrm{grad} H \mathrm{d}V = \mu_0 k V H \mathrm{grad} H \qquad (9-14)$$

9.2　高梯度磁场中矿粒所受的力

在高梯度磁选过程中,使磁性矿粒吸于聚磁介质表面而与非磁性矿粒分离的主要条件是磁力大于竞争力。竞争力主要为流体黏滞力和重力(对微细矿粒,重力可以忽略)。磁性矿粒所受磁力为

$$F_m = V M_p \mathbf{grad} H = \frac{4}{3} \pi r^3 K H_0 \frac{\mathrm{d}H_0}{\mathrm{d}l} \qquad (9-15)$$

式中　V——球形矿粒的体积;

　　　M_p——矿粒的磁化强度;

　　　r——矿粒的半径;

　　　K——矿粒的体积磁化率;

　　　H_0——背景场强;

　　　$\dfrac{\mathrm{d}H_0}{\mathrm{d}l}$——场强 H_0 在 l 方向的梯度。

聚磁介质周围的磁场梯度可近似计算。磁介质在磁场中被磁化到饱和后,由于磁通的连续性,其内部及表面的磁感应强度相等,可用下式表示

$$B_s = H_i + 4\pi M_{sf} \qquad (9-16)$$

式中　H_i——磁介质内部的磁场强度;

　　　M_{sf}——磁介质的磁化强度。

$$H_i = H_0 - H_d \qquad (9-17)$$

$$H_d = 4\pi N M_{sf} \qquad (9-18)$$

式中　H_d——退磁场强度;

N——退磁系数, 对于长圆柱体 $N = 1/2$, 钢板网网丝或钢毛可近似看作长圆柱体; 其相关计算如下:

$$H_d = \frac{1}{2} 4\pi M_{sf} = 2\pi M_{sf}$$

$$B_s = H_i + 4\pi M_{sf} = H_0 - H_d + 4\pi M_{sf}$$
$$= H_0 - 2\pi M_{sf} + 4\pi M_{sf} = H_0 + 2\pi M_{sf}$$

根据理论计算, 离开磁介质表面 P 点(图 9 - 3)与磁介质等值直径(d_e)等数量级距离 l 的 P' 点的场强已近似等于背景场强, 所以 P 点场强 $B_p = H_0 + 2\pi M_s$, P' 点场强 $B'_p = H_0$, 则 PP' 间的磁场梯度为

$$\frac{dH_0}{dl} = \frac{B_p - B'_p}{d_e} = \frac{2\pi M_{sf}}{d_e} \qquad (9 - 19)$$

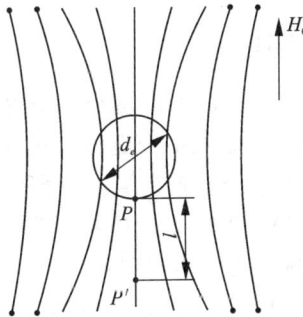

图 9 - 3　磁场梯度计算图

将式(9 - 19)代入式(9 - 15), 得

$$F_m = \frac{8\pi^2}{3} r^3 K H_0 \frac{M_{sf}}{d_e} \qquad (9 - 20)$$

当磁介质处于未饱和磁化状态时, M_{sf} 是 H_0 的函数, 所以, $F_m \propto H_0^2$, 即 F_m 随 H_0 的平方成正比变化。当磁介质饱和磁化后

$M_{sf} = M_s$，饱和磁化强度 M_s 已不再随 H_0 的增加而增加，但弱磁性矿粒的磁化强度 M_p 仍随 H_0 的增加而增大，因而磁力 F_m 仍是增加的，此时 $F_m \propto H_0$，即 F_m 随 H_0 的一次方成正比变化。

对微细颗粒，其在矿浆中所受的粘滞力为

$$F_D = 6\pi\eta r v_0 \qquad (9-21)$$

式中：η——矿浆动黏滞系数；

v_0——矿浆流速。

在磁捕集过程中，力的平衡关系主要为

$$F_m = F_D \qquad (9-22)$$

磁性矿粒的捕获率取决于 F_m 与 F_D 的比值 R，称为力比，其值为

$$R = \frac{F_m}{F_D} = \frac{4\pi}{9} \cdot \frac{r^2 K}{\eta} \cdot \frac{M_{sf}}{d_e} \cdot \frac{H_0}{v_0} \qquad (9-23)$$

式中 $\dfrac{r^2 K}{\eta}$——矿浆的性质。

当 η 一定时，矿粒越大、磁性越强，则越容易被捕收；M_{sf}/d_e 表示磁介质的特性；H_0/v_0 表示磁选过程的工艺参数，对于一定的磁选过程（如给矿量、分选腔高度、磁介质充填率、净化冲洗水量及流量等因素一定），当矿浆性质和磁介质的性能一定时，H_0 和 v_0 便成为影响磁选过程的主要因素。

在高梯度磁选过程中，磁介质的直径（或当量直径）是一个重要因素。它与被捕获颗粒直径之间存在着匹配的关系，在一定的比值时，矿粒所受之磁力最大。

当球形矿粒（其半径为 b）在距磁介质（其半径为 r_0）表面一定距离 r 处，即 $(r_0 + b) < r < (r_0 + \alpha b)$ [其中 $\alpha = (r - r_0)/b$] 时，利用式(6-80)磁力 F_m、磁场磁力 F_H、k 三者与 α 的关系如图9-4所示。

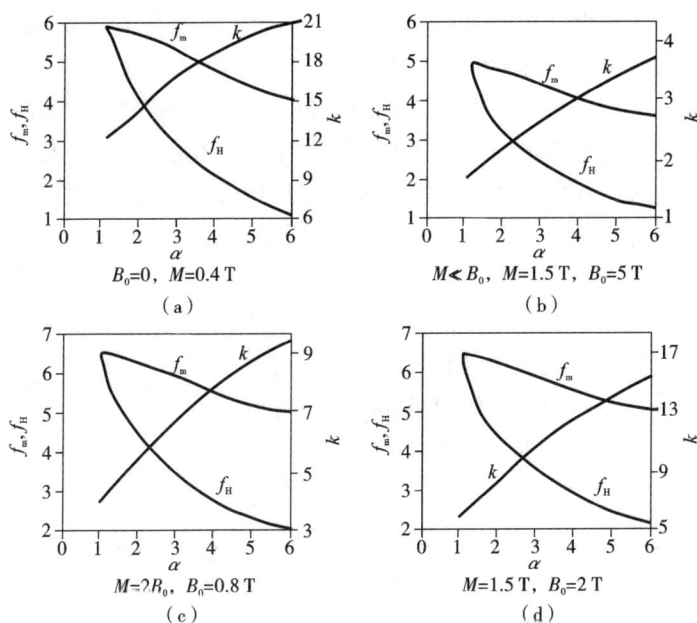

图 9-4　F_m、F_H、k 与 α 的关系曲线

由图 9-4 看出，F_m、F_H 随 α 增大而降低，k 则随 α 增大而增大。因为当矿粒距磁介质远时，磁力降低，所以如要保证足够大的磁力深度，则需要大的磁介质半径，即 k 增大。

9.3　高梯度磁场中矿粒的作用能

高梯度磁选能处理微细的似胶体的矿粒。作用在这种矿粒上的表面力将大大地影响弱磁性矿物的磁选过程。微细矿粒能否被磁介质捕获与矿粒的表面电性（或表面电位）有重要的关系。矿浆 pH 直接影响矿物的表面电位和分选空间各种体系（矿粒间和矿粒与磁介质间等）的总相互作用能，从而影响磁选的分选效率。

　　任何物理选矿方法,分选前都必须使矿浆适当地分散,这是获得好的分选指标的前提,高梯度磁选也不例外,处于磁场中的含微细矿粒的矿浆,其分散度是由多种力的合力控制的,这些力包括与矿物表面电性有密切关系的双电层力和范德华力,与磁场特性有关的磁偶极化力及流体动力剪切应力。在外磁场作用下,矿浆内两个粒子的总相互作用能可用下式表示:

$$V_T = V_R + V_A + V_M + V_H \qquad (9-24)$$

式中　V_T——体系的总相互作用能(erg, $10^{-7}J$);

　　　　V_A——范德华势能(erg, $10^{-7}J$);

　　　　V_R——双电层作用能(erg, $10^{-7}J$);

　　　　V_M——磁偶极化作用能(erg, $10^{-7}J$);

　　　　V_H——流体剪切应力能(erg, $10^{-7}J$)。

　　为了便于讨论问题,假设微细粒矿粒为球体,磁介质相对于微米级的粒子可以认为是平板。

　　下面对矿粒同质凝聚和异质凝聚以及矿粒与磁介质的相互作用能分别加以阐述。

9.3.1　同质凝聚

　　对于同性矿粒(如黄铜矿或方铅矿),当矿浆流速较小,在矿浆中矿粒基本上是同步向前运动,因此,同性矿粒间的相对速度接近于零,这样式(9-24)中的 V_H 就约等于零,V_R 和 V_A 可由 DLVO 理论进行计算,V_M 可按 J. Svoboda 提出的公式计算,故式(9-24)为:

$$
\begin{aligned}
V_T &= V_R + V_A + V_M \\
&= 4\pi\varepsilon a^2\varphi^2 \frac{e^{-Kx}}{2a+x} - \frac{A}{6}\left[\frac{2a^2}{4ax+x^2} + \frac{2a^2}{(2a+x)^2} + \right. \\
&\quad \left. \ln\frac{4ax+x^2}{2a+x^2}\right] - \frac{8\pi\mu_0\chi^2 H^2 a^6}{9(x+2a)^3} \qquad (9-25)
\end{aligned}
$$

式中：a——矿粒半径，cm；

　　　k——德拜 - 胡克尔参数，cm^{-1}；

　　　b——磁介质半径，cm；

　　　ε——矿浆的介电常数，25℃水，$\varepsilon = 78.54$；

　　　x——粒子间的距离，cm；

　　　χ——矿粒的比磁化率，cm^3/g；

　　　A——哈马克常数，erg，10^{-7} J；

　　　μ_0——真空磁导率，CGSM　$\mu_0 = 1$；

　　　H——磁场强度，Oe(1 Oe = 79.5775 A/m)；

　　　φ——矿粒表面电位，V，在溶液浓度很小时，它等于 ξ 电位。

由式(9 - 25)可知，在一定的场强下，对于一定的磁介质和一定性质矿粒的矿浆，其聚散性主要取决于矿粒的表面电位。在磁选过程中，场强一定，矿浆的聚散性可通过调整矿物表面电位来调节。

9.3.2　异质凝聚

对于性质不同的矿粒，不能直接用 DLVO 理论计算，需用 Derjaquin 等的异相凝聚理论计算才能得到满意的结果。对于异质凝聚(以黄铜矿和方铅矿为例)，由于弱磁性的黄铜矿和逆磁性的方铅矿之间的磁偶极化力非常弱，V_M 一项可略去不计，又因为矿浆流速很小，两个同向运动的矿粒之间的相对速度就更小，故式(9 - 24)中 V_H 一项也可忽略不计，这样，式(9 - 24)为

$$V_T = V_R + V_A$$

$$= \frac{\varepsilon a_1 a_2}{4(a_1 + a_2)} \left[2\varphi_1 \varphi_2 \ln \frac{1 + e^{-kx}}{1 - e^{-kx}} + (\varphi_1^2 + \varphi_2^2) \cdot \ln(1 - e^{-2kx}) \right]$$

$$- \frac{A a_1 a_2}{6x(a_1 + a_2)} \tag{9 - 26}$$

式中：A——黄铜矿 – 水 – 方铅矿体系的哈马克常数，erg，10^{-7}J；

　　　　a_1——黄铜矿颗粒半径，cm；

　　　　a_2——方铅矿颗粒半径，cm；

　　　　φ_1——黄铜矿颗粒的表面电位，V；

　　　　φ_2——方铅矿颗粒的表面电位，V。

9.3.3　矿粒与磁介质的相互作用能

　　矿粒与磁介质的作用，与矿粒间的同质凝聚和异质凝聚有所不同，因为不论对黄铜矿还是方铅矿，由于磁介质的磁偶极化力较大，它们与磁介质的磁偶极化作用能是不可忽略的。而且，由于磁介质不随矿浆运动，所以矿粒相对于磁介质的速度可近似等于矿浆流速，这样流体动力剪切应力能也不可忽略。因此，矿粒与磁介质的相互作用能为：

$$V_{\mathrm{T}} = V_{\mathrm{R}} + V_{\mathrm{A}} + V_{\mathrm{M}} + V_{\mathrm{H}} = -\frac{A}{6}\left[\frac{2a(a+x)}{x(x+2a)} - \ln\frac{x+2a}{x}\right] +$$

$$\pi\varepsilon a\left[(\varphi_1 + \varphi_2)^2\ln(1 + \mathrm{e}^{-kx}) + (\varphi_1 - \varphi_2)^2\ln(1 - \mathrm{e}^{-kx})\right] - \frac{\mu_0\chi}{2}$$

$$\left\{\frac{4\pi MHa^3}{3(1+a/b)^2} + \frac{\pi M^2 a^3}{4(1+2a/b)}\left[\frac{a}{b} + \left[\frac{(a/b)^2}{(1+2a/b)^{\frac{1}{2}}} - (1+2a/b)^{\frac{1}{2}}\right]\right.\right.$$

$$\left.\left.\arctan\frac{a/b}{(1+2a/b)}\right]\right\} + \frac{\pi^2 a^2}{4}b\rho^{\frac{1}{2}}V^{\frac{3}{2}}\eta^{\frac{1}{2}}(x+2a)^{-\frac{1}{2}} \times$$

$$(9.861\theta - 3.863\theta^3 + 0.413\theta^5) \tag{9-27}$$

式中：M——磁介质的磁化强度，Gs；

　　　　v——矿浆流速，cm/s；

　　　　ρ——流体密度，水，$\rho = 1$ g/cm^2；

　　　　η——矿浆黏度，P；

　　　　θ——前滞流点与流速方向的夹角(弧度)。

9.4　表面电位对微细粒铜铅矿物磁分离的影响

微细粒的分散与凝聚是由其凝聚能决定的,而凝聚能又与表面电位密切相关,矿浆 pH 是影响矿物表面电位的主要因素之一,因此,调节矿浆 pH,改变矿物表面电位可有效地控制矿浆分散。

9.4.1　不同 pH 下,微细粒铜铅混合矿磁分离结果

试验固定条件:试样为粒度 38 μm 人工铜铅混合矿,磁场强度 19 kGs,矿浆流速 1.57 cm/s,矿浆浓度 2.0%,2 号钢毛充填率 2.2%,试验结果如图 9 - 5,图 9 - 6,图 9 - 7 所示。

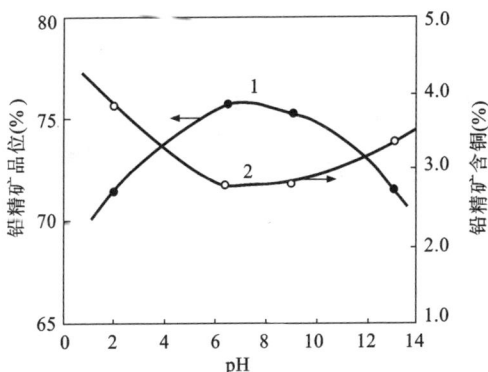

图 9 - 5　矿浆 pH 对铅精矿质量的影响

1—铅精矿品位(%)　　2—铅精矿含铜(%)

由图 9 - 5 的试验结果可知,随着矿浆 pH 的增大,铅精矿品位先逐渐增加,含铜逐渐下降,在 pH 6.5 至 9 之间曲线变化较平缓,pH 大于 9 以后,铅精矿品位逐渐下降,含铜逐渐增加。由此

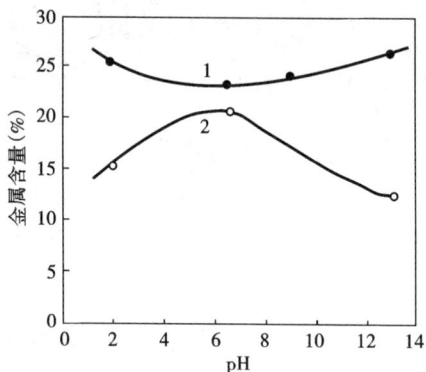

图 9 – 6 矿浆 pH 对铜精矿质量的影响

1—铜精矿品位(%) 2—铜精矿含铅(%)

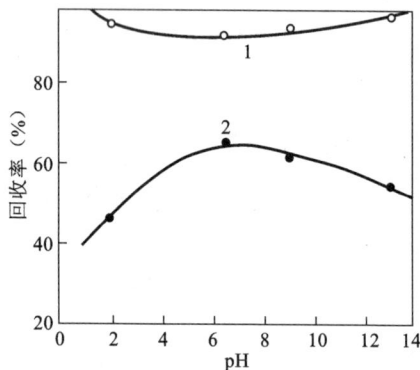

图 9 – 7 矿浆 pH 对精矿回收率的影响

1—铜精矿回收率(%)；2—铅精矿回收率(%)

可见，pH 太高或太低，铅精矿质量均不好，pH 在 6.5 至 9 范围内，铅精矿质量较好。

由图 9 – 6 曲线可知，随着 pH 的增大，铜精矿品位先是逐渐减小，pH > 7 后，逐渐升高，而铜精矿含铅 pH 在 2 至 7 之间逐渐增加，pH > 7 后，又逐渐下降，铜精矿质量在 pH > 9 时较好。

由图 9 – 7 的曲线可知，随着矿浆 pH 增大，铜精矿回收率先是逐渐降低，在 pH = 7 左右最低，而后又略有升高，铜回收率相反。综上所述，既要得到质量较好的铜精矿和铅精矿，又要保持较高的回收率，pH 在 9.0 左右较合适。

为什么试验结果会出现这种现象呢? 这可由图 9 – 8 的动电位曲线及以后的相互作用能曲线得到解释。

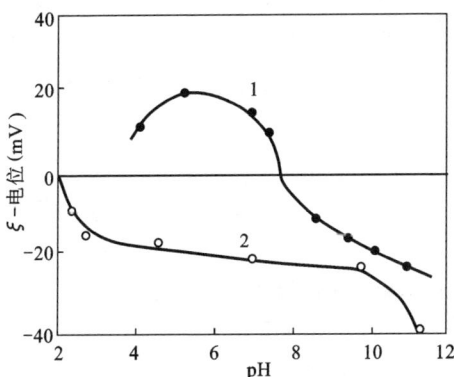

图 9 – 8　矿物 ξ 电位与 pH 的关系

1—方铅矿　2—黄铜矿

9.4.2　微细铜铅矿粒的黏附机理

1. 铜(或铅)矿粒同质凝聚能的计算

利用式(9 – 25)编好计算机程序，在 Laser – 310 微机上直接绘出图形。在不同表面电位下，黄铜矿颗粒间总相互作用能与矿粒间距离的关系示于图 9 – 9。图 9 – 9 的计算条件为: $H = 19$ kOe, $X_p = 67.4 \times 10^{-6}$ cm^3/g, $A = 8.73 \times 10^{-14}$ erg, $k = 1.04 \times 10^6$ cm^{-1}, $b =$

2.5×10^{-3} cm, $a = 0.5$ μm。

图 9 - 9 的曲线表明,随着黄铜矿负电位增加,势垒逐渐升高,这是由于同性电荷互相排斥的结果。随着表面电位负值的减小,势垒逐渐降低。当 $\varphi = -10$ mV 时,势垒几乎消失。因此,可以预见,在 $\varphi = -10$ mV 至 $+10$ mV 之间,黄铜矿颗粒将很易发生同质凝聚。

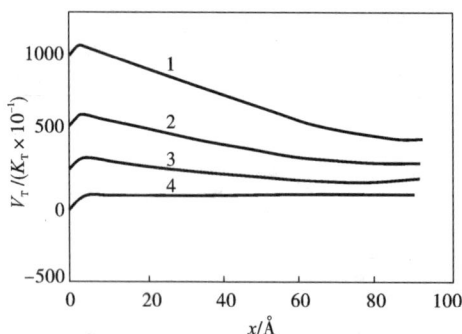

图 9 - 9　在不同表面电位下,黄铜矿颗粒间总相互作用能与距离的关系

1—$\varphi = -40$ mV　2—$\varphi = -30$ mV

3—$\varphi = -22$ mV　4—$\varphi = -10$ mV

方铅矿颗粒间总相互作用能示于图 9 - 10。图 9 - 10 的计算条件为:$X_p = -0.409 \times 10^{-6}$ cm^3/g, $A = 7.5 \times 10^{-14}$ erg, $a = 1$ μm,其余条件同前。

图 9 - 10 曲线表明,表面电位负值越高,势垒越高,颗粒越难凝聚;反之,随着表面电位负值降低,势垒逐渐降低。当 $\varphi = 0$ 时,势垒消失,由斥力变为引力,此时方铅矿颗粒间很易发生同质凝聚,分散性会是最差。由图 9 - 10 知,当 $\varphi = 0$ 时, pH = 7.5 左右。再由图 9 - 6, 9 - 7 看出,在 pH = 7.5 左右,铜精矿含铅最高,铅精矿回收率最低。可见方铅矿同质凝聚对磁分离是不

利的。

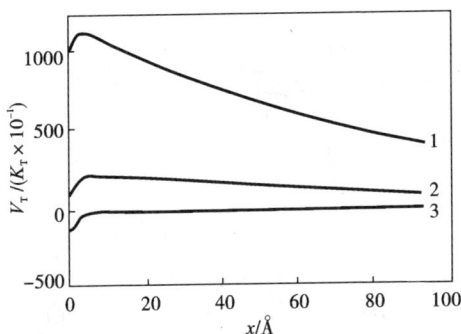

图 9 – 10　不同表面电位时，方铅矿总作用能与距离的关系

1—$\varphi = -30$ mV　2—$\varphi = -14$ mV　3—$\varphi = 0$

2. 铜铅矿粒异质凝聚能的计算

利用公式(9 – 26)计算不同表面电位下，方铅矿与黄铜矿颗粒间的总相互作用能，结果示于图 9 – 11。图 9 – 10 的计算条件为：$A = 8.09 \times 10^{-14}$ erg，$k = 1.04 \times 10^6$ cm^{-1}，黄铜矿颗粒半径 $a_1 = 0.5$ μm，方铅矿颗粒半径 $a_2 = 1$ μm。

图 9 – 11 的曲线表明，黄铜矿和方铅矿表面电位不同，黄铜矿 – 水 – 方铅矿体系的相互作用能也不同，当黄铜矿和方铅矿电位符号相反(曲线 1)或二者的表面电位有一个为零时，颗粒极易发生异质凝聚，由于是不可逆凝聚，所以此时的凝聚是稳定的，矿浆的分散性就较差，这对铜铅分离极为不利。随着矿浆表面电位负值的增加，势垒逐渐增加，当两者的表面电位均为 – 40 mV时(曲线 4)，体系的总能量为斥力能。此时，两者不易发生异质凝聚，矿浆的分散性较好。由此可见，矿物表面电位对颗粒的异质凝聚起决定性的作用。

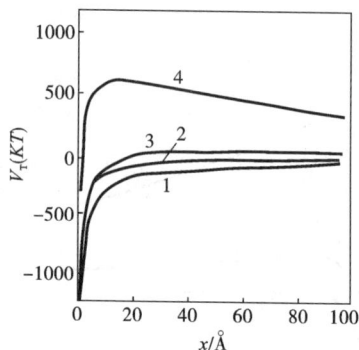

图 9 - 11　不同表面电位时，异质凝聚能与距离的关系

$1—\varphi_1 = -10$ mV, $\varphi_2 = 10$ mV　$2—\varphi_1 = -10$ mV, $\varphi_2 = 0$ mV

$3—\varphi_1 = -30$ mV, $\varphi_2 = -10$ mV　$4—\varphi_1 = -40$ mV, $\varphi_2 = -40$ mV

φ_1—铜矿粒表面电位　φ_2—铅矿粒表面电位

9.4.3　矿粒与磁介质相互作用能

1. 黄铜矿与磁介质总相互作用能的计算

计算的已知条件为：$A = 1.69 \times 10^{-14}$ erg, $X_p = 67.4 \times 10^{-6}$ cm^3/g, $M = 2 \times 10^4$ Gs, $H = 19$ kOe, $b = 2.5 \times 10^{-8}$ cm, $k = 1.024 \times 10^6$ cm^{-1}, $v = 1.57$ cm/s, $\theta = \dfrac{\pi}{6}$, $a = 1$ μm。

利用公式(9 - 26)的计算结果示于图 9 - 12。图 9 - 12 曲线表明，随着表面电位负值的增大，黄铜矿与磁介质的引力能逐渐减小，会使部分黄铜矿粒进入非磁性产品中，使铜回收率下降。

2. 方铅矿与磁介质总相互作用能的计算

仍利用公式(9 - 26)计算，其已知条件为：$A = 1.56 \times 10^{-14}$ erg, $X_p = -0.409 \times 10^{-6}$ cm^3/g, 其余条件同前。计算结果示于图 9 - 13。

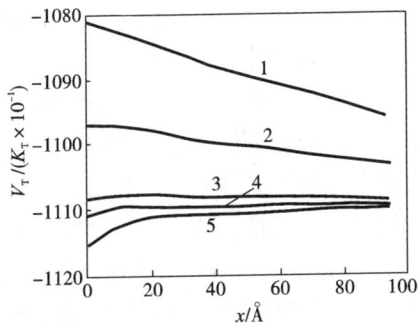

图9-12 不同表面电位时，黄铜矿-水-钢毛体系总作用能与距离的关系

1—$\varphi_1 = -60$ mV, $\varphi_2 = -60$ mV　2—$\varphi_1 = -40$ mV, $\varphi_2 = -40$ mV

3—$\varphi_1 = -15$ mV, $\varphi_2 = -15$ mV　4—$\varphi_1 = -10$ mV, $\varphi_2 = 0$ mV

5—$\varphi_1 = -10$ mV, $\varphi_2 = 10$ mV

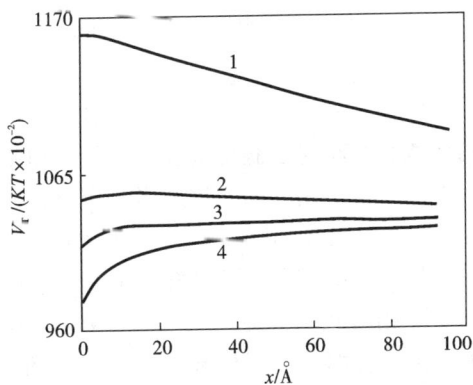

图9-13 不同表面电位时，方铅矿-水-钢毛体系总能量与距离的关系

1—$\varphi_1 = -40$ mV, $\varphi_2 = -40$ mV　2—$\varphi_1 = -15$ mV, $\varphi_2 = -15$ mV

3—$\varphi_1 = -10$ mV, $\varphi_2 = 0$ mV　4—$\varphi_1 = -10$ mV, $\varphi_2 = 10$ mV

图 9 – 13 曲线表明，随着表面电位负值的增大，势垒逐渐升高，方铅矿颗粒被磁介质捕获的可能性减小，因而黄铜矿颗粒中夹杂方铅矿颗粒的可能性减小。

由图 9 – 12 可知，对于粒度为 1 μm 的黄铜矿颗粒或黄铜矿与方铅矿的凝聚体，在表面电位小于 – 15 mV 时，受到较大的引力能作用，会被磁介质捕获。由图 9 – 13 又知，此时 1 μm 方铅矿颗粒的相互作用能为斥力能。因此，微细粒方铅矿夹杂的机理是方铅矿与黄铜矿先发生异质凝聚，然后凝聚体又被磁介质捕获。因此，我们可以人为地控制矿物表面电位，消除铜铅异质凝聚，减少铅的夹杂以提高分选效率。

9.5 影响湿式高梯度磁选选择性的因素

影响高梯度磁选选择性的因素主要有：磁介质的匹配与排列形式、载体的性质与矿浆流态、被选物料的分散程度及机械夹杂等。

9.5.1 磁介质的匹配与排列形式

磁介质的形状和大小对于获得最佳精矿品位和回收率以及确定介质负荷有着重要的作用。前已述及当介质丝直径 a 与颗粒直径 b 的比值等于 2.69 时，作用在颗粒上的磁力最大。然而，磁介质的匹配是一个较复杂的问题，根据单丝捕集理论建立起来的最佳介质匹配与实际相差较大。分析表明，若 $a/b < 10$，机械捕集现象明显，在磁介质表面易形成颗粒的无选择性堆积引起滞流，从而影响磁性产品的质量。为避免发生这种现象，在选用磁介质时 a/b 应大于 10。在实际应用中，介质尺寸与矿粒大小相匹配的条件应是使精矿的回收率和品位最高。磁介质的尺寸应是矿石粒度分布和矿物组成的函数。减小磁介质尺寸，磁性产品的回收率得到提高，品位会降低。钢毛介质的宽度一般为 0.254 ~

0.051 mm，厚度约为宽度的十分之一。在具体选用介质时，应根据试验来把握不同磁介质对某一物料的磁捕集效果。

介质丝的有序排列能够提高高梯度磁选的效率。实际生产中利用由磁介质丝编成的网或膨化金属筛板网来实现这种介质有序布置。实际表明，这种有序的介质可以提高分选效率。对磁介质进行结构化，既可防止磁介质的损失，又可实现有序排列。

理论研究认为，分选罐中磁介质的有序排列，即所有磁介质丝垂直于磁场方向，且相互平行排列，则分选效率可达到理想的结果。介质有序的优点为：矿浆流量相等时，压力降较介质随机排列为小，矿浆较容易流过，减小了非磁性颗粒的机械夹杂，可充分地洗出磁性颗料。中国专利 CN87203391 介绍的立栅式聚磁介质，考虑了介质丝的有序排列及最佳的梯度匹配关系，具有结构化介质特点，其分选的选择性较高。

9.5.2　载体性质及矿浆流态

1. 载体的黏度

载体是指输送被选物料的流体，湿式高梯度磁选中的载体通常为水。颗粒的捕集概率与载体黏度成反比，这意味着降低载体黏度有利于改善磁选机的分选效果。

2. 载体的表面张力

在以往的高梯度磁选作用中，人们很少注意到载体表面张力的影响，载体的表面张力可以用表面活性剂加以调节。据报道，经羟乙基化烷基酚预处理的水，表面张力由 0.072 N/m 降至 0.032 N/m。将这种经预处理的水用于磁选作业，可使入选粒度上限下降 20%，保证有效分选的磁感应强度可降低，低磁化率颗粒的磁选选择性可提高。

3. 载体的比磁化率

有人提议用顺磁性液体代替水作为湿式高梯度磁选的载体，

以此减少甚至消除脉石成分的磁捕获。如果载体的比磁化率与欲除去矿物的比磁化率相匹配,根据下式,作用于该矿物颗粒上的净磁力 F_m 应为 0。

$$F_m = V(k_p - k_m) H \mathrm{grad} H \qquad (9-28)$$

式中　F_m——作用在磁性物体颗粒上的磁力,N;

　　　V——颗粒的体积,m^3;

　　　H——颗粒中的磁场强度,A/m;

　　　$\mathrm{grad} H$——磁场梯度,A/m^2;

　　　k_p——磁性颗粒的物质体积磁化率;

　　　k_m——载体的物质体积磁化率。

这样就可以消除某一矿物成分的竞争磁捕获,而使捕获选择性提高,这对分选两种顺磁性的矿物特别有效。利用不同比磁化率的 $MnCl_2$ 水溶液(其比磁化率与锰含量成正比),对黑钨矿 – 砷黄铁矿混合物进行高梯度磁选的试验,获得了良好的选择性。

4. 矿浆的 pH

在细粒矿物湿式高梯度磁选过程中,除磁力与水动力之外,颗粒间及颗粒与磁介质间的表面力起着主要的作用。调整矿浆 pH 能改变矿粒表面电位及双电层,进而改变了系统的静电作用,并由此影响着系统的总相互作用能。9.4 节阐述了不同 pH 对铜铅矿物磁分离的影响。王燕民等研究了在粒度小于 10 μm 的赤铁矿与石英混合物的高梯度磁选中 pH 的影响。通过调整 pH,算出不同矿浆 pH 时颗粒间及颗粒与磁介质间静电交互作用能。结果表明,当 pH 为 6.5 时(比赤铁矿零电点大 1 pH 单位),赤铁矿能选择性地被吸附在磁介质表面,即提高了高梯度磁选的选择性。Maurya 等研究了 pH 对高岭土高梯度磁选的影响。Svoboda 等对铀和金高梯度磁选中 pH 的影响进行了实验研究,金和铀在磁选精矿中的品位为 pH 的函数,实验结果表明,当 pH 接近有用矿物零电点时,高梯度磁选效果最佳。Svoboda 等还对其他矿物高梯度磁选中 pH 的影响进行了研究。在实际应用中，应根据试验确定最佳 pH。

5. 矿浆流态

v_m/v_0（磁力速度与矿浆流速之比）是高梯度磁选捕集方程中的一项重要因子，它决定着高梯度磁选机运行情况的好坏。当磁介质、场强、被分选物料性质等因素确定后，v_m 是定值，此时 v_0 对磁选结果起主要作用。研究表明，矿浆低速流过磁介质时，矿粒都在磁介质丝的正面得到捕获，这时料流对粒子的拖曳力不够大，一些非磁性颗粒难免与磁介质丝碰撞而夹杂到磁性颗粒中间，从而形成机械夹杂。当矿浆流速加大到一定程度时，矿浆将在磁介质丝的背面产生旋涡，此时料流的拖曳力较大，颗粒很难在磁介质丝正面捕集。磁性颗粒被带进旋涡形成介质丝的背面捕集，非磁性颗粒因不受磁力而直接被料流带走，这就是涡流高梯度磁选。就是这个涡流磁选大大提高了高梯度磁选的选择性。但在大流速的情况下，为达到理想的回收率，必须增大磁场，以使磁力大于流体拖曳力。

9.5.3　物料的分散

高梯度磁选前，物料必须充分分散并且矿浆要有适宜的流变特性。对矿浆的分散过程起决定作用的因素是微粒表面的荷电状态及物化性质。通常采用超声波或添加分散剂对物料进行分散。超声波产生空化作用，在固体和液体界面产生高速微冲流时，既能够除去边界污层或使边界污层疏松，又可增强搅拌作用，以清洗矿粒表面，使矿粒得到分散。超声波分散必须选择适当的声学参数。因在现场使用超声波比较麻烦，因而实际上多采用分散剂分散。常用的分散剂主要为碱类、硅酸钠和无机磷酸盐。分散剂在其最佳分散浓度下才能达到最佳分散效果。最佳分散剂浓度，可以改变矿浆的流变特性。分散剂的适宜用量，可通过 ξ 电位测定和流变学研究来确定。目前，在高岭土的高梯度磁选中分散剂的应用研究较多。使用分散剂时还应注意 pH 对其分散作用的影响。研究表明，在碱性介质中使用六偏磷酸钠分散高岭土时，可以显著节省用药量。另外，在使用上述无机分散剂时，应注意剂量大小。如果剂量过大，由于吸附反离子会引起电荷符号的改变而发生凝聚。在这方面，有机药剂（膦酸酯、醋酸乙烯、环氧乙烷、柠檬酸盐、酒石酸盐及天然物质干酪素等）是比较好的，因为吸附的分子可以防止颗粒紧密靠近。但有机药剂较贵，同时由于水化作用而使水的迁移率变小，引起黏度增大。

9.5.4　机械夹杂

在实际磁介质中，碰撞效率主要是由碰撞的机械机理所决定的，因此悬浮在通过磁介质的流体中的每个颗粒与磁介质碰撞的概率都接近于 1，即在没有磁力的情况下，其碰撞概率也仍接近于 1。由此可见，非磁性物在磁性物中的机械夹杂是不可避免的，这是影响高梯度磁选选择性的一个重要方面。为了解决这一问题，国内外进行过不少研究工作，主要为：

（1）采用特殊的磁介质及排列形式。例如采用水平布置的丝网介质，各网的网眼尺寸自上层至下层依次减小；

（2）将介质丝通以电流。其实质就是在高梯度磁选中增加了静电力的作用。此时磁力速度可以表示为：

$$v_m = \frac{\mu_0 x b^2 H_0 I}{9\pi\eta a^2}$$

式中　μ_0——真空的磁导率，$4\pi \times 10^{-7}$ H/m；

　　　x——物质的比磁化率，m^3/kg；

　　　b——颗粒的半径，m；

　　　H_0——介质丝所在空间背景磁场强度，A/m；

　　　I——介质丝中通过的电流强度，A；

η——流体运动黏度，$P\cdot s$；

a——介质丝半径，m；

v_m——磁力速度，m/s。

通过调节磁介质丝电流而改变磁力速度，v_m/v_0 可达到某一适宜值。另外，当磁介质在磁场中有微弱电流变化时，磁介质丝会发生微小振动，因此带电介质高梯度磁选机具有很高的选择性。但这种磁介质丝必须很好地绝缘，且排列十分有序，因此结构复杂。

（3）磁介质振动和矿浆脉动。脉动高梯度磁选机利用流体的脉动，增大了矿粒与磁介质丝的磁撞概率，同时脉动力把夹杂在磁性物中的非磁性颗粒清洗出来，有利于颗粒的选择性捕集，这种设备在国内已成功地应用于微细粒赤铁矿的回收。

研究表明振动磁介质可以有效地减少机械夹杂。国内对振动高梯度磁选进行了许多研究，并研制出了新型的振动高梯度磁选机。

振动加脉动高梯度磁选法是一种高效的磁选法，中南大学已研制成功了工业型的振动脉动高梯度磁选机。

9.6　干式高梯度磁选过程矿粒运动规律

Lawson 等利用电磁学和流体力学理论计算出矿粒运动的理论轨迹，在实验室用高速摄影技术对矿粒的运动轨迹进行了观察，结果与理论计算轨迹吻合较好。

在干式高梯度磁选中对单根圆柱形磁介质附近磁性矿粒的运动轨迹进行了计算，矿粒在磁介质附近的位置见图 9 – 14。磁场方向与流场方向垂直。

9.6.1　矿粒运动动力学方程

在高梯度磁选体系中，由于矿粒很小，所受重力远远小于磁力和流体力，故可忽略，只考虑磁力和流体力。

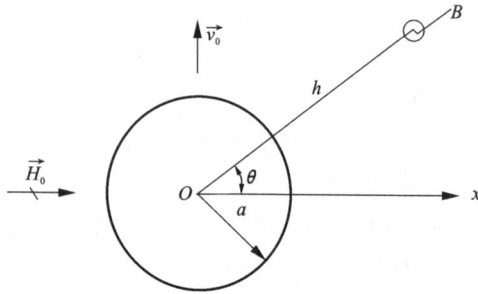

图 9 – 14　磁介质附近矿粒位置示意图

根据电磁学理论和流体力学理论分别推导出单根圆柱形磁介质附近磁性矿粒所受磁力公式和流体阻力公式:

磁力公式

$$\begin{cases} f_r = -(6\pi b \eta v_m)\dfrac{a^3}{r^3}\left(\cos2\theta + \dfrac{M}{2H_0}\cdot\dfrac{a^2}{r^2}\right) \\ f_\tau = -(6\pi b \eta v_m)\dfrac{a^3}{r^3}\sin2\theta \end{cases} \qquad (9-29)$$

流体阻力公式

$$\begin{cases} R_r = -6\pi\eta b\left[\left(1-\dfrac{a^2}{r^2}\right)v_0\sin\theta + \dfrac{\mathrm{d}r}{\mathrm{d}t}\right] \\ R_\tau = -6\pi\eta b\left[\left(1+\dfrac{a^2}{r^2}\right)v_0\cos\theta + r\dfrac{\mathrm{d}\theta}{\mathrm{d}t}\right] \end{cases} \qquad (9-30)$$

将式(9–29)和式(9–30)代入牛顿动力学方程

$$\begin{cases} a_r = \dfrac{1}{m}(f_r + R_r) \\ a_\tau = \dfrac{1}{m}(f_\tau + R_\tau) \end{cases} \qquad (9-31)$$

得到磁性矿粒的动力学方程

$$\begin{cases} a_r = -\dfrac{9\eta}{2b^2\delta}\Big[\Big(1-\dfrac{a^2}{r^2}\Big)v_0\sin\theta+\dfrac{\mathrm{d}r}{\mathrm{d}t}+v_m\Big(\cos2\theta+\dfrac{M}{2H_0}\cdot\dfrac{a^2}{r^2}\Big)\dfrac{a^3}{r^3}\Big] \\[3mm] a_\tau = -\dfrac{9\eta}{2b^2\delta}\Big[\Big(1+\dfrac{a^2}{r^2}\Big)v_0\cos\theta+r\dfrac{\mathrm{d}\theta}{\mathrm{d}t}+v_m\sin2\theta\dfrac{a^3}{r^3}\Big] \end{cases}$$

$$(9-32)$$

式中：a_r，a_τ——分别为矿粒的径向和切向加速度；

      η——空气黏性系数；

      δ——矿粒密度；

      M——磁介质磁化强度；

      v_0——流体远离圆柱体的流速；

      v_m——磁速度，其表达式为。

$$v_m = \frac{2b^2\delta x B_0 M}{9\eta a} \quad \text{m/s}$$

式中 x——矿粒比磁化率；

      B_0——外磁场磁感应强度。

9.6.2 磁性矿粒的运动轨迹

根据物理学中位移、速度、加速度的定义，方程(9-32)的求解可归结为求解如下一阶微分方程组的初值问题

$$\begin{cases} \dfrac{\mathrm{d}v_r}{\mathrm{d}t} = u_r \\[3mm] \dfrac{\mathrm{d}v_\tau}{\mathrm{d}t} = a_\tau \\[3mm] \dfrac{\mathrm{d}r}{\mathrm{d}t} = u_r \\[3mm] \dfrac{\mathrm{d}\theta}{\mathrm{d}t} = u_\tau/r \end{cases}$$

$$(9-33)$$

上述初值问题可用数值分析中的变步长四级龙格-库塔法求解。

结合具体情况，只计算进入磁引力区的磁性矿粒的运动轨迹。计算以铁矿物为例，计算结果见图 9 - 15 和图 9 - 16。

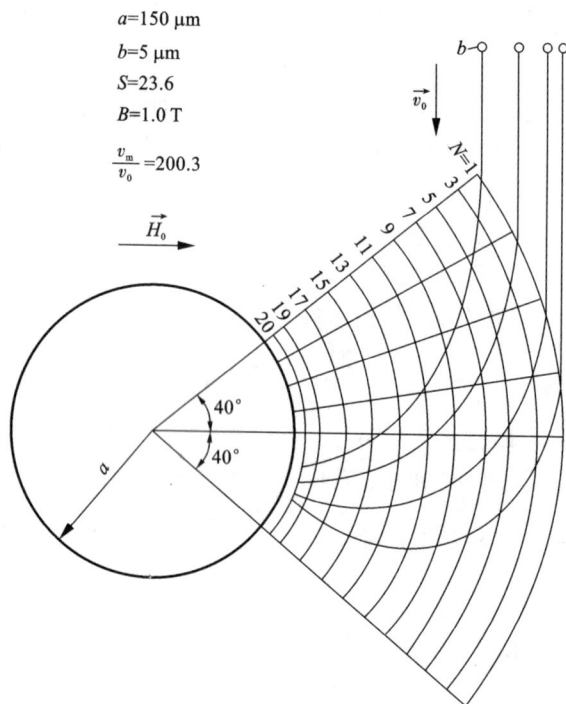

图 9 - 15　直径 10 μm 矿粒的运动轨迹

从图 9 - 15 和图 9 - 16 可见，进入磁力区（$a < r \leqslant 3a$）的 10 μm 和 40 μm 矿粒都被磁介质捕收。表明所取的磁感应强度 1.0 T，流速 2.26 m/s 是合适的，这与高岭土干式高梯度磁选除铁试验所取条件一致。同时轨迹偏离竖直方向比较慢，表明矿粒运动时惯性效应显著。

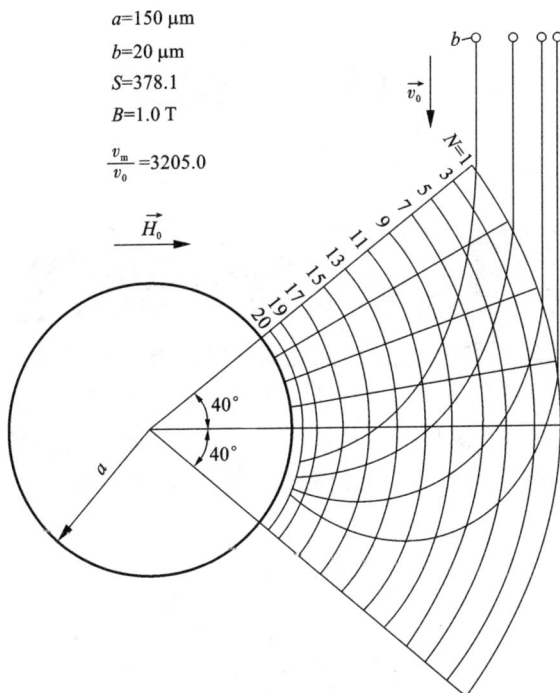

a=150 μm
b=20 μm
S=378.1
B=1.0 T

$\dfrac{v_m}{v_0}$ =3205.0

$\vec{H}_0$

图 9 – 16　直径 40 μm 矿粒的运动轨迹

附　　录

附录 1　$\vec{H} = H_0 e^{-cx}$ 分离变量法推导

　　如下图所示的开放磁系的磁场可以认为是平面磁场，即在 Z 方向场强没有变化。由于磁场空间没有电流，是无源无旋场。因而场的磁位函数满足拉普拉斯方程。欲求磁场空间的磁场强度，只需解拉普拉斯方程，求出磁位，再求磁位的导数，即为磁场强度。

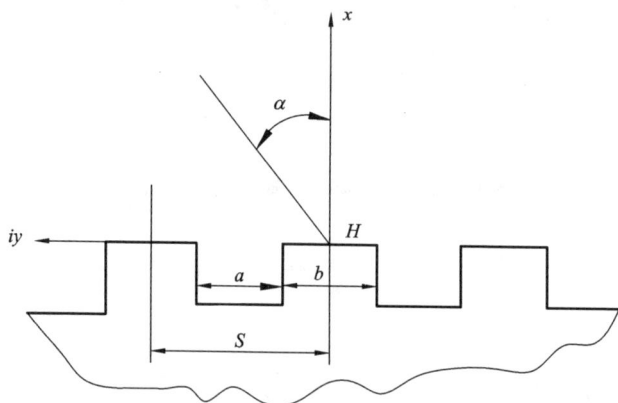

开放磁系图

　　根据对磁场的分析，拉普拉斯方程的通解可以定为：

$$\Phi(x, y) = \sum_{n=0}^{\infty} (A_{1n}e^{c_n x} + A_{2n}e^{-c_n x})(B_{1n}e^{ic_n y}B_{2n}e^{-ic_n y})$$
$$+ (A_{10}X + A_{20})(B_{10}Y + B_{20}) \tag{1-1}$$

边界条件为：

1. $y = 0$, $x = \to \infty$ 时, $\Phi = 0$;

2. $x = 0$, $y \to \infty$ 时, $\Phi = 0$;

3. $-\dfrac{\partial \Phi}{\partial z}\bigg|_{\substack{x=0 \\ c_{ny} = m\pi}} = H_0 \,(m = 0, \pm 1, \pm 2, \pm 3, \cdots)$

由条件 1. 得：$A_{1n} = 0$, $A_{10} = 0$, $B_{20} = 0$

由条件 2. 得：$B_{1n} = 0$, $B_{10} = 0$

将这些值代入式（1-1），则

$$\Phi(x, y) = \sum_{n=0}^{\infty} D_{1n}e^{-c_n(x + iy)} \tag{1-2}$$

因为 $Z = x + iy$，所以上式可以写成

$$\Phi(x, y) = \sum_{n=0}^{\infty} D_{1n}e^{-c_n z} \tag{1-3}$$

根据复变函数，磁场强度 H 的共轭复数 H^* 为

$$H^* = -\frac{\partial \Phi}{\partial z} = \sum_{n=0}^{\infty} D_{1n}C_n e^{-c_n z} \tag{1-4}$$

所以开放磁系磁场强度的通式为

$$H = \sum_{n=0}^{\infty} D_{1n}C_n e^{-c_n x} \quad (\cos C_n y + \sin C_n y) \tag{1-5}$$

式中 D_{1n}、C_n 为常数，其值随 n 变，由相应的边界条件决定。

根据对称性原理，当 $C_n y = m\pi \,(m = 0, \pm 1, \pm 2, \pm 3, \cdots)$ 时，研究在磁极对称中心 x 方向上 H 的变化，此时

$$H_1 = \sum_{n=0}^{\infty} D_{1n}C_n e^{-c_n x} e_x (-1)^m \tag{1-6}$$

$$H_1 = |H_1| = \sum_{n=0}^{\infty} D_{1n}C_n e^{-c_n x} \tag{1-7}$$

当 $C_n y = m\pi + \dfrac{\pi}{2}\,(m = 0, \pm 1, \pm 2, \pm 3, \cdots)$ 时，研究在磁极

间隙中心 x 方向上 H 的变化，此时

$$H_2 = \sum_{n=0}^{\infty} D_{1n} C_n e^{-c_n x} e_y (-1)^m \qquad (1-8)$$

$$H_2 = |H_2| = \sum_{n=0}^{\infty} D_{1n} C_n e^{-c_n x} \qquad (1-9)$$

由式($1-7$)、($1-9$)可知，H_1 与 H_2 在 x 为同一值时相等，取 $n=0$，则

$$H = H_1 = H_2 = D_{10} C e^{-cx} \qquad （以 C 代 C_0）$$

由边界条件3，当 $x=0$ 时，$H=H_0$

所以

$$D_{10} C = H_0 \qquad (1-10)$$

根据 $Cy = \dfrac{(2m+1)}{2}\pi$ 和 $Cy = m\pi$，当

$$y = \frac{(2m+1)}{2}(a+b) = \frac{(2m+1)}{2}S \quad 和 \quad y = ms \ 时$$

（即在极和极间隙对称中心），则有

$$C = \frac{\pi}{S} \qquad (1-11)$$

因此证得：

$$H = H_0 e^{-\frac{\pi}{s}x} = H_0 e^{-cx}$$

附录2　球面坐标下拉普拉斯方程∇²Φ=0的推导

$$\nabla^2 \phi = \frac{1}{r^2} \frac{\partial}{\partial r} \left(r^2 \frac{\partial \Phi}{\partial r} \right) + \frac{1}{r^2 \sin\theta} \frac{\partial}{\partial \theta} \left(\sin\theta \frac{\partial \Phi}{\partial \theta} \right) + \frac{1}{r^2 \sin^2\theta} \frac{\partial^2 \Phi}{\partial \phi^2} = 0$$

证：

利用直角坐标与球面坐标的关系，即

$$\begin{cases} x = r\sin\theta\cos\phi \\ y = r\sin\theta\sin\phi \\ z = r\cos\theta \end{cases}$$

由复合函数求导法

$$\frac{\partial \Phi}{\partial r} = \frac{\partial \Phi}{\partial x} \frac{\partial x}{\partial r} + \frac{\partial \Phi}{\partial y} \frac{\partial y}{\partial r} + \frac{\partial \Phi}{\partial z} \frac{\partial z}{\partial r}$$

$$= \frac{\partial \Phi}{\partial x} \sin\theta\cos\phi + \frac{\partial \Phi}{\partial y} \sin\theta\sin\phi + \frac{\partial \Phi}{\partial z} \cos\theta$$

$$r^2 \frac{\partial \Phi}{\partial r} = \frac{\partial \Phi}{\partial x} r^2 \sin\theta\cos\phi + \frac{\partial \Phi}{\partial y} \sin\theta\sin\phi + \frac{\partial \Phi}{\partial z} r^2 \cos\theta$$

故　$\dfrac{\partial}{\partial r} \left(r^2 \dfrac{\partial \Phi}{\partial r} \right) = \dfrac{\partial}{\partial x} \left(\dfrac{\partial \Phi}{\partial x} r^2 \sin\theta\cos\phi + \dfrac{\partial \Phi}{\partial y} r^2 \sin\theta\sin\phi + \right.$

$$\left. \frac{\partial \Phi}{\partial z} r^2 \cos\theta \right) \frac{\partial x}{\partial r} + \frac{\partial}{\partial y} \left(\frac{\partial \Phi}{\partial x} r^2 \sin\theta\cos\phi + \right.$$

$$\left. \frac{\partial \Phi}{\partial y} r^2 \sin\theta\sin\phi + \frac{\partial \Phi}{\partial z} r^2 \cos\theta \right) \frac{\partial y}{\partial r} + \frac{\partial}{\partial z} \left(\frac{\partial \Phi}{\partial x} r^2 \sin\theta\cos\phi + \right.$$

$$\left. \frac{\partial \Phi}{\partial y} r^2 \sin\theta\sin\phi + \frac{\partial \Phi}{\partial z} r^2 \cos\theta \right) \frac{\partial z}{\partial r} + 2r \frac{\partial \Phi}{\partial x} \sin\theta\cos\phi +$$

$$2r \frac{\partial \Phi}{\partial y} \sin\theta\sin\phi + 2r \frac{\partial \Phi}{\partial z} \cos\theta$$

$$= \frac{\partial^2 \Phi}{\partial x^2} r^2 \sin^2\theta\cos^2\phi + \frac{\partial^2 \Phi}{\partial x \partial y} r^2 \sin^2\theta\sin\phi\cos\phi +$$

$$\frac{\partial^2 \Phi}{\partial z \partial x}r^2\sin\theta\cos\theta\cos\phi + \frac{\partial^2 \Phi}{\partial x \partial y}r^2\sin^2\theta\sin\phi\cos\phi +$$

$$\frac{\partial^2 \Phi}{\partial y^2}r^2\sin^2\theta\sin^2\phi + \frac{\partial^2 \Phi}{\partial z \partial y}r^2\cos\theta\sin\theta\sin\phi +$$

$$\frac{\partial^2 \Phi}{\partial x \partial z}r^2\sin\theta\cos\theta\cos\phi + \frac{\partial^2 \Phi}{\partial y \partial z}r^2\sin\theta\cos\theta\sin\phi +$$

$$\frac{\partial^2 \Phi}{\partial z^2}r^2\cos^2\theta + 2r\frac{\partial \Phi}{\partial x}\sin\theta\cos\phi + 2r\frac{\partial \Phi}{\partial y}\sin\theta\sin\phi +$$

$$2r\frac{\partial \Phi}{\partial z}\cos\theta$$

$$= \frac{\partial^2 \Phi}{\partial x^2}r^2\sin^2\theta\cos^2\phi + 2\frac{\partial^2 \Phi}{\partial x \partial y}r^2\sin^2\theta\sin\phi\cos\phi +$$

$$\frac{\partial^2 \Phi}{\partial y^2}r^2\sin^2\theta\sin^2\phi + 2\frac{\partial^2 \Phi}{\partial y \partial z}r^2\sin\theta\cos\theta\sin\phi +$$

$$2\frac{\partial^2 \Phi}{\partial x \partial z}r^2\sin\theta\cos\theta\cos\phi + \frac{\partial^2 \Phi}{\partial z}r^2\cos^2\theta +$$

$$2r\frac{\partial \Phi}{\partial x}\sin\theta\cos\phi + 2r\frac{\partial \Phi}{\partial y}\sin\theta\sin\phi + 2r\frac{\partial \Phi}{\partial z}\cos\theta$$

又　　$\dfrac{\partial \Phi}{\partial \phi} = \dfrac{\partial \Phi}{\partial x}\dfrac{\partial x}{\partial \phi} + \dfrac{\partial \Phi}{\partial y}\dfrac{\partial y}{\partial \phi} + \dfrac{\partial \Phi}{\partial z}\dfrac{\partial z}{\partial \phi}$

$$= -\frac{\partial \Phi}{\partial x}r\sin\theta\sin\phi + \frac{\partial \Phi}{\partial y}r\sin\theta\cos\phi$$

所以　$\dfrac{\partial^2 \Phi}{\partial \phi^2} = \dfrac{\partial}{\partial x}\left(-\dfrac{\partial \Phi}{\partial x}r\sin\theta\sin\phi + \dfrac{\partial \Phi}{\partial y}r\sin\theta\cos\phi \right)\dfrac{\partial x}{\partial \phi} +$

$$\frac{\partial}{\partial y}\left(-\frac{\partial \Phi}{\partial x}r\sin\theta\sin\phi + \frac{\partial \Phi}{\partial y}r\sin\theta\cos\phi \right)\frac{\partial y}{\partial \phi} +$$

$$\frac{\partial}{\partial z}\left(-\frac{\partial \Phi}{\partial x}r\sin\theta\sin\phi + \frac{\partial \Phi}{\partial y}r\sin\theta\cos\phi \right)\frac{\partial z}{\partial \phi} +$$

$$\left(-\frac{\partial \Phi}{\partial x}r\sin\theta\cos\phi - \frac{\partial \Phi}{\partial y}r\sin\theta\sin\phi \right)$$

$$= \frac{\partial^2 \Phi}{\partial x^2} r^2 \sin^2\theta \sin^2\phi - \frac{\partial^2 \Phi}{\partial y \partial x} r^2 \sin^2\theta \sin\phi\cos\phi -$$

$$\frac{\partial^2 \Phi}{\partial x \partial y} r^2 \sin^2\theta \sin\phi\cos\phi + \frac{\partial^2 \Phi}{\partial y^2} r^2 \sin^2\theta \cos^2\phi -$$

$$\frac{\partial \Phi}{\partial x} r \sin\theta\cos\phi - \frac{\partial \Phi}{\partial y} r \sin\theta\sin\phi$$

$$= \frac{\partial^2 \Phi}{\partial x^2} r^2 \sin^2\theta \sin^2\phi - 2r^2 \frac{\partial^2 \Phi}{\partial y \partial x} \sin^2\theta \sin\phi\cos\phi +$$

$$\frac{\partial^2 \Phi}{\partial y^2} r^2 \sin^2\theta \cos^2\phi - \frac{\partial \Phi}{\partial x} r \sin\theta\cos\phi -$$

$$\frac{\partial \Phi}{\partial y} r\sin\theta\sin\phi$$

$$\frac{\partial \Phi}{\partial \theta} = \frac{\partial \Phi}{\partial x} \frac{\partial x}{\partial \theta} + \frac{\partial \Phi}{\partial y} \frac{\partial y}{\partial \theta} + \frac{\partial \Phi}{\partial z} \frac{\partial z}{\partial \theta}$$

$$= \frac{\partial \Phi}{\partial x} r\cos\theta\cos\phi + \frac{\partial \Phi}{\partial y} r\cos\theta\sin\phi - \frac{\partial \Phi}{\partial z} r\sin\theta$$

所以　$\sin\theta \dfrac{\partial \Phi}{\partial \theta} = \dfrac{\partial \Phi}{\partial x} r\sin\theta\cos\theta\cos\phi + \dfrac{\partial \Phi}{\partial y} r\sin\theta\cos\theta\cos\phi -$

$$\frac{\partial \Phi}{\partial z} r\sin^2\theta$$

故　$\dfrac{\partial}{\partial \theta}\left(\sin\theta \dfrac{\partial \Phi}{\partial \theta} \right) = \dfrac{\partial}{\partial x}\left(\dfrac{\partial \Phi}{\partial x} r\sin\theta\cos\theta\cos\phi + \right.$

$$\frac{\partial \Phi}{\partial y} r\sin\theta\cos\theta\sin\phi - \frac{\partial \Phi}{\partial z} r\sin^2\theta \left.\right) \frac{\partial x}{\partial \theta} +$$

$$\frac{\partial}{\partial y}\left(\frac{\partial \Phi}{\partial x} r\sin\theta\cos\theta\cos\phi + \frac{\partial \Phi}{\partial y} r\sin\theta\cos\theta\sin\phi - \right.$$

$$\frac{\partial \Phi}{\partial z} r\sin^2\theta \left.\right) \frac{\partial y}{\partial \theta} + \frac{\partial}{\partial z}\left(\frac{\partial \Phi}{\partial x} r\sin\theta\cos\theta\cos\phi + \right.$$

$$\frac{\partial \Phi}{\partial y} r\sin\theta\cos\theta\sin\phi - \frac{\partial \Phi}{\partial z} r\sin^2\theta \left.\right) \frac{\partial z}{\partial \theta} +$$

$$(\frac{\partial \Phi}{\partial x}r\cos^2\theta\cos\phi - \frac{\partial \Phi}{\partial x}r\sin^2\theta\cos\phi +$$

$$\frac{\partial \Phi}{\partial y}r\cos^2\theta\sin\phi - \frac{\partial \Phi}{\partial y}r\sin^2\theta\sin^2\phi - 2\frac{\partial \Phi}{\partial z}r\sin\theta\cos\theta)$$

$$= \frac{\partial^2 \Phi}{\partial x^2}r^2\sin\theta\cos^2\theta\cos^2\phi +$$

$$2\frac{\partial^2 \Phi}{\partial y\partial x}r^2\sin\theta\cos^2\theta\sin\phi\cos\phi +$$

$$\frac{\partial^2 \Phi}{\partial y^2}r^2\sin\theta\cos^2\theta\sin^2\phi - 2\frac{\partial^2 \Phi}{\partial x\partial z}r^2\sin^2\theta\cos\theta\cos\phi -$$

$$2\frac{\partial^2 \Phi}{\partial y\partial z}r^2\sin^2\theta\cos\theta\sin\phi + \frac{\partial^2 \Phi}{\partial z^2}r^2\sin^2\theta +$$

$$\frac{\partial \Phi}{\partial x}r\cos\phi(\cos^2\theta - \sin^2\theta) + \frac{\partial \Phi}{\partial y}r\sin\phi(\cos^2\theta - \sin^2\theta) -$$

$$2\frac{\partial \Phi}{\partial z}r\sin\theta\cos\theta$$

所以 $\dfrac{1}{r^2}\dfrac{\partial}{\partial r}(r^2\dfrac{\partial \Phi}{\partial r}) = \dfrac{\partial^2 \Phi}{\partial x^2}\sin^2\theta\cos^2\phi +$

$$2\frac{\partial^2 \Phi}{\partial x\partial y}\sin^2\theta\sin\phi\cos\phi + \frac{\partial^2 \Phi}{\partial y^2}\sin^2\theta\sin^2\phi +$$

$$2\frac{\partial^2 \Phi}{\partial y\partial z}\sin\theta\cos\theta\sin\phi + 2\frac{\partial^2 \Phi}{\partial x\partial z}\sin\theta\cos\theta\cos\phi +$$

$$\frac{\partial^2 \Phi}{\partial z^2}\cos^2\theta + \frac{2}{r}\frac{\partial \Phi}{\partial x}\sin\theta\cos\phi + \frac{2}{r}\frac{\partial \Phi}{\partial y}\sin\theta\sin\phi +$$

$$\frac{2}{r}\frac{\partial \Phi}{\partial z}\cos\theta$$

$$\frac{1}{r^2\sin\theta}\frac{\partial}{\partial \theta}(\sin\theta\frac{\partial \Phi}{\partial \theta}) = \frac{\partial^2 \Phi}{\partial x^2}\cos^2\theta\cos^2\phi +$$

$$2\frac{\partial^2 \Phi}{\partial x\partial y}\cos^2\theta\sin\phi\cos\phi + \frac{\partial^2 \Phi}{\partial y^2}\cos^2\theta\sin^2\phi -$$

$$2\frac{\partial^2 \Phi}{\partial x \partial z}\sin\theta\cos\theta\cos\phi - 2\frac{\partial^2 \Phi}{\partial y \partial z}\sin\theta\cos\theta\sin\phi +$$

$$\frac{\partial^2 \Phi}{\partial z^2}\sin^2\theta + \frac{1}{r}\frac{\partial \Phi}{\partial x}\frac{\cos\phi}{\sin\theta}(1 - 2\sin^2\theta) +$$

$$\frac{\partial \Phi}{\partial y}\frac{1}{r}\frac{\sin\phi}{\sin\theta}(1 - 2\sin^2\theta) - \frac{2}{r}\frac{\partial \Phi}{\partial z}\cos\theta$$

$$= \frac{\partial^2 \Phi}{\partial x^2}\cos^2\theta\cos^2\phi + 2\frac{\partial^2 \Phi}{\partial x \partial y}\cos^2\theta\sin\phi\cos\phi +$$

$$\frac{\partial^2 \Phi}{\partial y^2}\cos^2\theta\sin^2\phi - 2\frac{\partial^2 \Phi}{\partial x \partial z}\sin\theta\cos\theta\cos\phi -$$

$$2\frac{\partial^2 \Phi}{\partial y \partial z}\sin\theta\cos\theta\sin\phi + \frac{\partial^2 \Phi}{\partial z^2}\sin^2\theta + \frac{1}{r}\frac{\partial \Phi}{\partial x}\frac{\cos\phi}{\sin\theta} -$$

$$\frac{2}{r}\frac{\partial \Phi}{\partial x}\sin\theta\cos\phi + \frac{1}{r}\frac{\partial \Phi}{\partial y}\frac{\sin\phi}{\sin\theta} -$$

$$\frac{2}{r}\frac{\partial \Phi}{\partial y}\sin\theta\sin\phi - \frac{2}{r}\frac{\partial \Phi}{\partial z}\cos\theta$$

$$\frac{1}{r^2\sin^2\theta}\frac{\partial^2 \Phi}{\partial \phi^2} = \frac{\partial^2}{\partial x^2}\sin^2\phi - 2\frac{\partial^2 \Phi}{\partial x \partial y}\sin\phi\cos\phi +$$

$$\frac{\partial^2 \Phi}{\partial y^2}\cos^2\phi - \frac{\partial \Phi}{\partial x}\frac{1}{r}\frac{\cos\phi}{\sin\theta} - \frac{\partial \Phi}{\partial y}\frac{\sin\phi}{r\sin\theta}$$

所以　$$\frac{1}{r^2}\frac{\partial}{\partial r}\left(r^2\frac{\partial \Phi}{\partial r}\right) + \frac{1}{r^2\sin\theta}\frac{\partial}{\partial \theta}\left(\sin\theta\frac{\partial \Phi}{\partial \theta}\right) +$$

$$\frac{1}{r^2\sin^2\theta}\frac{\partial^2 \Phi}{\partial \phi^2} = \frac{\partial^2 \Phi}{\partial x^2}\sin^2\theta\cos^2\phi +$$

$$2\frac{\partial^2 \Phi}{\partial x \partial y}\sin\theta\sin\phi\cos\phi + \frac{\partial^2 \Phi}{\partial y^2}\sin^2\theta\sin^2\phi +$$

$$2\frac{\partial^2 \Phi}{\partial y \partial z}\sin\theta\cos\theta\sin\phi + 2\frac{\partial^2 \Phi}{\partial x \partial z}\sin\theta\cos\theta\cos\phi +$$

$$\frac{\partial^2 \Phi}{\partial z^2}\cos^2\phi + \frac{2}{r}\frac{\partial \Phi}{\partial y}\sin\theta\cos\phi + \frac{2}{r}\frac{\partial \Phi}{\partial y}\sin\theta\sin\phi +$$

$$\frac{2}{r}\frac{\partial \Phi}{\partial z}\cos\theta + \frac{\partial^2 \Phi}{\partial x^2}\cos^2\theta\cos^2\phi + 2\frac{\partial^2 \Phi}{\partial x \partial y}\cos^2\theta\sin\phi\cos\phi +$$

$$\frac{\partial^2 \Phi}{\partial y^2}\cos^2\theta\sin^2\phi - 2\frac{\partial^2 \Phi}{\partial x \partial z}\sin\theta\cos\theta\cos\phi -$$

$$2\frac{\partial^2 \Phi}{\partial y \partial z}\sin\theta\cos\theta\sin\phi + \frac{\partial^2 \Phi}{\partial z^2}\sin^2\theta +$$

$$\frac{1}{r}\frac{\partial \Phi}{\partial x}\frac{\cos\phi}{\sin\theta} - \frac{2}{r}\frac{\partial \Phi}{\partial x}\sin\theta\cos\phi + \frac{1}{r}\frac{\partial \Phi}{\partial y}\frac{\sin\phi}{\sin\theta} -$$

$$\frac{2}{r}\frac{\partial \Phi}{\partial y}\sin\theta\sin\phi - \frac{2}{r}\frac{\partial \Phi}{\partial z}\cos\theta + \frac{\partial^2 \Phi}{\partial x^2}\sin^2\phi -$$

$$2\frac{\partial^2 \Phi}{\partial x \partial y}\sin\phi\cos\phi + \frac{\partial^2 \Phi}{\partial y^2}\cos^2\phi - \frac{1}{r}\frac{\partial \Phi}{\partial x}\frac{\cos\phi}{\sin\theta} -$$

$$\frac{1}{r}\frac{\partial \Phi}{\partial y}\frac{\sin\phi}{\sin\theta}$$

$$= \frac{\partial^2 \Phi}{\partial x^2}(\sin^2\theta\cos^2\phi + \cos^2\theta\cos^2\phi + \sin^2\phi) +$$

$$\frac{\partial^2 \Phi}{\partial y^2}(\sin^2\theta\sin^2\phi + \cos^2\theta\sin^2\phi + \cos^2\phi) +$$

$$\frac{\partial^2 \Phi}{\partial z^2}(\cos^2\theta + \sin^2\theta)$$

$$= \frac{\partial^2 \Phi}{\partial x^2} + \frac{\partial^2 \Phi}{\partial y^2} + \frac{\partial^2 \Phi}{\partial z^2}$$

附录3　柱面坐标下拉普拉斯方程$\nabla^2\varPhi=0$的推导

$$\nabla^2\varPhi=\frac{1}{r}\frac{\partial}{\partial r}(r\frac{\partial\varPhi}{\partial r})+\frac{1}{r^2}\frac{\partial^2\varPhi}{\partial\alpha^2}=0$$

证：利用直角坐标与柱面坐标的关系

$$\begin{cases}x=r\cos\alpha & r=\sqrt{x^2+y^2}\\[2mm] y=r\sin\alpha & \alpha=\arctan\dfrac{y}{x}\\[2mm] z=z\end{cases}$$

故　$\dfrac{\partial r}{\partial x}=\dfrac{1}{2}\dfrac{1}{\sqrt{x^2+y^2}}2x=\dfrac{x}{\sqrt{x^2+y^2}}=\dfrac{x}{r}=\cos\alpha$

$\dfrac{\partial\alpha}{\partial x}=\dfrac{1}{1+(\frac{y}{x})^2}(-\dfrac{y}{x^2})=-\dfrac{y}{x^2+y^2}=-\dfrac{y}{r^2}=-\dfrac{\sin\alpha}{r}$

同理　$\dfrac{\partial r}{\partial y}=\dfrac{y}{r}$；　$\dfrac{\partial\alpha}{\partial y}=\dfrac{x}{r^2}$

故　$\dfrac{\partial\varPhi}{\partial x}=\dfrac{\partial\varPhi}{\partial r}\cdot\dfrac{\partial r}{\partial x}+\dfrac{\partial\varPhi}{\partial\alpha}\cdot\dfrac{\partial\alpha}{\partial x}=\dfrac{\partial\varPhi}{\partial r}\dfrac{x}{r}-\dfrac{\partial\varPhi}{\partial\alpha}\dfrac{y}{r^2}$

$\qquad=\dfrac{\partial\varPhi}{\partial r}\cos\alpha-\dfrac{\partial\varPhi}{\partial\alpha}\dfrac{\sin\alpha}{r}$

同样　$\dfrac{\partial\varPhi}{\partial y}=\dfrac{\partial\varPhi}{\partial r}\dfrac{\partial r}{\partial y}+\dfrac{\partial\varPhi}{\partial\alpha}\dfrac{\partial\alpha}{\partial y}=\dfrac{\partial\varPhi}{\partial r}\sin\alpha+\dfrac{\partial\varPhi}{\partial\alpha}\dfrac{\cos\alpha}{r}$

再求二阶偏导数

$\dfrac{\partial^2\varPhi}{\partial x^2}=\dfrac{\partial}{\partial r}(\dfrac{\partial\varPhi}{\partial r}\cos\alpha-\dfrac{\partial\varPhi}{\partial\alpha}\dfrac{\sin\alpha}{r})\dfrac{\partial r}{\partial x}$

$\qquad+\dfrac{\partial}{\partial\alpha}(\dfrac{\partial\varPhi}{\partial r}\cos\alpha-\dfrac{\partial\varPhi}{\partial\alpha}\dfrac{\sin\alpha}{r})\dfrac{\partial\alpha}{\partial x}$

$\qquad=\dfrac{\partial}{\partial\alpha}(\dfrac{\partial\varPhi}{\partial r}\cos\alpha-\dfrac{\partial\varPhi}{\partial\alpha}\dfrac{\sin\alpha}{r})\dfrac{x}{r}$

$$+ \frac{\partial}{\partial \alpha}(\frac{\partial \Phi}{\partial \alpha}\cos\alpha - \frac{\partial \Phi}{\partial \alpha}\frac{\sin\alpha}{r})(-\frac{y}{r^2})$$

$$= (\frac{\partial^2 \Phi}{\partial r^2}\cos\alpha - \frac{\partial^2 \Phi}{\partial \alpha \partial r}\frac{\sin\alpha}{r} + \frac{\partial \Phi}{\partial \alpha}\frac{\sin\alpha}{r^2})\cos\alpha$$

$$+ (\frac{\partial^2 \Phi}{\partial r \partial \alpha}\cos\alpha - \frac{\partial \Phi}{\partial r}\sin\alpha - \frac{\partial^2 \Phi}{\partial \alpha^2}\frac{\sin\alpha}{r}$$

$$- \frac{\partial \Phi}{\partial \alpha}\frac{\cos\alpha}{r})(-\frac{\sin\alpha}{r})$$

$$= \frac{\partial^2 \Phi}{\partial r^2}\cos^2\alpha - 2\frac{\partial^2 \Phi}{\partial \alpha \partial r}\frac{\sin\alpha \cos\alpha}{r}$$

$$+ 2\frac{\partial \Phi}{\partial \alpha}\frac{\sin\alpha \cos\alpha}{r^2} + \frac{\partial \Phi}{\partial r}\frac{\sin^2\alpha}{r}$$

$$+ \frac{\partial^2 \Phi}{\partial \alpha^2}\frac{\sin^2\alpha}{r^2}$$

$$\frac{\partial^2 \Phi}{\partial y^2} = \frac{\partial}{\partial r}(\frac{\partial \Phi}{\partial r}\sin\alpha$$

$$+ \frac{\partial \Phi}{\partial \alpha}\frac{\cos\alpha}{r})\frac{\partial r}{\partial y} + \frac{\partial}{\partial \alpha}(\frac{\partial \Phi}{\partial r}\sin\alpha + \frac{\partial \Phi}{\partial \alpha}\frac{\cos\alpha}{r})\frac{\partial \alpha}{\partial y}$$

$$= \frac{\partial}{\partial r}(\frac{\partial \Phi}{\partial r}\sin\alpha + \frac{\partial \Phi}{\partial \alpha}\frac{\cos\alpha}{r})\frac{y}{r}$$

$$+ \frac{\partial}{\partial \alpha}(\frac{\partial \Phi}{\partial r}\sin\alpha + \frac{\partial \Phi}{\partial \alpha}\frac{\cos\alpha}{r})\frac{x}{r^2}$$

$$= (\frac{\partial^2 \Phi}{\partial r^2}\sin\alpha + \frac{\partial^2 \Phi}{\partial \alpha \partial r}\frac{\cos\alpha}{r} - \frac{\partial \Phi}{\partial \alpha}\frac{\cos\alpha}{r^2})\sin\alpha$$

$$+ (\frac{\partial^2 \Phi}{\partial r \partial \alpha}\sin\alpha + \frac{\partial \Phi}{\partial r}\cos\alpha + \frac{\partial^2 \Phi}{\partial \alpha^2}\frac{\cos\alpha}{r}$$

$$- \frac{\partial \Phi}{\partial \alpha}\frac{\sin\alpha}{r})\frac{\cos\alpha}{r}$$

$$= \frac{\partial^2 \Phi}{\partial r^2}\sin^2\alpha + 2\frac{\partial^2 \Phi}{\partial \alpha \partial r}\frac{\sin\alpha \cos\alpha}{r}$$

$$-2\frac{\partial\Phi}{\partial\alpha}\frac{\sin\alpha\ \cos\alpha}{r^2}+\frac{\partial\Phi}{\partial r}\frac{\cos^2\alpha}{r}+\frac{\partial^2\Phi}{\partial\alpha^2}\frac{\cos^2\alpha}{r^2}$$

所以　$\dfrac{\partial^2\Phi}{\partial x^2}+\dfrac{\partial^2\Phi}{\partial y^2}=\dfrac{\partial^2\Phi}{\partial r^2}\cos^2\alpha-2\dfrac{\partial^2\Phi}{\partial\alpha\partial r}\dfrac{\sin\alpha\ \cos\alpha}{r}$

$$+2\frac{\partial\Phi}{\partial\alpha}\frac{\sin\alpha\ \cos\alpha}{r^2}+\frac{\partial\Phi}{\partial r}\frac{\sin^2\alpha}{r}+\frac{\partial^2\Phi}{\partial\alpha^2}\frac{\sin^2\alpha}{r^2}$$

$$+\frac{\partial^2\Phi}{\partial r^2}\sin^2\alpha+2\frac{\partial^2\Phi}{\partial\alpha\partial r}\frac{\sin\alpha\ \cos\alpha}{r}$$

$$-2\frac{\partial\Phi}{\partial\alpha}\frac{\sin\alpha\ \cos\alpha}{r^2}+\frac{\partial\Phi}{\partial r}\frac{\cos^2\alpha}{r}+\frac{\partial^2\Phi}{\partial\alpha^2}\frac{\cos^2\alpha}{r^2}$$

$$=\frac{\partial^2\Phi}{\partial r^2}(\cos^2\alpha+\sin^2\alpha)+\frac{\partial\Phi}{\partial r}(\frac{\sin^2\alpha}{r}+\frac{\cos^2\alpha}{r})$$

$$+\frac{\partial^2\Phi}{\partial\alpha^2}(\frac{\sin^2\alpha}{r^2}+\frac{\cos^2\alpha}{r^2})$$

$$=\frac{\partial^2\Phi}{\partial r^2}+\frac{1}{r}\ \frac{\partial\Phi}{\partial r}+\frac{1}{r^2}\cdot\frac{\partial^2\Phi}{\partial\alpha^2}=0$$

$$=\frac{1}{r}\ \frac{\partial}{\partial r}(r\ \frac{\partial\Phi}{\partial r})+\frac{1}{r^2}\ \frac{\partial^2\Phi}{\partial\alpha^2}=0$$

附录4 第6章式(6-115)的推导

利用图6-5,按类似于式(6-108)的推导过程,将介质 b 换成介质 a 则,

$$A_{aQ} + A_{a_R} + A_{aP} + A_{aS} - 4A_{aO} = 0 \qquad (4-1)$$

将介质 a 换成介质 b,则

$$A_{bQ} + A_{b_R} + A_{bP} + A_{bS} - 4A_{bO} = 0 \qquad (4-2)$$

由边界条件,有

$$A_{a_R} = A_{b_R}, \; A_{aO} = A_{bO} = A_O, \; A_{aS} = A_{bS} \qquad (4-3)$$

$$\frac{1}{\mu_a}(A_{aQ} - A_{aP}) = \frac{1}{\mu_b}(A_{bQ} - A_{bP}) \qquad (4-4)$$

利用插值法得:

$$\begin{cases} A_{aQ} = \dfrac{1}{2}(A_{a_3} + A_{a_4}) & A_{aR} = \dfrac{1}{2}(A_{b_2} + A_{b_3}) \\ A_{bP} = \dfrac{1}{2}(A_{b_1} + A_{b_3}) & A_{bS} = \dfrac{1}{2}(A_{b_1} + A_{a_4}) \end{cases} \qquad (4-5)$$

由式(4-4)得

$$\mu_b A_{aQ} + \mu_a A_{bP} = \mu_a A_{bQ} + \mu_b A_{aP} \qquad (4-6)$$

将式(4-1)乘以 μ_b,式(4-2)乘以 μ_a 后相加,并注意到式(4-6),可得

$$2(\mu_b A_{aQ} + \mu_a A_{bP}) + A_{aR}(\mu_b + \mu_a) + $$
$$A_{aS}(\mu_b + \mu_a) - 4A_O(\mu_b + \mu_a) = 0 \qquad (4-7)$$

将式(4-7)两端同除以 $(\mu_b + \mu_a)$ 得

$$2(\mu A_{bP} + \mu_b A_{aQ})/(\mu_a + \mu_b) + A_{aR} + A_{aS} - 4A_O = 0$$
$$\qquad (4-8)$$

令 $K = \dfrac{\mu_b}{\mu_a}$,代入式(4-8)得

$$\frac{2A_{b_P}}{1+K} + \frac{2K}{1+K}A_{a_Q} + A_{a_R} + A_{a_S} - 4A_0 = 0 \qquad (4-9)$$

将式(4-9)两端同乘以(1+K)，则

$$2A_{b_P} + 2KA_{a_Q} + (1+K)A_{a_R} + (1+K)A_{a_S} - (1+K)4A_0 = 0$$

$$(4-10)$$

将式(4-5)代入式(4-10)，得

$$A_{b_1} + A_{b_2} + K(A_{a_3} + A_{a_4}) + \frac{1}{2}(1+K)(A_{b_2} + A_{a_3}) +$$

$$\frac{1}{2}(1+K)(A_{b_1} + A_{a_4}) - 4(1+K)A_0 = 0 \qquad (4-11)$$

将上式加以整理得：

$$A_{b_1} + A_{b_2} + K(A_{a_3} + A_{a_4}) - 2(1+K)A_0 +$$

$$\frac{1}{2}(1+K)(A_{b_1} + A_{b_2} + A_{a_3} + A_{a_4} - 4A_0) = 0 \qquad (4-12)$$

实际的边界条件是

$$A_{a_3} = A_{b_3}, \ A_{a_4} = A_{b_4}$$

故式(4-12)最后一项为

$$\frac{1}{2}(1+K)(A_{b_1} + A_{b_2} + A_{b_3} + A_{b_4} - 4A_0)$$

在同一介质内，$A_{b_1} + A_{b_2} + A_{b_3} + A_{b_4} - 4A_0 = 0$

故式(4-12)可写为

$$A_{b_1} + A_{b_2} + K(A_{a_3} + A_{a_4}) - 2(1+K)A_0 = 0$$

证毕

附录5 将式(9-37)进行变换

将式(9-37)变换为

$$R^3 - \frac{3}{4}\alpha R_1 R^2 - \frac{1}{4}R_1^3 = 0$$

令 $R = x + k$，则 $(x + k)^3 - \frac{3}{4}\alpha R_1 (x + k)^2 - \frac{1}{4}R_1^3 = 0$

$$x^3 + 3(k - \frac{1}{4}\alpha R_1)x^2 + (3k^2 - \frac{3}{2}\alpha R_1)x + k^3 - \frac{3}{4}\alpha R_1 k^2 - \frac{1}{4}R_1^3 = 0$$

令 $k - \frac{1}{4}\alpha R_1 = 0$，则 $k = \frac{1}{4}\alpha R_1$，

$$x^3 + (\frac{3}{16}\alpha^2 R_1^2 - \frac{3}{2}\alpha R_1)x + k^3 - \frac{3}{4}\alpha R_1 k^2 - \frac{R_1^3}{4} = 0$$

令：

$$p = \frac{3}{16}\alpha^2 R_1^2 - \frac{3}{2}\alpha R_1,$$

$$q = k^3 - \frac{3}{4}\alpha R_1 k^2 - \frac{1}{4}R_1^3$$

则

$$x^3 + px + q = 0$$

求解此式，则其实根为

$$x = \sqrt[3]{-\frac{q}{2} + \sqrt{\left(\frac{q}{2}\right)^2 + \left(\frac{p}{3}\right)^3}} + \sqrt[3]{-\frac{q}{2} - \sqrt{\left(\frac{q}{2}\right)^2 + \left(\frac{p}{3}\right)^3}}$$

求出 x 后，则可求出 R 值：

$$R = x + \frac{1}{4}\alpha R_1$$

参考文献

[1] 北京大学物理系《铁磁学》编写组. 铁磁学[M]. 北京：科学出版社，1976.

[2] 周志刚. 铁氧体磁性材料[M]. 北京：科学出版社，1981.

[3] 赵凯华，陈熙谋. 电磁学[M]. 北京：人民教育出版社，1978.

[4] 谭承泽，郭绍雍. 磁法勘探教程[M]. 北京：地质出版社，1984.

[5] 孙仲元. 磁选理论问题两释[J]. 有色金属，1964(6)：42－43.

[6] 冯慈璋. 电磁场[M]. 北京：人民教育出版社，1983.

[7] 肖金华，孙仲元. 圆柱形螺线管磁系磁场特性的研究[J]. 矿冶工程，1982(4)：30 37.

[8] 孙仲元：矩形和鞍形线圈场强的计算[J]. 有色金属，1981(1)：32－36.

[9] 于七七，孙仲元. 圆柱形螺线管磁系铁铠厚度的计算[J]. 中南矿冶学院学报，1984(4)：89－92.

[11] 林毅. 磁铁工作点的确定与磁路计算[J]. 有色金属（季刊），1982(3)：44－51.

[12] 李正南，孙仲元. 聚磁钢毛磁场特性的有限差分法研究[J]. 有色金属（季刊），1982(4)：39－46.

[13] 何平波，孙仲元. 角状聚磁介质有限元法的研究[C]. "今日选矿"学术讨论会，1986，4.

[14] 郑龙熙，中壕胜人. 下饭板润三，王常任译. 天然赤铁矿的磁性[J]. 国外金属矿选矿，1983(9)：19－24.

[15] 冯桂婷. 马斯顿电磁系统的磁路计算[J]. 有色金属，1983(6)：11－15.

[16] 孙仲元. 电磁磁选机磁系设计[J]. 有色金属（冶炼部分），1975(7)：

19 – 25.

[17] 永田武. 岩石磁学[M]. 北京: 地质出版社, 1959.

[18] В. Г. Деркач. Специакльные методы обогащения полезных ископаемых, М. НЕДРА, 1966.

[19] В. И. Кармазин, В. В. Кармазин. Магнитные методы обогащения, М. НЕДРА, 1978.

[20] Sun Zhongyuan, Li Zhengnan. A study of vibration high gradient magnetic separation[C]. XV Inter. Miner. Proc. Congr. 1985.

[21] 何平波, 孙仲元. 往复式振动高梯度磁选机及其磁系设计[J]. 中国有色金属学报, 1992(1): 20 – 24.

[22] 孙仲元, 袁学敏. 表面电位对高梯度磁选微细粒铜铅的影响[J]. 中南矿冶学院学报, 1988(3): 271 – 278.

[23] 冯定五, 孙仲元. 高梯度磁选择性的改善途径[J]. 湖南有色金属, 1994(2): 92 – 85.

[24] 俞康春, 孙仲元. 干式高梯度磁选工艺和理论研究[C]. 中国有色金属学会第三届铜选矿学术讨论会, 1991: 43 – 50.

[25] 彭会清. 磁选磁场解析法研究及应用[D]. 武汉理工大学, 2006.

[26] 郑霞裕. 高梯度磁选颗粒捕集行为及椭圆截面介质应用的基础研究[D]. 中南大学, 2017.

[27] 闫照文. ANSYS 10.0 工程电磁分析, 技术与实例详解[M]. 北京: 中国水利水电出版社, 2006.

[28] 张倩. ANSYS 12.0 电磁学有限元分析从入门到精通[M]. 北京: 机械工业出版社, 2010.

图书在版编目（CIP）数据

磁选理论／孙仲元等著. —长沙：中南大学出版社，
2019.11

ISBN 978 - 7 - 5487 - 3675 - 2

Ⅰ. ①磁… Ⅱ. ①孙… Ⅲ. ①磁力选矿 Ⅳ. ①TD924

中国版本图书馆 CIP 数据核字（2019）第 143508 号

磁选理论（第三版）

CIXUAN LILUN (DISAN BAN)

孙仲元　王晓明　郑霞裕　刘润清　高志勇　陈　攀　编著

□责任编辑	史海燕
□责任印制	易红卫
□出版发行	中南大学出版社

社址：长沙市麓山南路　　　邮编：410083

发行科电话：0731 - 88876770　　传真：0731 - 88710482

□印　　装　湖南省众鑫印务有限公司

□开　　本	880 mm×1230 mm　1/32	□印张 9	□字数 229 千字
□版　　次	2019 年 11 月第 1 版	□2019 年 11 月第 1 次印刷
□书　　号	ISBN 978 - 7 - 5487 - 3675 - 2
□定　　价	68.00 元